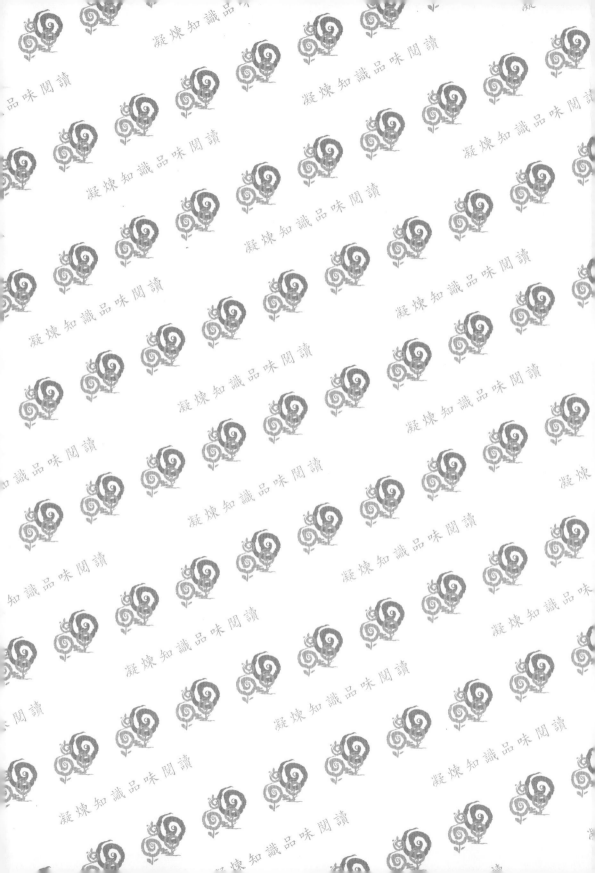

五南出版

Structures I

結構學（上）

第二版　　　　　苟昌煥 博士　著

五南圖書出版公司 印行

序

結構學是土木及相關科系學生必須修讀的一門課程，能提供學生在結構力學方面的基礎訓練。

本書著重基本觀念的闡述，並以平面結構做為講解的內容。透過例題的詳細解說，可使讀者加深對書中內容的瞭解與掌握。

全書分為上、下兩冊，各八個章節，可作為一般大學土木及相關科系結構學的教材或輔助教材之用。以下是對本書各章節的內容做一概述：

第一章是說明結構學若干基本定義，並介紹各種結構的組成型式及其功能。

第二章是講述結構的穩定性及可定性，說明了穩定與不穩定結構的型式及穩定結構靜不定度數之判定方法。

第三、四、五章分別講述靜定梁、桁架、剛架及組合結構內力計算的方法。

第六、七章分別說明靜定結構如何藉由力素與載重位置之關係，繪出該力素的影響線，以及影響線在結構設計上之應用。

第八章是說明計算靜定結構彈性變形的方法，其中包含了共軛梁法、卡氏第二定理及單位虛載重法。

第九章是對靜不定結構做一概述，並說明與靜定結構的基本差異。

第十章是對結構的對稱性及反對稱性做一說明，並強調取全做半及取半分析的觀念。

第十一、十二章是分別講述如何由力法中的諧合變形法及最小功法來分析靜不定結構。

第十三章是對節點的變位及桿件的側位移做一說明，以做為位移法分析靜不定結構的基礎。

第十四章是講述如何應用傾角變位法來分析靜不定撓曲結構，而傾角變位法即為結構分析中的位移法。

　　第十五章是講述彎矩分配法的分析觀念，而彎矩分配法是一種以位移法為基礎的漸近解法。

　　第十六章是對靜不定結構影響線的繪製及分析方法做一說明。

　　本書的撰寫乃是基於對結構學的興趣，惟個人能力有限，謬誤之處自所難免，盼望讀者不吝指正，筆者當虛心就教，不勝感激。

苟昌煥　謹誌

目　錄

第一章

結構學基本觀念介紹

1-1　結構學之涵義

能表示出作用於結構物上之力量如何傳達至基礎的系統稱為**結構系統**（structural system）。結構學是一門研究結構系統力學行為的學問，也就是說，結構學是研究在任意力系作用下，結構系統中任一斷面之受力狀況及其變形的一門學問。

在分析結構之力學行為時，必須考慮到以下之三個基本原則：

(1)力系的平衡（equilibrium of forces）

所有內外力應保持結構系統處於受力平衡之狀態。

(2)材料的應力和應變關係（stress-strain relationship）

視材料反應之方式而定，在古典結構分析（classical structural analysis）中，多假設為線性與彈性之關係。

(3)變形的一致性（compatibility of displacement）

結構系統之變形須保持一致性，無間斷或重疊之虞。

除此之外，邊界條件之設定亦為結構分析時不可或缺的重要考量。

1-2　平衡的基本定義

一結構系統受外力作用後仍能保持靜止狀態，則稱此結構系統處於**靜力平衡**（static equilibrium）。當結構系統處於靜力平衡時，其整體或局部個體上之合力與合力矩均須為零。合力為零，則表示無相對移動發生；而合力矩為零，則表示無相對轉動發生。至於和移動加速度及速度有關之**動力平衡**（dynamic equilibrium）則不在本書探討之範疇。

1-3　線性與非線性結構

一結構系統在受到外力作用後，可藉由力與位移間之關係繪出力-位移曲線。若該曲線呈線性關係時，則稱此結構系統為**線性結構**（linear structure）；反之，則稱為**非線性結構**（nonlinear structure）。

對於線性結構而言，材料於承受外力期間，其行為必須保持是彈性且符合虎克定律（Hook's law）的；同時結構之應力與應變均為極小，因此在分析時可依據結構原有的形狀來計算。

對於非線性結構，一般可分為材料的非線性（material nonlinearities）與幾何的非線性（geometric nonlinearities）兩種。所謂材料的非線性，係指材料之應力-應變關係不為線性；而所謂幾何的非線性，係指材料之應力-應變關係為線性，但力與位移之間卻是非線性的關係。

另外需要說明的是，力-位移曲線的斜率稱為該結構的**勁性**（stiffness），勁性愈大，表示該結構愈不容易變形。

本書內容除有特別說明之外，一般皆假設結構系統為線性。

1-4　荷載

作用在結構系統上的荷載，按其性質可分為**靜力荷載**（static loads）及**動力荷載**（dynamic loads）。不致使結構系統產生顯著衝擊和振動，因而可略去慣性效應的荷載稱為靜力荷載；反之，會使結構系統產生顯著衝擊和振動，因而必須考慮慣性效應的荷載稱為動力荷載。

荷載又可按其作用時間的長短分為靜荷載（dead loads）和活荷載（live

loads）兩大類。靜荷載是指永遠作用在結構系統上之荷載，如結構構件的自重
及永久附於結構系統上之固定設備的自重等，這類荷載屬於靜力荷載。活荷載
是指暫時作用在結構系統上之荷載，如風荷重、雪荷重、地震荷重、移動人群
及移動之車輛等等，其中雪荷重及移動人群可視為靜力荷載；而風荷載、地震
荷載及高速行駛的車輛，由於所引起的振動及慣性力不能忽略，因此應視為動
力荷載。對於動力荷載之動態效應的研究，則是屬於結構動力學（structural
dynamics）之範圍。

1-5　平面結構之型式

　　本書主要是研究平面梁（beam）、剛架（rigid frame）、桁架（truss）、
拱（arch）及組合結構（composite structure）之力學行為，現對這些平面結構
作一說明。

一、梁

　　為一承受橫向荷載（transverse loading）之結構系統，主要之斷面內力為
彎矩及剪力。所謂斷面內力係指結構體在承受外力作用時，為了要與外力維持
靜力平衡，因此各斷面上均存有抵抗力，而這些抵抗力就稱之為斷面的內力。
另外，由於梁主要是考量彎矩效應的影響，因此可稱為撓曲結構（flexural struc-
ture）或抗彎結構。

二、剛架

剛架可視為由梁桿件所組成的結構，其特點為連接桿件的節點（joint）全部或一部分具有剛性（此處所謂具有剛性之節點乃是指具有抵抗力與力矩能力之節點）。斷面內力包含彎矩、剪力及軸向力。剛架亦屬於撓曲結構，對撓曲結構而言，所謂節點係指：

(1)桿件與桿件之交點

(2)支承所在處

(3)懸伸桿件之自由端

(4) I 值變化處

(5)非剛性接續處

有關平面結構之接續（connection），詳見 1-10 節之說明。

三、桁架

(一)桁架之基本假設

欲令桁架之桿件僅承受拉力或壓力，則需訂定以下之假設：

(1)各桿件均為直線桿件，亦即桿件兩端節點之連線須與桿件之形心軸重合。

(2)各桿件在其兩端節點處以光滑無摩擦之樞釘（pin）連接成穩固架構。由此項假設可瞭解，桁架中任何節點均為鉸接點。（鉸節點無法傳遞彎矩）

(3)荷載與支承反力同平面，且均作用於節點上。

(4)各桿件之形心軸相交於節點處。

(5)各桿件之重量與荷載相較甚小，得略而不計。

　　凡滿足上述假設條件之桁架均稱為理想桁架，而理想桁架之各組成桿件均為承受軸向力作用之**二力桿件**（two-force member）。此處所謂二力桿件係指直線形狀之桿件，其上僅受兩個力作用，且僅有兩個著力點，而此二力必大小相等、方向相反且作用在同一直線上。

　　事實上桁架桿件之桿端是在連接鈑（gusset plate）上栓接或銲接，桿件中除軸向力外尚有因軸向力造成桿件變形而引致之**次要彎矩**（secondary moment），若可不計此次要彎矩之效應，則可以理想桁架取代真實桁架來進行分析。

(二)桁架的組成

1. 簡單桁架（simple truss）

　　先將三根桿件之桿端以無摩擦之樞釘鉸接成穩固的三角形，此三角形是為基本的桁架剛性單元（rigid unit），然後在此平面內每增加兩根桿件即增加一節點，但此二新增桿件不得共線，依此方式擴展而成的桁架稱為簡單桁架（是為一靜定的桁架剛性體（rigid body））。所謂剛性單元或剛性體，係指不計材料本身變形，而在任意荷載作用下，幾何形狀均保持不變的單元或體系謂之。圖 1-1(a)、(b)、(c)、(d)所示均為簡單桁架，各桁架圖中之三角形 *ABC* 均為基本的桁架剛性單元，另外可由其他英文字母之排列順序明瞭新增節點的擴增次序。這裡要特別說明的是，我們亦可適當的選擇其他三角形來作為基本的桁架剛性單元。圖 1-1(e)所示為一以空間結構形式來表示的 *N* 式桁架及其各部分的名稱。

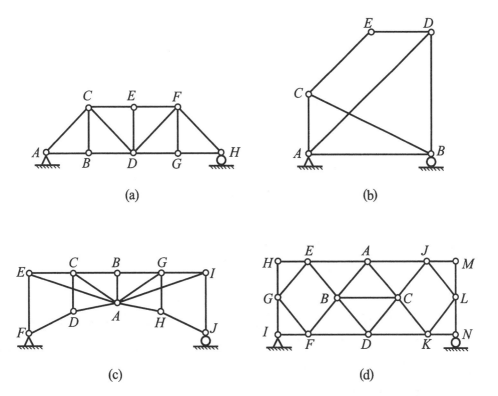

(a)　　　　　　　　　　(b)

(c)　　　　　　　　　　(d)

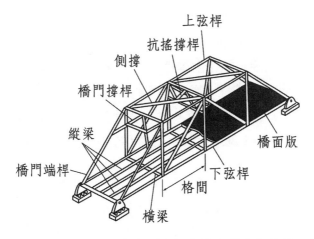

(e)典型桁架橋樑各部分名稱〔摘自林永盛編著「基本結構理論分析」圖 2-1，
高立圖書有限公司，1994。〕

圖 1-1　簡單桁架之範例

2.複合桁架（compound truss）

複合桁架是將兩個或兩個以上的簡單桁架經適當連結後而形成的穩固桁架，其連結的方式大致可分為：

(1)藉由不相互平行，延長線也不同時交於一點的三根桿件來連結，見圖 1-2(a)、(b)。

(2)藉由一個鉸接（即用樞釘鉸接，功同兩根不平行之桿件）及一根桿件（此桿件之延長線不通過此一鉸接點）來連結，見圖 1-2(c)。

(3)上述之連結桿件由簡單桁架替代後再進行連結，見圖 1-2(d)、(e)，而此連結用的簡單桁架又稱之為**次桁架**（secondary truss）。

圖 1-2(a)所示之複合桁架是由兩個簡單桁架 ABC 及 DEF 藉由不相互平行且延長線也不同時交於一點的三根桿件 BD、GH 及 CE 連結而成。圖 1-2(b)所示之複合桁架亦是由兩個簡單桁架 ABC 及 DEF 藉由不相互平行且延長線亦不同時交於一點的三根桿件 AD、BF 及 CE 連結而成。圖 1-2(c)所示之複合桁架則是由兩個簡單桁架 ABC 及 BDE 在 B 點鉸接，並藉由桿件 CE 連結而成。圖 1-2(d)所示之桁架是將圖 1-2(c)中之連結桿件 CE 以簡單桁架 CEFG 取代後所形成之複合桁架。圖 1-2(e)所示之複合桁架，係由兩個簡單桁架 ABHI 及 DEFJ 藉由兩個簡單桁架 BCD 和 FGH 以及桿件 JI 連結而成。圖 1-2(f)與圖 1-2(g)所示的桁架結構在本質上是相同的，圖 1-2(f)所示為一複合桁架，是由兩個簡單桁架 ABC 及 CDE 在 C 點鉸接，並藉由桿件 AE 連結而成，其中 AE 桿件提供了 E 點的水平約束，而輥支承提供了 E 點的垂直約束。在圖 1-2(f)所示的桁架中，若將 E 點處改為鉸支承，取代原有 AE 桿件所提供的水平約束及輥支承所提供的垂直約束，則就形成了圖 1-2(g)所示的**三鉸拱結構**（又稱桁架拱結構）。

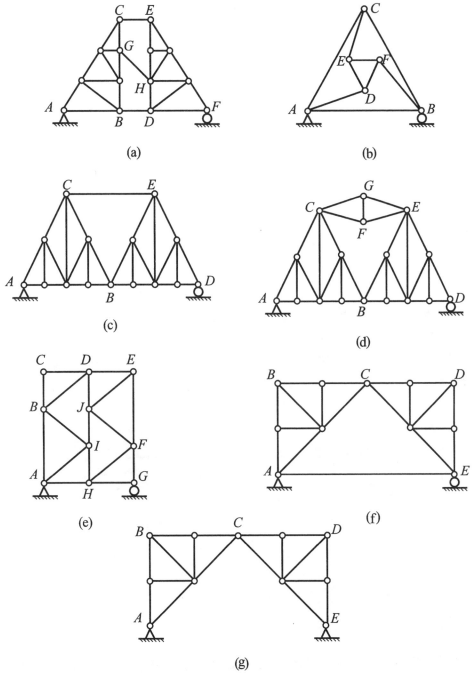

圖 1-2　複合桁架之範例

3.複雜桁架（complex truss）

凡是不屬於簡單桁架或複合桁架之靜定桁架，均稱為複雜桁架，如圖 1-3(a)、(b)所示。

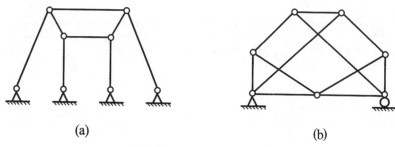

(a)　　　　　　　　　　　　(b)

圖 1-3　複雜桁架之範例

討論 1

桁架結構中，上下弦桿擔負著有如梁中之彎矩效應，而腹桿擔負著有如梁中之剪力效應，圖 1-4(a)所示為一梁結構之自由體，斷面中存有剪力 V 及彎矩 M。圖 1-4(b)所示為一桁架結構之自由體，上下弦桿之軸向力可形成如同梁中之彎矩效應，而斜腹桿之垂直分力則有如梁中之剪力效應。

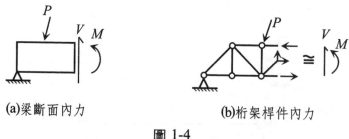

(a)梁斷面內力　　　　　　(b)桁架桿件內力

圖 1-4

藉由梁的撓曲變形，判斷出桁架上下弦桿何者受張力，何者受壓力。

討論 2

桁架所有節點均為鉸接，因此桁架的穩定性是依賴桿件的佈置而非節點的剛性。不同於桁架，剛架的穩定性則有賴於節點的剛性。

四、拱

本質上，拱可用來減小長跨度結構（long-span structure）上的彎矩。

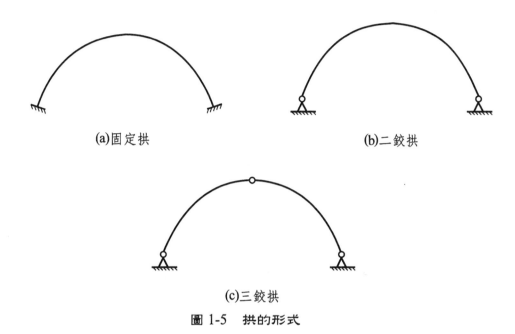

(a)固定拱　　　　　　　　　　(b)二鉸拱

(c)三鉸拱

圖 1-5　拱的形式

依據實用性，拱可分為以下幾種形式：

1. 固定拱（fixed arch）

常用鋼筋混凝土製造而成，由於是三度靜不定結構（如圖 1-5(a)所示），因此會受支承相對沉陷與溫度變化的影響，但所需的材料會較其他形式的拱為少。

2. 二鉸拱（two-hinged arch）

通常用金屬或木材製造而成，是一度靜不定之結構，如圖 1-5(b)所示。

3. 三鉸拱（three-hinged arch）

通常由金屬或木材製造而成，由於為一靜定結構（如圖 1-5(c)所示），因此不會受到支承沉陷與溫度變化之影響。

4.繫拱（tied arch）

　　若將二鉸拱或三鉸拱之支承以繫桿（tie rod）連結，則形成繫拱，而繫桿將承受支承處推力（thrust）的水平分力。

　　拱結構具有以下的受力特點：

(1)在垂直荷載作用下，拱在支承處將產生水平推力。

(2)在垂直荷載作用下，拱的斷面上軸向力較大，且一般為壓力。

五、組合結構

　　在一結構中，除撓曲桿件（如梁桿件）外，尚包含若干僅受軸向力之二力桿件時，此結構稱為**組合結構**。

　　分析組合結構時，需先求出二力桿件中的軸向力，再依據荷載及支承反力，算出撓曲桿件中的軸向力、剪力及彎矩。

　　在組合結構中對於二力桿件及撓曲桿件的區分是十分重要的，二力桿件為兩端均為鉸接的直線形桿件，且外力恆作用在節點上；而撓曲桿件上之荷載可作用於任何位置。在圖 1-6(a)所示之組合結構中，*ADCBE* 為撓曲桿件（*C*點為鉸接續），其餘均為二力桿件。為了更明確表示出二力桿件與撓曲桿件，圖 1-6(a)之組合結構可以圖 1-6(b)來表示。

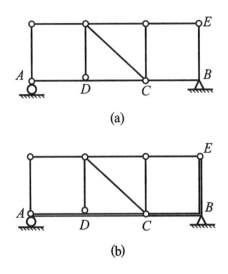

(a)

(b)

圖 1-6　組合結構

　　結構的分類有時是依計算簡圖來做分類命名的。這是因為同一外形的結構，由於節點構造不同及桿件斷面尺寸不同，使得各桿件受力情況不同。例如圖 1-7(a)所示的鋼筋混凝土結構可有以下的分類：

(1)如桿件斷面較大且節點構造又能滿足剛性節點特性時，計算圖就可簡化成圖 1-7(b)所示的剛架結構。

(2)當各桿斷面尺寸較小，節點構造滿足鉸接特性時，計算圖就可簡化為圖 1-7(c)所示的桁架結構。

(3)當弦桿斷面尺寸較大，腹桿斷面尺寸小，且腹桿與弦桿連接不能滿足剛性要求時，計算圖就可簡化成圖 1-7(d)所示的組合結構，其中上下弦桿為撓曲桿件，其餘均為二力桿件。

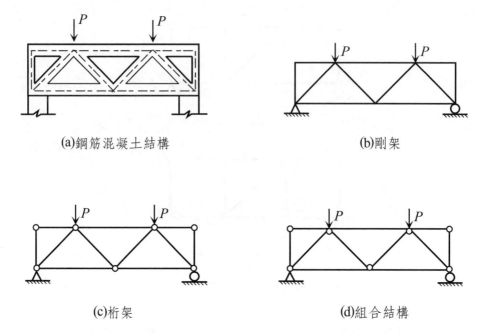

(a)鋼筋混凝土結構　　　　　　　　　　(b)剛架

(c)桁架　　　　　　　　　　　　　　　(d)組合結構

圖 1-7　〔參考自雷鍾和等編著「結構力學解疑」圖 1-2-1，
清華大學出版社（中國），1995。〕

1-6　支承的型式

　　經由適當安排的支承，能夠部分或完全的限制結構體在空間上的自由移動，因此一穩定的結構體需要有適當的支承來約束。

　　有約束就會產生反力，因此一穩定的結構體受外力作用後支承必產生反力以限制結構體的移動。由靜力學角度來看，結構體受到載重作用後，力系不平衡，須由支承提供反力以維持力系的平衡。以下將說明幾種支承的型式與其相應的支承反力（support reactions）：

一、固定支承（fixed support）

　　此類支承可視為將桿件嵌入堅固的牆壁或地盤中，故可抵抗任何方向之力與力矩，因此具有防止桿件移動及轉動的功能。由於有約束就有反力，所以固定支承將具有三個支承反力 R_x，R_y 及 M（如圖 1-8 所示），以防止桿的移動及轉動。

　　桁架結構所有節點均以樞釘鉸接，故桁架不存有固定支承。

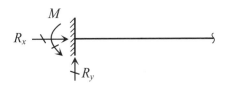

①支承反力數目=3（即 R_x、R_y、M）。
②支承反力之大小、方向及作用點均為未知。

圖 1-8　固定支承

二、鉸支承（hinge support）

　　此類支承是利用光滑樞釘（pin）與桿件連繫，可抵抗各方向的外力，但不能抵抗力矩，因此桿件可自由的轉動，但不可以任意移動，故具有二個支承反力 R_x 及 R_y，如圖 1-9 所示。另外，在圖 1-9 中所示為三種常見的鉸支承表示方法。

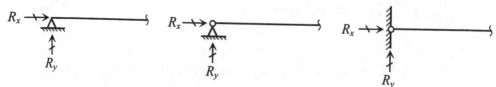

①支承反力數目=2（即R_x、R_y）。
②支承反力之大小及方向為未知，但作用點為已知（均作用在樞釘上）。

圖 1-9　鉸支承

三、輥支承（roller support）

在輥支承處，不能抵抗力矩與沿支承面的側向力，因此桿件可沿支承面平行移動，且可自由的轉動，所以輥支承僅具有垂直於支承面的支承反力 R，如圖 1-10 所示。在圖 1-10 中所示為四種常見的輥支承表示方法。

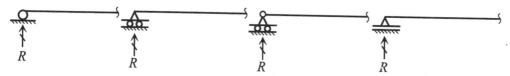

①支承反力數目=1。
②支承反力 R 之大小未知，但作用點為已知（作用在樞釘上），且 R 恆垂直於支承面。

圖 1-10　輥支承

四、連桿支承（link support）

此類支承是利用不計重量的連桿來連繫桿件，由於連桿為一兩端以樞釘鉸

接的二力桿件，所以連桿中僅存有軸向力，故支承反力的方向將與連桿的軸向一致，因此桿件可自由的轉動及左右移動，如圖 1-11 所示。在圖 1-11 中所示為兩種常見的連桿支承表示方法。

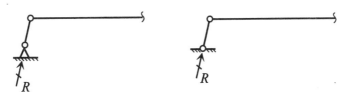

①支承反力數目＝1。
②支承反力 R 之大小未知，但作用點為已知（作用在樞釘上），且 R 的方向恆與連桿的軸向一致。

圖 1-11　連桿支承

五、導向支承（guide support）

此類支承是利用兩根相互平行的短連桿與桿件連繫，可模擬成圖 1-12 所表示的形式，此時桿件可沿支承面平行移動，但不可轉動，故支承反力有兩個，即 R 及 M，其中 R 恆垂直於支承面。

①支承反力數目＝2。
②支承反力之大小均未知，但支承反力 R 恆垂直於支承面。

圖 1-12　導向支承

六、彈性支承（elastic support）

　　彈性支承包括直線彈簧與抗彎彈簧兩種支承，現分別敘述如下：

1.直線彈簧支承

　　可用來控制桿件之位移量Δ，由於在直線彈簧中僅存有軸向力，因此支承反力 R 的方向將與彈簧軸向一致，恆垂直於支承面。若 k 表彈簧彈力常數，則位移量Δ＝$\dfrac{R}{k}$，如圖 1-13 所示。

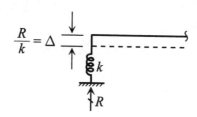

①支承反力數目＝1。
②支承反力 $R＝k\Delta$，R 的方向與彈簧軸向一致，恆垂直於支承面。

圖 1-13　直線彈簧支承

2.抗彎彈簧支承

　　可用來控制旋轉角θ，若k_θ表旋轉彈簧之彈力常數，則支承反力$M＝k_\theta\theta$，如圖 1-14 所示。

①支承反力數目＝1。
②支承反力$M＝k_\theta\theta$。

圖 1-14　抗彎彈簧支承

彈簧力其指向恆與彈簧變位方向相反。

　　彈性支承在實際結構上係由具有彈性之結構所組成，今以直線彈簧的情形為例，概述如下：

(1)

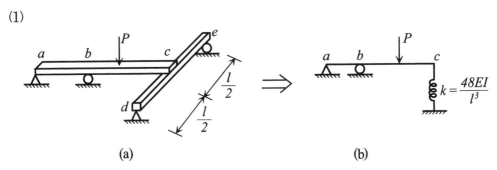

(a)　　　　　　　　　　　　　(b)

圖 1-15　〔參考自黃添坤等編著「結構學分析」，九樺出版社，1970。〕

在圖 1-15(a)中，de梁（$k = \dfrac{48EI}{l^3}$）可視為彈性支承，因此可簡化成相當的直線彈簧支承，如圖 1-15(b)所示。

(2)

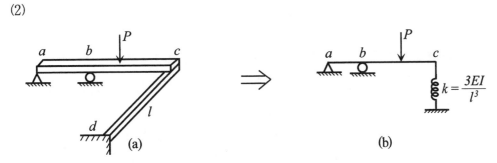

(a)　　　　　　　　　　　　　(b)

圖 1-16　〔參考自黃添坤等編著「結構學分析」，九樺出版社，1970。〕

在圖 1-16(a)中，dc梁（$k = \dfrac{3EI}{l^3}$）亦可視為彈性支承，因此可簡化成相當的直線彈簧支承，如圖 1-16(b)所示。

(3)

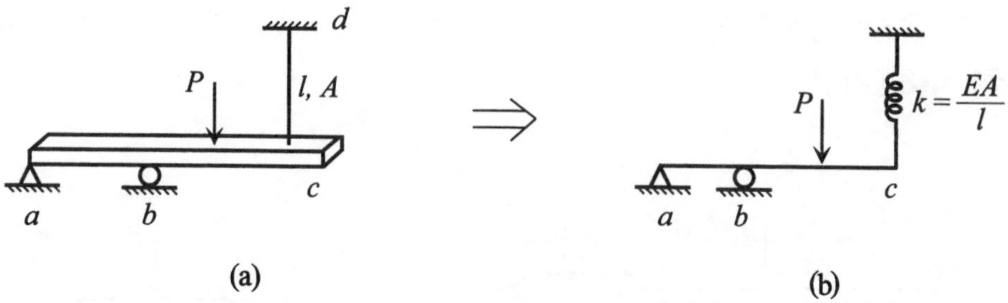

圖 1-17　〔參考自黃添坤等編著「結構學分析」，九樺出版社，1970。〕

在圖 1-17(a)中，繫桿（$k=\dfrac{EA}{l}$）亦可視為彈性支承，因此可簡化成相當的直線彈簧支承，如圖 1-17(b)所示。

1-7　外約束力與內約束力

　　一結構系統需要有數量足夠，且排列適當的約束力來使其保持穩定。一般來說，約束力可分為外約束力及內約束力兩種，外約束力泛指支承反力，而內約束力是指約束桿件或節點間相對變位的桿件內力。

　　有時，一穩定結構可由增加外約束力的方式來取代原有的內約束力，例如，若將圖 1-2(f)所示複合桁架中的 AE 連桿及 E 點處之輥支承改以鉸支承來取代（即以外約束力來取代AE桿件的內約束力），則原桁架可以圖 1-2(g)所示之三鉸拱結構來替代，而結構的靜定性及穩定性將不改變。

1-8　自由體原理

將結構物中的某一部分隔離出來，這隔離出來的部分結構物稱為自由體（free-body）。通常一平衡的結構物，其各個自由體在諸力作用下亦須保持平衡，此即**自由體原理**（free body principle）。

1-9　平面結構的靜力平衡方程式

由平衡的基本定義（見本章 1-2 節）知，當結構系統處於靜力平衡時，其系統本身或局部個體（意指自由體）上之合力與合力矩均須為零，因此結構系統在荷載作用下，無論系統本身或是局部個體均須滿足靜力平衡方程式的要求，以維持力的平衡。

一、共平面（coplanar）力系之靜力平衡方程式

一般常用之靜力平衡方程式有以下四組：

(1)
$$\boxed{\begin{aligned} \Sigma F_x &= 0 \\ \Sigma F_y &= 0 \\ \Sigma M_a &= 0 \end{aligned}}$$

(1-1)

在（1-1）式中，ΣF_x：在此共面之力系中，合力在 X 方向之分力。

ΣF_y：在此共面之力系中，合力在 Y 方向之分力。

ΣM_a：在此共面之力系中，諸力對此平面結構上任意一點 a 所形成之合力矩。

(2)
$$\boxed{\begin{array}{l} \Sigma F_y = 0 \\ \Sigma M_a = 0 \\ \Sigma M_b = 0 \end{array}}$$
　（1-2）

在（1-2）式中，a、b 為平面結構上相異的兩點，而通過 a 點和 b 點之直線不得與 Y 軸垂直。

於圖 1-18 中，假設通過 a 點和 b 點之直線與 Y 軸垂直，則當外力 R 不為零且與此直線重合時，必然可滿足 $\Sigma F_y = 0, \Sigma M_a = 0, \Sigma M_b = 0$ 之要求，但由於 $R \neq 0$，因此 $\Sigma F_x \neq 0$，這表示當 $R \neq 0$ 時 X 方向之合力不為零，因而此結構系統無法處在靜力平衡狀態，因此結構系統如為穩定，在（1-2）式中，通過 a，b 兩點之直線必不得與 Y 軸垂直。

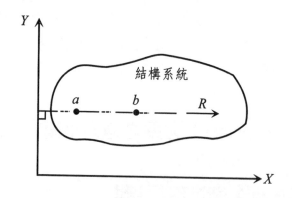

圖 1-18

同理可得

(3)
$$\boxed{\begin{array}{l} \Sigma F_x = 0 \\ \Sigma M_a = 0 \\ \Sigma M_b = 0 \end{array}}$$
　（1-3）

在（1-3）式中，a、b 為平面結構上相異的兩點，而通過 a 點和 b 點之直線不得與 X 軸垂直。

(4)
$$\begin{array}{l} \Sigma M_a = 0 \\ \Sigma M_b = 0 \\ \Sigma M_c = 0 \end{array}$$
(1-4)

在（1-4）式中，a、b、c 為在平面結構上不共線之相異三點。

二、平面共點（concurrent）力系之靜力平衡方程式

一般常用之靜力平衡方程式有以下三組：

(1)
$$\begin{array}{l} \Sigma F_x = 0 \\ \Sigma F_y = 0 \end{array}$$
(1-5)

(2)
$$\begin{array}{l} \Sigma F_y = 0 \\ \Sigma M_a = 0 \end{array}$$
(1-6)

在（1-6）式中，a 點為平面結構上任意一點，但 a 點不能在通過共點力系之交點且與 Y 軸垂直的直線上。

(3)
$$\begin{array}{l} \Sigma M_a = 0 \\ \Sigma M_b = 0 \end{array}$$
(1-7)

在（1-7）式中，a、b 為平面結構上相異的兩點，而通過 a、b 兩點之直線不得經過共點力系之交點。

三、平面平行（parallel）力系之靜力平衡方程式

一般常用之靜力平衡方程式有以下兩組：

(1)
$$\begin{array}{l} \Sigma F_y = 0 \\ \Sigma M_a = 0 \end{array}$$
（1-8）

在（1-8）式中，a點為平面結構上之任意一點，而Y軸與各平行力同向。

(2)
$$\begin{array}{l} \Sigma M_a = 0 \\ \Sigma M_b = 0 \end{array}$$
（1-9）

在（1-9）式中，a、b為平面結構上相異的兩點，通過a、b二點之直線不與各平行力之作用方向平行。

1-10　平面結構的接續與條件方程式

物體間相互連結的裝置稱為**接續**（connection），因而物體間亦可藉由接續來傳遞力量。常見的接續有剛性接續（rigid connection）、鉸接續（hinged connection）、連桿接續（link connection）、輥接續（roller connection）及導向接續（guide connection）等。除剛性接續外，其餘各接續均歸屬非剛性接續（non-rigid connection），而當結構體上出現非剛性接續時，就有**條件方程式**（equations of condition））的存在。所謂條件方程式係取結構局部個體為自由體，依據非剛性接續之受力特性所建立的平衡方程式。

　　一個含有非剛性接續的靜定結構，往往是藉由此非剛性接續來連結結構的**基本部分**（本身即能獨立維持穩定之部分，又稱為**主要結構**）與**附屬部分**（需要其他部分的支撐才能維持穩定的部分，又稱為**次要結構**），此時支承反力的數目將超過三個，所以除了靜力平衡方程式外，尚需建立條件方程式，如此方能解出所有的支承反力。所謂基本部分乃是指維持結構穩定所不可或缺的必要基本結構單元。

一、剛性接續與條件方程式

　　由於剛性接續可承受（亦即可抵抗或可傳遞）任何方向之力量，因此兩剛性體（rigid body）經由剛性接續連結後仍為一剛性體，故剛性接續無法提供條件方程式。

　　圖 1-19(a)所示為一連結兩剛性體之剛性接續；圖 1-19(b)所示為剛性接續處之內力

(a)剛性接續　　　　　　　　(b)剛性接續處之內力

圖 1-19　剛性接續

二、鉸接續與條件方程式

　　鉸接續又稱樞接續（pinned connection）是以樞釘（pin）來連結各剛性體，由於此種接續無法承受彎矩，因此在鉸接續處可提供彎矩為零的條件方程式。圖 1-20(a)及(b)分別表示鉸接續及接續處之內力。

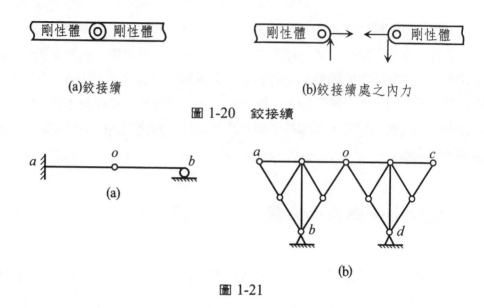

(a)鉸接續

(b)鉸接續處之內力

圖 1-20　鉸接續

(a)

(b)

圖 1-21

在圖 1-21(a)所示的梁結構中，o 點為一鉸接續，連結 ao 及 ob 兩段梁，其中 ao 梁是為基本部分，而 ob 梁為其附屬部分。從約束力的觀點來看，由於 o 點為一鉸接續，無法提供彎矩約束（即此斷面中的彎矩為零），因此可在 b 點處加一輥支承以便藉由適當的外約束來維持梁結構的穩定性。這種含有非剛性接續的靜定梁稱之為**靜定複合梁**或**靜定合成梁**（compound beam）。另外，由靜定複合梁的組成可看出，靜定複合梁在組成時是先有基本部分再有附屬部分，因此附屬部分的支承反力必少於基本部分的支承反力，所以在建立條件方程式時，應取未知力較少的附屬部分為自由體，而儘量不取未知力較多基本部分為自由體，此即「**靜定複合梁結構先解附屬部分再解基本部分**」的解題原則。在圖 1-21(b)所示的桁架拱結構中，abo 及 cdo 二個簡單桁架在 o 點以樞釘連結，因此 o 點可視為一鉸接續。

對含有鉸接續之靜定複合梁結構而言，其支承反力之求解原則如下所述：

(1)取整體結構為自由體，列出三個靜力平衡方程式。

(2)將原結構從鉸接續處切開，依「靜定複合梁結構先解附屬部分再解基本部分」的解題原則，取未知反力較少之附屬部分為自由體，再以切開點（即鉸接續點）為力矩中心，建立條件方程式：

$$\Sigma M_{connection} = 0 \qquad\qquad (1\text{-}10)$$

(3)由靜力平衡方程式與條件方程式即可解出所有支承反力。

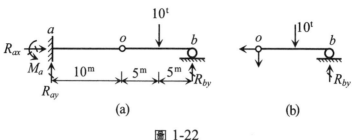

圖 1-22

現以圖 1-22(a)所示之靜定複合梁結構為例來說明上述原則。在此靜定複合梁結構中有 4 個支承反力 R_{ax}、R_{ay}、M_a 及 R_{by}，而內鉸接 o 可視為連結 ao 及 ob 兩段梁之鉸接續，分析時可先取整體結構為自由體，列出三個靜力平衡方程式（包含 R_{ax}、R_{ay}、M_a 及 R_{by} 四個未知數）：

$$\xrightarrow{\;+\;} \Sigma F_x = 0\;;\; R_{ax} = 0^t \qquad\qquad (1)$$

$$+\uparrow \Sigma F_y = 0\;;\; R_{ay} + R_{by} - 10^t = 0^t \qquad\qquad (2)$$

$$+\circlearrowright \Sigma M_a = 0\;;\; M_a - (10^t)(15^m) + (R_{by})(20^m) = 0^{t\text{-m}} \qquad\qquad (3)$$

再將原結構從 o 點切開，依照「靜定複合梁結構先解附屬部分再解基本部分」的解題原則，取未知反力較少的附屬部分 ob 段為自由體（如圖 1-22(b)所示），再以 o 點為力矩中心，建立條件方程式（包含 R_{by} 一個未知數）：

$$+\circlearrowright \overset{ob}{\Sigma} M_o = 0\;;\; -(10^t)(5^m) + (R_{by})(10^m) = 0^{t\text{-m}} \qquad\qquad (4)$$

先由(4)式（即條件方程式）解出支承反力 $R_{by} = 5^t$（↑），再將其代入(1)～(3)式（即靜力平衡方程式）中，解出支承反力 $R_{ax} = 0^t$，$R_{ay} = 5^t$（↑）及 $M_a = 50^{t\text{-m}}$（↻）

對建立條件方程式而言，若取基本部分 ao 段為自由體，則建立之條件方程式為 $\overset{ao}{\Sigma} M_o = 0$，由於所包含之未知數有三個，即 R_{ax}、R_{ay} 及 M_a，因此無法由此條件方程式直接解出任何支承反力，因而需與(1)～(3)式聯立解才可解出所有

支承反力,故分析較耗時,由此可知,在建立條件方程式時應先選取附屬部分為自由體。

討論 1

在計算支承反力時,可先任意假設其方向,若求得之支承反力為正值,則表示支承反力之方向與其假設之方向相同;反之,則表示支承反力之方向與其假設之方向相反。

討論 2

依循「靜定複合梁先解附屬部分再解基本部分」的解題原則,圖 1-22(a)所示之複合梁結構亦可採用以下之方法來求解支承反力。將原結構從 o 點處切開,先取附屬部分（ob 段）為自由體,如圖 1-23 所示。

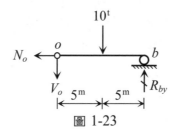

圖 1-23

由條件方程式:

$+\circlearrowleft \sum\limits_{o}^{ob} M_o = 0$; $-(10^t)(5^m)+(R_{by})(10^m)=0^{t\text{-}m}$

解出支承反力 $R_{by}=5^t$ ($\pmb{\uparrow}$)

接著,再由 ob 自由體計算 o 點上之內力 N_o 及 V_o,由

$\xrightarrow{\pm} \sum\limits^{ob} F_x = 0$; 得 $N_o = 0^t$

$+\uparrow \sum\limits^{ob} F_y = 0$; 得 $V_o = -5^t$ ($\pmb{\uparrow}$)

當 N_o 及 V_o 求得後,再取基本部分（ao 段）為自由體,如圖 1-24 所示。

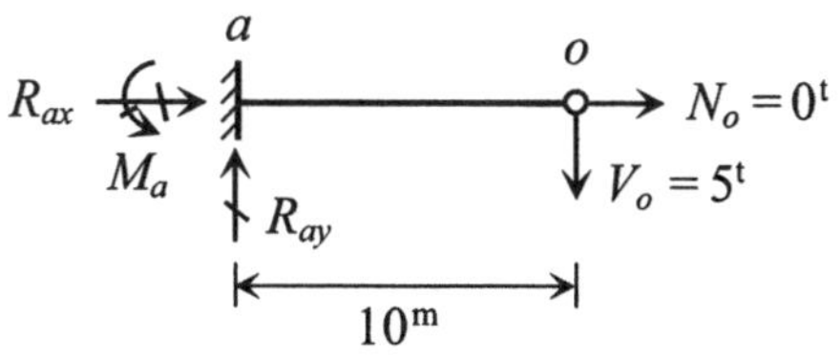

R_{ax}　M_a　R_{ay}　a　o　$N_o = 0^t$　$V_o = 5^t$

10^m

圖 1-24

在 ao 自由體上，由

$\overset{ao}{\underset{\pm}{\rightarrow}} \sum F_x = 0$；解得 $R_{ax} = 0^t$

$\overset{ao}{+\uparrow} \sum F_y = 0$；解得 $R_{ay} = 5^t$（↑）

$\overset{ao}{+} \sum M_a = 0$；解得 $M_a = 50^{t\text{-}m}$（↻）

（討論 3）

由本例題不難推斷出：**對於含有非剛性接續的靜定複合梁結構而言，當外力作用在附屬部分時，此附屬部分及相關的基本部分均會受力；而當外力只作用在基本部分時，僅有基本部分受力而附屬部分不受力。**

（討論 4）

若一個鉸接續連結有 n 個剛性體時，則可建立（$n-1$）個獨立的條件方程式。

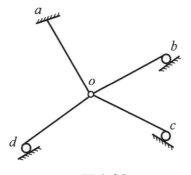

圖 1-25

以圖 1-25 所示之撓曲結構為例，o 點為鉸接續，若從 o 點處切開則形成 ao、bo、co 及 do 四個自由體，而相應的條件方程式分別為 $\overset{ao}{\sum} M_o = 0$，$\overset{bo}{\sum} M_o = 0$，$\overset{co}{\sum} M_o = 0$ 及 $\overset{do}{\sum} M_o = 0$，但此四個條件方程式只有三個為獨立，因此可任選其中三個做為本結構之條件方程式。

三、連桿接續、輥接續與條件方程式

連桿接續是以短連桿（link）來連接各剛性體，此種接續僅可承受連桿軸線方向的力，而不能承受彎矩與側向力（lateral force），因此連桿接續處可提供彎矩為零及側向力為零的條件方程式。圖 1-26(a)及(b)分別表示連結兩剛性體之連桿接續及接續處之內力。

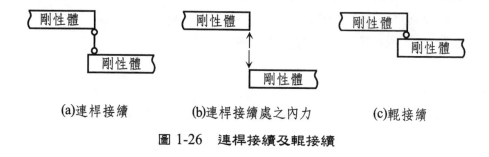

(a)連桿接續　　(b)連桿接續處之內力　　(c)輥接續

圖 1-26　連桿接續及輥接續

圖 1-26(c)所示為一連結兩剛性體之輥接續，其受力狀態與對應之條件方程式和連桿接續完全相同。

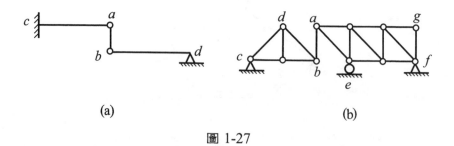

(a)　　　　　　　　　　　　(b)

圖 1-27

在圖 1-27(a)所示的複合梁中，ab 為一連桿接續，連結 ac 及 bd 兩段梁，其中 ac 梁是為基本部分，而 bd 梁為其附屬部分。在圖 1-27(b)所示的多跨桁架中，可視 bcd 及 $aefg$ 兩個簡單桁架以 ab 桿件連結，由於 ab 桿件有著連桿接續的功能，因此 ab 桿件可視為一連桿接續。在此多跨桁架中，$aefg$ 桁架是為基本部分，而 bcd 桁架為其附屬部分。

現以圖 1-27(b)所示之多跨桁架結構為例來說明具有連桿接續之靜定結構其支承反力的解法。此桁架共有五個未知的支承反力，在分析時，除三個靜力平衡方程式外，尚需 2 個條件方程式。

(1)首先取整結構為自由體，列出三個靜力平衡方程式

$$\Sigma F_x = 0 \tag{1}$$

$$\Sigma F_y = 0 \tag{2}$$

$$\Sigma M_c = 0 \tag{3}$$

(2)於原結構中將 ab 桿切開，取未知反力較少的附屬部分 bcd 桁架為自由體，如圖 1-28 所示。

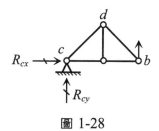

圖 1-28

由於連桿接續不能承受彎矩，因此取 bcd 自由體中之 b 點為力矩中心建立第一個條件方程式：

$$\overset{bcd}{\Sigma} M_b = 0 \tag{4}$$

又由於連桿接續不能承受側向力，因此可取 bcd 自由體之側方向的合力為零來建立第二個條件方程式：

$$\overset{bcd}{\Sigma} F_x = 0 \tag{5}$$

(3)先由(4)式（條件方程式）解出R_{cy}，再由(5)式（條件方程式）解出R_{cx}，最後再將R_{cy}及R_{cx}代入(1)～(3)式（靜力平衡方程式）中解出其餘三個支承反力。

四、導向接續與條件方程式

當兩剛性體以兩根平行的短連桿連結時，可視此平行的兩根連桿為導向接續。此種接續不能承受剪力，因此導向接續處可提供剪力為零的條件方程式。圖 1-29(a)及(b)分別表示連結兩剛性體的導向接續及接續處之內力。

(a)導向接續　　　　　　　　(b)導向接續處之內力

圖 1-29　導向接續

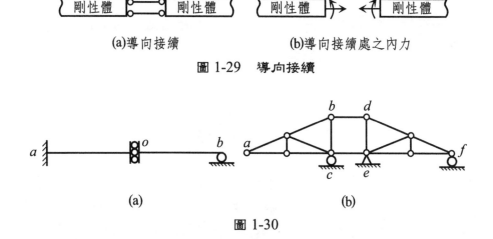

(a)　　　　　　　　　　(b)

圖 1-30

在圖 1-30(a)所示的複合梁中，o 點可視為導向接續（因其不能承受剪力），連結 ao 及 bo 兩段梁，其中 ao 梁是為基本部分，而 ob 梁為其附屬部分。在圖 1-30(b)所示的多跨桁架中，可視 abc 及 def 兩個簡單桁架以 bd 桿及 ce 桿連結，由於 bd 桿及 ce 桿可視為兩根平行的連桿，而有著導向接續的功能，因此 bd 桿及 ce 桿可視為一導向接續（若 bd 桿及 ce 桿成為導向接續，則在有適當支承約束的情況下，此格間中就可不需要斜桿件的存在）。在此多跨

桁架中，*def* 桁架是為基本部分，而 *abc* 桁架為其附屬部分。

例題 1-1

求下圖所示剛架結構中 A 點與 B 點之支承反力。C、D、E 三點為鉸接續。

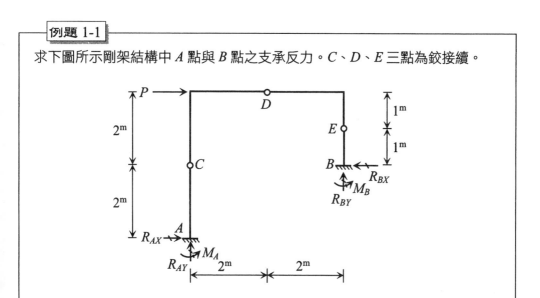

解

待求的未知支承反力有 6 個：R_{AX}、R_{AY}、M_A、R_{BX}、R_{BY}、M_B，因此須有 6 個獨立之方程式（即 3 個靜力平衡方程式與 3 個條件方程式）來求解此 6 個未知的支承反力。

(1)取整體剛架為自由體，列出 3 個靜力平衡方程式：

$$\xrightarrow{\pm} \Sigma F_X = 0 \text{，} R_{AX} - R_{BX} + P = 0 \tag{1}$$

$$+\uparrow \Sigma F_Y = 0 \text{，} R_{AY} + R_{BY} = 0 \tag{2}$$

$$+\circlearrowleft \Sigma M_A = 0 \text{，} M_A - (P)(4^{\mathrm{m}}) + (R_{BX})(2^{\mathrm{m}}) + (R_{BY})(4^{\mathrm{m}}) + M_B = 0 \tag{3}$$

(2)列出 3 個條件方程式：

C、D、E 3 個鉸接續可提供 3 個條件方程式如下：

$$+\circlearrowleft \overset{BE}{\Sigma} M_E = 0 \quad （取 BE 為自由體）$$

$$-(R_{BX})(1^{\mathrm{m}}) + M_B = 0 \tag{4}$$

$$+\circlearrowleft \overset{BED}{\Sigma} M_D = 0 \quad （取 BED 為自由體）$$

$$-(R_{BX})(2^{\mathrm{m}}) + (R_{BY})(2^{\mathrm{m}}) + M_B = 0 \tag{5}$$

$+\circlearrowleft\overset{BEDC}{\sum}M_C=0$　　（取 $BEDC$ 為自由體）

$$(R_{BY})(4^m)+M_B-(P)(2^m)=0 \tag{6}$$

由(4)～(6)式（條件方程式）可聯立解得：

$$R_{BX}=\frac{2}{3}P\ (\twoheadleftarrow)$$

$$R_{BY}=\frac{P}{3}\ (\uparrow)$$

$$M_B=\frac{2}{3}P\ (\circlearrowright)$$

將 R_{BX}、R_{BY} 及 M_B 代入(1)～(3)式（靜力平衡方程式），可解得：

$$R_{AX}=-\frac{P}{3}\ (\twoheadleftarrow)$$

$$R_{AY}=-\frac{P}{3}\ (\updownarrow)$$

$$M_A=\frac{2}{3}P\ (\circlearrowright)$$

討論

當原結構由非剛性接續處切開後，若能正確的選擇自由體來建立條件方程式，則往往可直接由條件方程式解出某些支承反力，而剩下的支承反力再由靜力平衡方程式解出；但若無法直接由所建立的條件方程式解出任何支承反力時，則就必須聯立解所有的條件方程式與靜力平衡方程式，以求出各個支承反力。

1-11　多跨靜定梁

　　多跨靜定梁是由若干單跨梁藉由鉸接續連結而成的靜定結構，由於鉸接續是屬於非剛性接續，因此多跨靜定梁實質上是屬於靜定複合梁結構系統。同理，在多跨靜定梁中，凡本身能獨立維持穩定之部分稱為基本部分，而需要依

靠其他部分的支撐才能保持穩定的部分稱為附屬部分。

在實際應用中，多跨靜定梁大致可區分為圖 1-31(a)及圖 1-32(a)所示的兩種基本型式。

在圖 1-31(a)所示的多跨靜定梁中，*abc* 梁是為基本部分，而 *cde* 梁、*efg* 梁及 *gh* 梁分別為其左邊部分的附屬部分。為了能清楚表明各部分的支撐關係，往往可將基本部分繪在下層，而附屬部分分別依建構順序繪在上層，形成層疊圖，如圖 1-31(b)所示。在層疊圖中是由鉸支承來代替原結構中的鉸接續。由圖 1-31(b)所示之層疊圖可清楚看出多跨靜定梁的組成順序依次為 *abc*、*cde*、*efg* 及 *gh*，其中 *abc* 為基本部分必須最先完成建構。

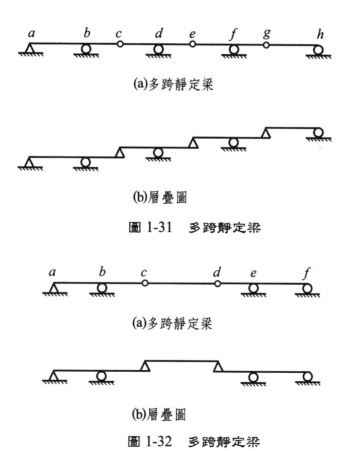

(a)多跨靜定梁

(b)層疊圖

圖 1-31　多跨靜定梁

(a)多跨靜定梁

(b)層疊圖

圖 1-32　多跨靜定梁

在圖 1-32(a)所示的多跨靜定梁中，*abc* 梁及 *def* 梁均為基本部分，而 *cd* 梁是為二者的共同附屬部分，層疊圖如圖 1-32(b)所示。這裡要特別說明的是，*def* 梁雖僅有兩個垂直方向的支承約束，但在垂直載重作用下亦能獨立維持穩定，因此在垂直載重作用下 *def* 梁可視為基本部分。

由多跨靜定梁的幾何組成可瞭解力的傳遞關係如下：

「由於基本部分能獨立承受載重並維持平衡，因此當載重僅作用在基本部分時，附屬部分將不受力；另外，由於附屬部分需依靠基本部分才能維持平衡，因此當載重作用在附屬部分時，相關的基本部分亦將會受力。」

由以上的關係可得出以下的解題原則：

「作用在附屬部分的載重能使此附屬部分及相關的基本部分產生支承反力及桿件內力；而作用在基本部分的載重僅能使此基本部分產生支承反力及桿件內力。」

根據以上的說明可知，在分析多跨靜定梁時，應先分辨基本部分及附屬部分，再依幾何組成的相反順序將其拆解成若干單跨梁，並依循**靜定複合梁結構先解附屬部分再解基本部分**的原則，即可完成所有支承反力及桿件內力的分析。

多跨靜定梁亦可由若干桁架形式的單跨梁所組成，圖 **1-33** 所示即為一多跨靜定桁架梁，其中 *abc* 桁架及 *def* 桁架均為基本部分，而 *cd* 桁架為二者之共同附屬部分。

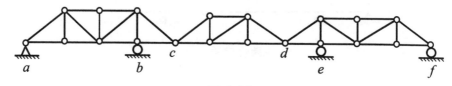

圖 1-33

（討論）

多跨靜定梁之解題原則亦可推廣應用於具有其他非剛性接續的多跨靜定結構中。

例題 1-2

下圖所示為一多跨桁架，試說明其組成。

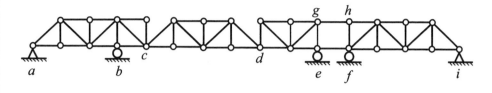

解

(1) *abc* 桁架及 *fi* 桁架均為基本部分（必須最先建構）

(2) *de* 桁架為 *fi* 桁架的附屬部分（藉由桿件 *gh* 及 *ef* 連接）

(3) *cd* 桁架為 *abc* 桁架及 *defi* 桁架的共同附屬部分（分別藉由節點 *c*、*d* 連接）

由此可知，此多跨桁架的組成順序依次為：

$$\left.\begin{array}{l} abc\ 桁架 \\ fi\ 桁架 \end{array}\right\} \to de\ 桁架 \to cd\ 桁架$$

其中桿件 *ef* 及 *gh* 視為導向接續；節點 *c*、*d* 均視為鉸接續。

例題 1-3

於下圖所示的多跨桁架結構，請說明其組成。

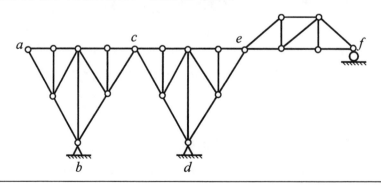

解

此為一多跨靜定桁架，其中 *abcde* 構成一個三鉸拱是為基本部分，而簡單桁架 *ef* 為其附屬部分，*e* 點視為二者之間的鉸接續。由此可知，此多跨靜定桁架的組成順序依次為：

　　abcde 桁架→*ef* 桁架

例題 1-4

試求下圖所示多跨靜定梁之支承反力。

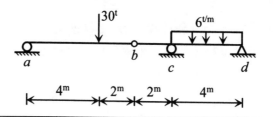

解

在此多跨靜定梁中，*bcd* 梁為基本部分，而 *ab* 梁為其附屬部分。在求解支承反力時，應依循「靜定複合梁結構先解附屬部分再解基本部分」的原則。

解法㈠

⑴取整體梁結構為自由體，列出 3 個靜力平衡方程式：

$\xrightarrow{+} \Sigma F_x = 0$ ，$R_{dx} = 0^t$　　　　　　　　　　　　　　　　　　⑴

$+\uparrow \Sigma F_y = 0$ ，$R_a + R_c + R_{dy} - 30^t - (6^{t/m})(4^m) = 0^t$　　　　⑵

$+\circlearrowleft \Sigma M_a = 0$ ，$-(30^t)(4^m) + (R_c)(8^m) - (6^{t/m})(4^m)(10^m) + (R_{dy})(12^m)$

$\qquad\qquad = 0^{t\text{-}m}$　　　　　　　　　　　　　　　　　　　　　　⑶

⑵列出 1 個條件方程式：

取 *ab* 梁（附屬部分）為自由體，由條件方程式：

$+\circlearrowleft \overset{ab}{\Sigma} M_b = 0$ ，$-(R_a)(6^m) + (30^t)(2^m) = 0^{t\text{-}m}$ ，解得 $R_a = 10^t$ （↑）

將 $R_a = 10^t$ 代回⑴～⑶式中，聯立解得：

$R_c = 42^t$ （↑）

$R_{dy}=2^t$ （↑）

解法㈡

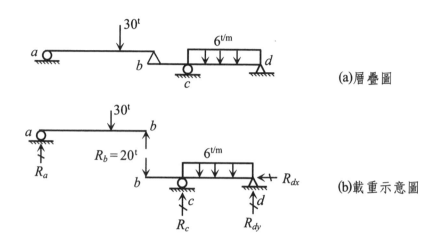

(a)層疊圖

(b)載重示意圖

依梁的層疊圖（如圖(a)所示），可將原結構拆成 ab 及 bcd 兩個靜定梁（載重示意圖如圖(b)所示），再按幾何組成的相反順序，即可解得所有支承反力。

(1)首先利用平衡方程式解出 ab 梁（附屬部分）的支承反力，即：

$+\overset{ab}{\underset{}{\sum}} M_a=0$ ， $(R_b)(6^m)-(30^t)(4^m)=0^{t\text{-}m}$ ，解得 $R_b=20^t$ （↑）

$+\uparrow\overset{ab}{\underset{}{\sum}} F_y=0$ ， $R_a-30^t+20^t=0^t$ ，解得 $R_a=10^t$ （↑）

將求出的 $R_b(=20^t)$ 反向作用於 bcd 梁上，作為 bcd 梁的載重如圖(b)所示。

(2) bcd 梁在承受均佈載重 $6^{t/m}$ 及由 ab 梁傳來的 20^t （↓）共同作用後，經由：

$\overset{bcd}{\underset{}{\xrightarrow{\pm}}}\sum F_x=0$ ，解得 $R_{dx}=0^t$

$+\overset{bcd}{\underset{}{\sum}} M_d=0$ ， $(20^t)(6^m)-(R_c)(4^m)+(6^{t/m})(4^m)(2^m)=0^{t\text{-}m}$ ，解得 $R_c=42^t$ （↑）

$+\uparrow\overset{bcd}{\underset{}{\sum}} F_y=0$ ， $-20^t+42^t-(6^{t/m})(4^m)+R_{dy}=0^t$ ，解得 $R_{dy}=2^t$ （↑）

由以上的分析可看出，不論是解法㈠或解法㈡均是依循「靜定複合梁結構先解附屬部分再解基本部分」的原則來求解支承反力。

試求下圖所示多跨靜定梁之支承反力。

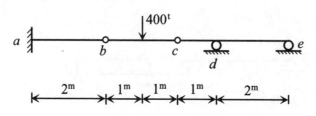

解

在垂直載重作用下，*ab* 梁及 *cde* 梁均為基本部分，而 *bc* 梁是為二者的共同附屬部分，層疊圖如圖(a)所示。

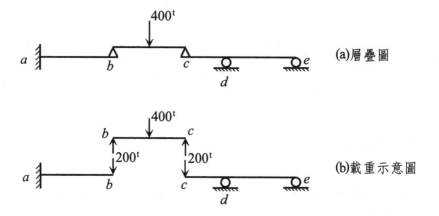

採用「靜定複合梁結構先解附屬部分再解基本部分」的解題原則，依梁的層疊圖，可將原結構拆成 *ab*、*bc* 及 *cde* 三個靜定梁（載重示意圖如圖(b)所示），按幾何組成的相反順序，即可求得所有支承反力。

(1)首先利用平衡關係可解得 *bc* 梁（附屬部分）上的支承反力，再將求出的支承反力反向作用於 *ab* 梁及 *cde* 梁上，作為 *ab* 梁及 *cde* 梁的載重，載重示意圖如圖(b)所示。

(2) ab 梁在承受由 bc 梁傳來 200^t（↓）的外力後，經由：

$\xrightarrow{\pm} \overset{ab}{\Sigma} F_x = 0$ ，解得 $R_{ax} = 0^t$

$+\uparrow \overset{ab}{\Sigma} F_y = 0$ ，解得 $R_{ay} = 200^t$（↑）

$+\circlearrowleft \overset{ab}{\Sigma} M_a = 0$ ，解得 $M_a = 400^{t\text{-}m}$（↻）

(3) cde 梁在承受由 bc 梁傳來 200^t（↓）的外力後，經由

$+\circlearrowleft \overset{cde}{\Sigma} M_e = 0$ ，解得 $R_d = 300^t$（↑）

$+\uparrow \overset{cde}{\Sigma} F_y = 0$ ，解得 $R_e = 100^t$（↓）

例題 1-6

試分析下圖所示桁架之支承反力。

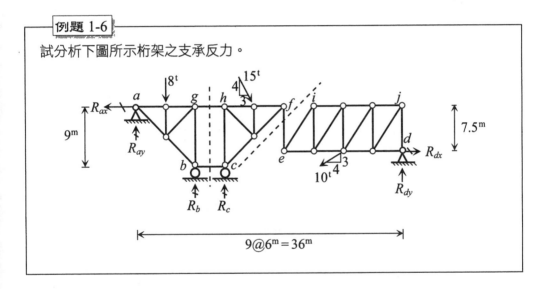

解

此桁架結構為一靜定多跨桁架，其中 abg 桁架為基本部分，cfh 桁架及 $deij$ 桁架分別為其左邊桁架的附屬部分。桿件 bc 及 gh 視為一導向接續；桿件 ef 視為一連桿接續。由此可知，此桁架的組成順序依次為 abg 桁架、cfh 桁架及 $deij$ 桁架。故在分析此桁架時，應按幾何組成的相反順序來解出所有支承反力。

本桁架的待求支承反力有 6 個：R_{ax}、R_{ay}、R_b、R_c、R_{dx}、R_{dy}，因此須有 6 個獨立之方程式（即 3 個靜力平衡方程式與 3 個條件方程式）來求解此 6 個未知的

支承反力。

(1)取整個桁架為自由體，列出 3 個靜力平衡方程式：

$$\xrightarrow{\pm}\Sigma F_x = 0 \; ; \quad -R_{ax}+(15^t)(\frac{3}{5})-(10^t)(\frac{4}{5})+R_{dx}=0^t \tag{1}$$

$$\xrightarrow{+\uparrow}\Sigma F_y = 0 \; ; \quad R_{ay}-8^t+R_b+R_c-(15^t)(\frac{4}{5})-(10^t)(\frac{3}{5})+R_{dy}=0^t \tag{2}$$

$$+\Sigma M_a = 0 \; ; \quad -(8^t)(6^m)+(R_b)(12^m)+(R_c)(18^m)-(15^t)(\frac{4}{5})(24^m)-$$
$$(10^t)(\frac{3}{5})(42^m)-(10^t)(\frac{4}{5})(7.5^m)+(R_{dx})(7.5^m)+$$
$$(R_{dy})(54^m)=0^{t\text{-}m} \tag{3}$$

(2)列出 3 個條件方程式：

此靜定桁架結構由三個簡單桁架（*abg, cfh* 及 *deij*）及 2 個接續所組成，各接續及其相對應之條件方程式如下：

①桿件 *ef* 視為連桿接續，故可提供 2 個條件方程式：

將桿件 *ef* 切開，取 *deij* 部分為自由體，則條件方程式為：

$$\xrightarrow{\pm}\overset{deij}{\Sigma}F_x = 0 ,$$
$$-(10^t)(\frac{4}{5})+R_{dx}=0^t，解得R_{dx}=8^t (\rightarrow) \tag{4}$$

$$+\overset{deij}{\Sigma}M_e = 0 ,$$
$$-(10^t)(\frac{3}{5})(12^m)+(R_{dy})(24^m)=0^{t\text{-}m}，解得R_{dy}=3^t (\uparrow) \tag{5}$$

②桿件 *bc* 及 *gh* 視為導向接續，故可提供 1 個條件方程式：

將桿件 *bc* 及 *gh* 切開，取 *cdjh* 為自由體，則條件方程式為：

$$+\uparrow\overset{cdjh}{\Sigma}F_y = 0 ,$$
$$R_c-(15^t)(\frac{4}{5})-(10^t)(\frac{3}{5})+R_{dy}=0^t，解得R_c=15^t (\uparrow) \tag{6}$$

(3)解出其餘支承反力

將 R_c、R_{dx} 及 R_{dy} 代回(1)～(3)式（靜力平衡方程式），可解得：

$$R_{ax}=9^t (\leftarrow)$$
$$R_{ay}=-5^t (\downarrow)$$
$$R_b=13^t (\uparrow)$$

1-12　二力物體

　　若一物體僅受兩個力作用，且僅有兩個著力點，若達平衡則這兩力必為共線，且大小相等方向相反。具此受力行為之物體稱為**二力物體**（two-force body）。

　　現以圖 1-34(a)所示之剛架為例來說明二力物體之觀念。

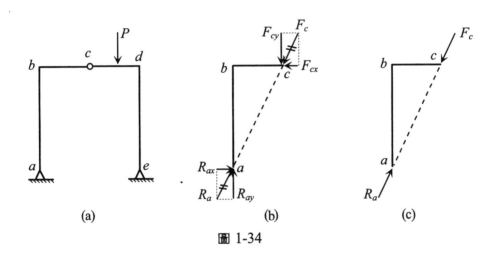

圖 1-34

　　取 abc 為自由體，如圖 1-34(b)所示，由力矩平衡 $\overset{abc}{\sum}M_c=0$ 知，a 點上之合力 R_a 其延長線必通過 a、c 兩點，如圖 1-34(c)所示；同理，由 $\overset{aoc}{\sum}M_a=0$ 知，c 點上的合力 F_c 其延長線亦必通過 a、c 兩點，如圖 1-34(c)所示。由於 abc 段上無其他外力作用，因此，為達平衡，R_a 與 F_c 必大小相等、方向相反且共線。由以上之分析可知，abc 段符合僅受二力（R_a 及 F_c）作用，且僅有兩個著力點（a 點及 c 點），而此二力大小相等、方向相反且共線之條件，因此 abc 段為一二力物體。這裡要特別強調的是，當 abc 段為一二力物體時，由於支承反力 R_a 的作用線必通過兩個鉸接點（即 a 點及 c 點），因此 R_a 的作用方向可以確定，換言之，R_a 的分量 R_{ax} 及 R_{ay} 均可以 R_a 為項來表示，故應用二力物體之觀念來分析結構時，可減少支承反力的未知數量。

綜合上述可得對二力物體之判定方法：

「二力物體上必存有兩個鉸接點（鉸支承或鉸接續）且無任何外載重作用」。

二力物體如為直線桿狀者且兩鉸接點在桿端，則稱為二力桿件（僅有軸向力存在），因此可知二力桿件實為二力物體之一特例。

例題 1-7

判別下圖所示結構有無二力物體之存在，並請說明。

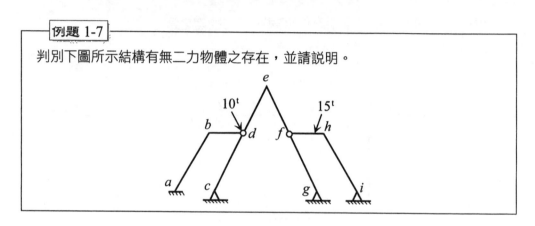

解

(1) abd 段上，由於 a 點非鉸支承，故 abd 段不是二力物體。

(2) cd 段上，c、d 兩點均為鉸接點（c 點為鉸支承，d 點為鉸接續），且 cd 段上無外力作用，故 cd 段為一二力物體，而支承反力 R_c 的作用線必通過 c，d 兩點。

(3) def 段上，d、f 兩點均為鉸接點（兩點均為鉸接續），且 def 段上無外力作用，故 def 段為一二力物體。

(4) fg 段上，f、g 兩點均為鉸接點（f 點為鉸接續，g 點為鉸支承），且 fg 段上無外力作用，故 fg 段亦為一二力物體，而支承反力 R_g 的作用線必通過 f、g 兩點。

(5) fhi 段上，由於有 15^t 之外力作用其上，故 fhi 段不是二力物體。

例題 1-8

說明如何求解下圖所示靜定複合桁架的支承反力。

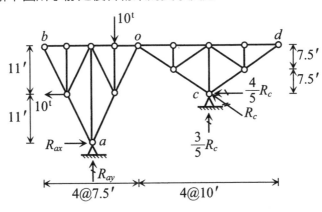

解

此靜定的複合桁架結構由 2 個簡單桁架（abo 及 cdo）所組成，其中 cdo 為二力物體，所以支承反力 R_c 之作用線必通過 o、c 二點（o 點可視為鉸接續），因此可將 R_c 分解成水平的 $\frac{4}{5}R_c$ 及垂直的 $\frac{3}{5}R_c$，故待求的未知支承反力只有三個：R_{ax}、R_{ay} 及 R_c。因此 3 個未知數可由 3 個靜力平衡方程式解出：

$$\left.\begin{array}{l}\Sigma F_x = 0 \\ \Sigma F_y = 0\end{array}\right\} \text{消去 } R_c \text{,僅含 } R_{ax}, R_{ay} \left.\begin{array}{l}\\ \\ \Sigma M_c = 0 \text{ 含 } R_{ax}, R_{ay}\end{array}\right\} \text{解出 } R_{ax}, R_{ay} \to \text{解出 } R_c$$

討論

此題若不由二力物體之觀念來考量，則待求之支承反力有 4 個：R_{ax}、R_{ay}、R_{cx}、R_{cy}，因此須列出 4 個獨立之方程式。因此除了 3 個靜力平衡方程式外，尚需 1 個條件方程式。

由於此靜定的複合桁架結構由 2 個簡單桁架（abo 及 cdo）所組成，而 o 點為接續點（其作用可視為鉸接續），故 o 點可提供一個條件方程式：$\overset{cdo}{\Sigma M_o} = 0$

故其解法為：（4 個獨立方程式解 4 個未知數）

$$\left.\begin{array}{l}\sum M_a = 0 \\ \sum^{cdo} M_o = 0\end{array}\right\} \rightarrow \text{解出 } R_{cx}, R_{cy}$$

$$\sum F_x = 0 \rightarrow \text{解出 } R_{ax}$$

$$\sum F_y = 0 \rightarrow \text{解出 } R_{ay}$$

由以上的分析可知，利用二力物體的觀念可簡化支承反力的計算分析。

例題 1-9

下圖所示為一靜定三鉸拱結構，試求其支承反力。

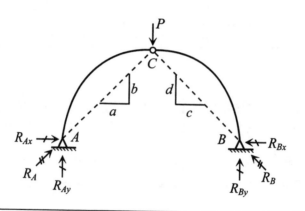

解

本題可由二力物體及平面共點力系之觀念來求解支承反力。當外力 P 作用在 C 點時，AC 及 CB 均為二力物體，因此支承反力 R_A 之作用線必通過 A、C 二點，而支承反力 R_B 之作用線必通過 B、C 二點，故三力交會於 C 點，由此可知此三鉸拱結構屬平面共點力系。R_A 及 R_B 在水平及垂直方向的分量分別為：

$$R_{AX} = \frac{a}{b} R_{AY} \tag{1}$$

$$R_{BX} = \frac{c}{d} R_{BY} \tag{2}$$

因此未知數只有二個：R_{AY}、R_{BY}

利用平面共點力系之靜力平衡方程式即可解出各支承反力：

$$\xrightarrow{\ \ \pm\ \ }\Sigma F_x=0;\quad \frac{a}{b}R_{AY}-\frac{c}{d}R_{BY}=0 \tag{3}$$

$$\xuparrow{\ +\ }\Sigma F_y=0,\quad R_{AY}+R_{BY}-P=0 \tag{4}$$

聯立解(3)式及(4)式，得

$$R_{AY}=P-\frac{Pad}{ad+bc}$$

$$R_{BY}=\frac{Pad}{ad+bc}$$

再將 R_{AY} 及 R_{BY} 代回(1)式及(2)式，則可得出

$$R_{AX}=\frac{a}{b}(P-\frac{Pad}{ad+bc})$$

$$R_{BX}=\frac{c}{d}(\frac{Pad}{ad+bc})$$

1-13　疊加原理

各種原因（如力或變位）對結構所產生的總效應，可由各種原因分別對結構所產生的效應相加得之，即

$$L(Q_1+Q_2+\cdots\cdots)=L(Q_1)+L(Q_2)+\cdots\cdots$$

此即為**疊加原理**（principle of superposition）。

一般來說，疊加原理不適用於非線性結構，但在線性結構問題中亦非完全可用。今以圖 1-35(a)所示之靜定懸臂結構來舉例說明：

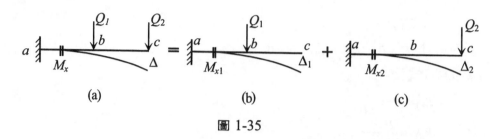

圖 1-35

　　於圖 1-35(a)中，abc 梁設為線性結構，Q_1、Q_2 表載重；Δ、Δ_1、Δ_2分表(a)、(b)、(c)圖中 C 點之垂直變位；M_x、M_{x1}、M_{x2} 分表(a)、(b)、(c)圖中梁上某斷面之彎矩，則：

(1)$\Delta = \Delta_1 + \Delta_2$；亦即$\Delta$可視為$\Delta_1$與$\Delta_2$之疊加，亦即變位符合疊加原理。

(2)$M_x = M_{x1} + M_{x2}$；亦即 M_x 可視為 M_{x1} 與 M_{x2} 之疊加，亦即力量亦符合疊加原理。

(3)若以U、 U_1、U_2分表(a)、(b)、(c)圖中梁結構之應變能（strain energy），則 $U \neq U_1 + U_2$，亦即在計算結構應變能時不得應用疊加原理。例如由彎矩 M_x 所產生的應變能為

$$\int \frac{M_x^2}{2EI}dx = \int \frac{(M_{x1}+M_{x2})^2}{2EI}dx$$

而　　　　　$$\int \frac{(M_{x1}+M_{x2})^2}{2EI}dx \neq \int \frac{M_{x1}{}^2}{2EI}dx + \int \frac{M_{x2}{}^2}{2EI}dx$$

因此　　　　　$$\int \frac{M_x^2}{2EI}dx \neq \int \frac{M_{x1}{}^2}{2EI}dx + \int \frac{M_{x2}{}^2}{2EI}dx$$

故應變能不符合疊加原理。

　　總而言之，疊加原理僅適用在線性結構，但線性結構在某些情況下並非完全適合疊加原理。

1-14　靜定結構與靜不定結構

一、靜定結構與靜不定結構之定義

對於一穩定之結構，若其內外約束力數量（即內外未知力數量）等於平衡方程式（指靜力平衡方程式與條件方程式）數量時，則稱為**靜定結構**（statically determinate structure）；若其內外約束力數量多於平衡方程式數量時，則稱為**靜不定結構**（statically indeterminate structure）或**超靜定結構**。

二、靜定結構與靜不定結構之區別

靜定結構與靜不定結構有以下之基本區別：

(1)靜定結構內、外力之分析，由平衡方程式（即靜力平衡方程式與條件方程式）即可求解。而靜不定結構內、外力之分析，除了平衡方程式外，尚須建立變形方程式方得求解，其中以力為未知數的分析方法稱為**力法**（force method），以變位為未知數的分析方法稱為**位移法**（displacement method）。

(2)靜定結構應力之發生全基於外載重之作用；而靜不定結構應力之發生除了外載重之因素外，還會受到支承移動、溫度變化、桿件製造誤差等等因素之影響。換言之，靜定結構僅在外載重作用時會產生應力；在其他因素作用時，只引起位移而不產生應力。一般來說，外載重、支承移動、溫度變化、桿件製造誤差等統稱為**廣義載重**。

(3)對於一定的載重而言，靜不定結構所產生的最大應力與變形通常較同形狀、同材料的靜定結構小，故靜不定結構可用較薄的構件來承受載重，且

具較佳的穩定性。

(4)靜不定結構當設計錯誤或超過負荷時，會重新分配載重至多餘的支承上，因此可保持結構體的穩定並防止崩潰。

(5)與靜定結構相較，靜不定結構有著較便宜的材料費，但具有較昂貴的支承與節點之建造費。

(6)與靜定結構相比較，若靜不定結構具有較多的支承時，則必須防範支承發生差異沉陷，否則將會在結構體內導入額外的應力，而易使結構體產生破壞。

1-15　對稱結構與反對稱結構

若能瞭解結構的對稱性（symmetry）與反對稱性（antisymmetry），則有助於結構的計算分析。

談到對稱結構與反對稱結構，需先瞭解結構本身的對稱性，所謂結構本身的對稱性是包含有以下兩方面的含義：

(1)幾何對稱：即結構的幾何形狀和約束情況對某軸對稱。

(2)材料對稱：即桿件的斷面與材料性質（如 EI、EA 等）也對此軸對稱。

對於平面結構而言，可分為具有幾何對稱軸的幾何線對稱（如圖 1-36(a)所示）及具有幾何對稱點的幾何點對稱（如圖 1-36(b)所示）。

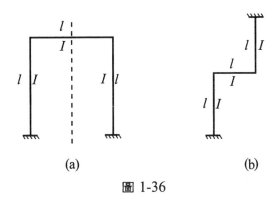

(a)　　　　　　　　　　(b)

圖 1-36

　　能使幾何對稱及材料對稱的結構產生對稱反應（如變形、位移、內力、支承反力等）的載重稱為對稱載重；反之，能使幾何對稱及材料對稱的結構產生反對稱反應的載重稱為反對稱載重。這裡所指的載重係指廣義載重。

　　經由以上的說明，可瞭解一對稱結構必須同時滿足以下三條件：

　　⑴幾何對稱。

　　⑵材料對稱。

　　⑶載重對稱。

同理，一反對稱結構亦必須同時滿足以下三條件：

　　⑴幾何對稱。

　　⑵材料對稱。

　　⑶載重反對稱。

第二章
結構的穩定性與可定性

2-1   結構穩定性之判定

2-1-1   穩定結構與不穩定結構

　　當結構承受載重時，不會產生移動、轉動或顯著變形者，謂之穩定結構，此時結構在荷載作用下係保持力系的平衡。反之，結構在承受載重作用時，部分或全部結構會產生移動、轉動或顯著變形者（但不包括使材料承受超過極限強度而產生的破壞），謂之不穩定結構，此時結構在荷載作用下係無法保持力系的平衡。

　　基本上，結構不穩定的形式可分為：

(1)**幾何不穩定**（geometric instability）

　　　　幾何不穩定又可分為支承幾何位置排列不恰當的外在幾何不穩定與桿件或接續配置不恰當的內在幾何不穩定。

(2)**靜態不穩定**（statical instability）

　　　　靜態不穩定係指內外約束力數量不足所造成的不穩定。

　　綜合上述，結構不穩定之形式可整理如下：

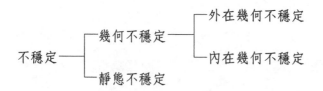

　　由於幾何穩定與靜態穩定分別為達成結構穩定的充分條件與必要條件，因此一結構必須同時滿足幾何穩定與靜態穩定方可謂之穩定結構。

(討論)

　　從廣義的角度來看，結構可視為由地基延伸而出的物體，因此結構體須藉由適

當的支承約束來與地基相連，而且結構體的構件及接續之安排亦須正確，方得成為一穩定結構。

2-1-2　幾何不穩定

有關幾何不穩定之形式，基本上可分為與支承幾何位置排列有關的外在幾何不穩定與桿件或接續配置有關的內在幾何不穩定。

一、外在幾何不穩定

指結構之內外約束力數量足夠，但由於支承之幾何位置排列不當所引起的不穩定。一般可分為以下兩種情況：

(1)所有支承反力之作用線相互平行

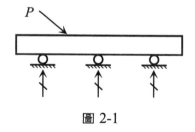

圖 2-1

於圖 2-1 中，由於所有支承反力皆平行，因此結構無法抵抗由外力 P 所引起的水平向移動（就靜力平衡觀點來說，力系無法滿足 $\Sigma F_x = 0$），故此為一不穩定結構。

(2)所有支承反力之作用線交於一點

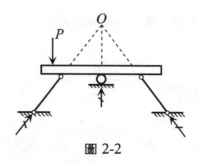

圖 2-2

於圖 2-2 中，由於所有支承反力之作用線交於 O 點，因此結構無法抵抗由外力 P 所引起結構之旋轉（就靜力平衡觀點來說，當外力 P 之作用線不通過 O 點時，力系將無法滿足 $\Sigma M_o = 0$），故此為一不穩定結構。

如有其他情況之外在幾何不穩定，亦可由力系的平衡原理來加以檢核。

二、內在幾何不穩定

指結構之內外約束力數量足夠，且支承之幾何位置排列適當，但由於桿件或接續之配置不當而引起的不穩定。一般可分為以下三種情況：

(1)三鉸接共線

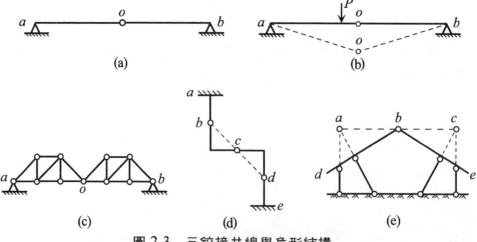

圖 2-3　三鉸接共線與危形結構

　　在圖 2-3(a)所示之複合梁結構中，*ao* 段及 *bo* 段均為剛性體，其中 *a* 點、*b* 點為鉸支承，*o* 點為鉸接續，而 *a*、*o*、*b* 三點形成三鉸接共線，在外力作用下將會造成相對轉動（如圖 2-3(b)所示），故為一**危形結構**（critical structure），所謂危形結構，乃指此種結構受力後，在短暫的瞬間是不穩定的，但在變形產生後會重歸於穩定，由於不適合用於任何建築結構，故仍視為不穩定結構。從另一個角度來看，*o* 點為鉸接續，是為一非剛性接續，而此複合梁結構缺少可以提供穩定性的基本部分，因而為一不穩定結構。

　　圖 2-3(c)為一桁架結構，*ao* 及 *bo* 為二桁架剛性體，在 *o* 點以樞釘連結，故 *o* 點可視為一鉸接續，因而 *a*、*o*、*b* 三點會形成三鉸接共線，故此桁架亦為一不穩定結構。

　　圖 2-3(d)所示之剛架結構，由於 *b*、*c*、*d* 三個鉸接續共線，故亦屬三鉸接共線之情況，因此亦為一不穩定結構。

　　圖 2-3(e)所示之剛架結構具有四個連桿支承，由於連桿本身是為二力桿件，而兩根不平行之二力桿件，其作用線之交會點（如 *a* 點及 *c* 點）可視為一**虛鉸**（virtual hinge），由於虛鉸之功能如同實際之鉸接續（可以承受兩個方向的力但不能抵抗彎矩效應），因此 *a*、*b*、*c* 三點亦屬三鉸接共線之情況，故此結構亦為不穩定結構。

　　對於三鉸接共線之不穩定結構而言，若加入適當的外約束或內約束，則亦可成為穩定的結構，例如圖 2-3(a)所示之梁結構，如能加入支承 *d*（外約束），如圖 2-4(a)所示，則會成為穩定的多跨連續梁結構，其中 *ado* 段為基本部分，*ob* 段為其附屬部分，而 *o* 點視為鉸接續。又如圖 2-3(c)所示之桁架結構，若加入 *cd* 桿件（內約束），如圖 2-4(b)所示，則會成為一穩定的桁架；但若加入支承 *d*（外約束），如圖 2-4(c)所示，則可成為一穩定的多跨桁架梁結構，其中 *ado* 桁架為基本部分，*ob* 桁架為其附屬部分，而 *o* 點為其鉸接續。

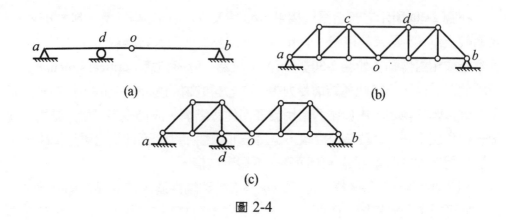

圖 2-4

討論　梁結構三鉸接共線之研討

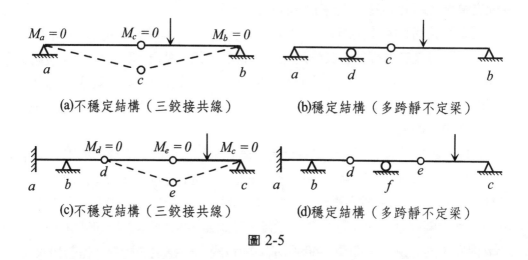

圖 2-5

圖 2-5(a)及圖 2-5(c)所示之梁結構均為三鉸接共線的不穩定結構，在這些梁結構中，若能將共線的三鉸接之間加入適當的支承，如圖 2-5(b)中之 d 支承及圖 2-5(d)中之 f 支承，則就不再是不穩定結構。

⑵連結二個剛性體所用的三連桿，係平行或作用線交會於一點

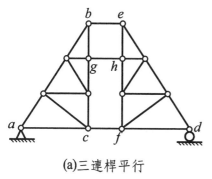

(a)三連桿平行

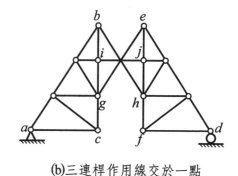

(b)三連桿作用線交於一點

圖 2-6

在圖 2-6(a)所示之桁架結構中，連結 *abc* 及 *def* 兩個簡單桁架之三連桿（即 *be* 桿、*gh* 桿及 *cf* 桿）係相互平行，因此在受力之瞬間，兩個簡單桁架會產生相對之移動，直至此三根連桿不再平行為止，此種情形亦屬於危形結構，故可視為一不穩定之結構。

在圖 2-6(b)所示之桁架結構中，連結 *abc* 及 *def* 兩個簡單桁架之三連桿（即 *bh* 桿、*eg* 桿及 *ij* 桿）其作用線係交會於一點，此種情形亦屬於危形結構，在受力之瞬間，兩個簡單桁架亦會產生相對之移動，直至此三根連桿之作用線不再交會於一點為止，故此結構亦為一不穩定結構。

(3)桁架某格間（panel）無斜向桿件

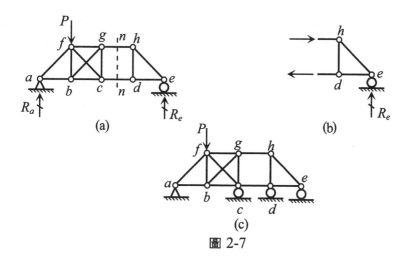

圖 2-7

　　於圖 2-7(a)所示的桁架結構中，*cd* 格間缺少斜向桿件，因此該格間將無法承擔剪力效應。現取 $n - n$ 切斷面右側為自由體，如圖 2-7(b)所示，由於此自由體上 $\Sigma F_y \neq 0$，因此由自由體原理可知，此桁架結構為一不穩定結構。若於 *cd* 格間加入斜向桿件，則此桁架可成為一穩定結構。另外，於 *cd* 格間處加入適當支承（以外約束代替斜向桿件之內約束），如圖 2-7(c)所示，亦可使此桁架成為一穩定的多跨桁架結構，此時 *abcfg* 桁架為基本部分，*def* 桁架為其附屬部分，而 *cd* 桿件與 *fg* 桿可視為導向接續。

　　如有其他情況之內在幾何不穩定，亦可由力系的平衡原理來加以檢核。

討論　危形結構的特性

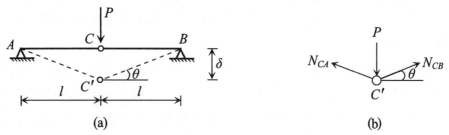

(a)　　　　　　　　　　　　　　　(b)

圖 2-8　〔參考自雷鍾和等編著「結構力學解疑」圖 1-10-1，
清華大學出版社（中國），1995。〕

在結構設計中需滿足強度和勁度條件，而危形結構在很小外力作用下會產生很大的內力和位移，因此不能視為穩定結構。現以圖 2-8(a)所示之梁結構為例來加以說明。在荷載 *P* 作用下，假設 *AC* 桿和 *CB* 桿各伸長了 Δ，而 *C* 點下垂 δ。根據幾何關係得知

$$\Delta = AC' - AC = l\sec\theta - l = l\left(1 + \frac{\theta^2}{2} + \frac{5}{24}\theta^4 + \cdots\right) - l \doteqdot l\frac{\theta^2}{2}$$

$$\delta = l\tan\theta = l\left(\theta + \frac{\theta^3}{3} + \cdots\right) \doteqdot l \cdot \theta$$

由此可瞭解，當位移很小時（即 θ 為微量時），δ 為一階微量，而 Δ 為二階微量。這表示當桿件有微小伸長時，節點 *C* 會有顯著的垂直撓度產生，這是結構設計所不允許的。

另外,在外力作用下,危形結構內也會產生很大的內力。現取節點 C 為自由體,如圖 2-8(b)所示,

由 $\Sigma F_x = 0$,$N_{CA}\cos\theta = N_{CB}\cos\theta$,得

$N_{CB} = N_{CA} = N$(N 表軸向力)

再由 $\Sigma F_y = 0$,$2N\sin\theta - P = 0$,得

$$N = \frac{P}{2\sin\theta} \doteq \frac{P}{2\theta}$$

這表示,當 $\theta \to 0$,則 $N \to \infty$。所以很小的荷載就會在桿中產生很大的軸向力。

當然,這些軸向力 N 的大小取決於桿件抗拉勁度 EA,其關係如下:

$$\Delta = \frac{\theta^2}{2}l = \frac{Nl}{EA}$$

而 $\theta = \sqrt{\dfrac{2N}{EA}}$

其中 $N = \dfrac{1}{2}\sqrt[3]{P^2 EA}$

這表示,要使 $\theta \to 0$,須使 $EA \to \infty$,亦即軸向力 $N \to \infty$。

除了三鉸接共線會形成危形結構外,若連結兩剛性體的三連桿共點(或延長線交於一點),亦會形成危形結構。

2-1-3 靜態不穩定

若結構之外約束力(指支承反力)數量和內約束力(指約束桿件或節點間相對變位的桿件內力)數量少於平衡方程式(指靜力平衡方程式與條件方程式)數量時,結構將會因約束力量不足而呈現不穩定之現象,此種不穩定稱之為靜態不穩定。

例題 2-1

試說明造成下圖各桁架結構不穩定之原因。

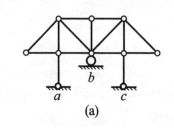

(a)

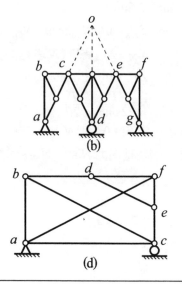

(b)

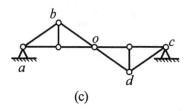

(c)

(d)

解

(1)在圖(a)所示之桁架中，支承 a、c 均為連桿支承，故支承反力的方向恒與連桿的軸向一致。支承 b 為輥支承，故支承反力的方向恒垂直於支承面。因此造成此桁架不穩定之原因是所有支承反力之作用線相互平行。（屬於外在幾何不穩定）

(2)在圖(b)所示之桁架中，abc 及 efg 兩個簡單桁架均為二力物體，故支承反力 R_a 之作用線必通過 a、c 二點而延至 o 點；同理，支承反力 R_g 之作用線必通過 g、e 二點而延至 o 點。支承 d 為輥支承，因此支承反力 R_d 之作用線必垂直於支承面而通過 o 點。因此造成此桁架不穩定之原因是所有支承反力之作用線均交於 o 點。（屬於外在幾何不穩定）

(3)在圖(c)所示之桁架中，abo 及 cdo 兩個簡單桁架由樞釘鉸接於 o 點，故 o 點可視為一個鉸接續，因此造成此桁架不穩定之原因為 a、o、c 三個鉸接共線。（屬於內在幾何不穩定）

(4)在圖(d)所示之桁架中，abc 及 def 兩個簡單桁架是藉由三根連桿（bd、af 及 ce）來連結，而造成此桁架不穩定之原因為此三根連桿之作用線交會於 f 點。

（屬於內在幾何不穩定）

2-2　結構可定性之判定

　　所謂結構可定性之判定，乃是指結構為靜定結構或是為靜不定結構之判定，現說明如下：

　　若令結構內外未知力數量（即內外約束力數量）以 UF 來表示，且平衡方程式數量（包含靜力平衡方程式數量及條件方程式數量）以 EQ 來表示，則結構之靜不定度數為：

$$N = UF - EQ \tag{2.1}$$

　　對於一幾何穩定之結構而言，（2.1）式可表示為以下三種情形：

(1) $N<0$；表示結構為靜態不穩定。

(2) $N=0$；表示結構為穩定且靜定之結構。（簡稱靜定結構）

(3) $N>0$；表示結構為穩定且靜不定之結構。（簡稱靜不定結構或超靜定結構），而靜不定之度數即為 N。

　　對於結構穩定性與可定性之判定，可以圖 2-9 所示之流程圖來表示，其中結構不論是屬於外在幾何不穩定或是內在幾何不穩定或是靜態不穩定均判定為不穩定結構。

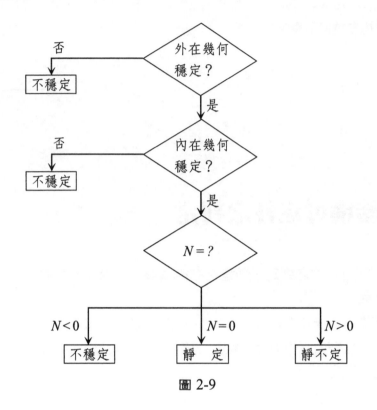

圖 2-9

　　依據上述之原則，現分別就梁、剛架、桁架及組合結構之可定性，建立一般之判定準則。

2-2-1　梁結構可定性之一般判定準則

　　梁是屬於平面線形結構，一旦支承反力求得後，即可完成各斷面內力之分析，因此未知力只考慮支承反力即可。茲以 r 表支承反力之數目，c 表條件方程式之數目，則梁結構的未知力數目為 r，而平衡方程式數目為 $(3+c)$，其中 3 表靜力平衡方程式的數目。

　　由（2.1）式可知，梁結構可定性之一般判定準則為：

$N = UF - EQ$

$\qquad = (r) - (3+c)$ （2.2）

(1) $N < 0$；則表示梁結構為靜態不穩定。

(2) $N = 0$；若無任何幾何不穩定，則表示梁結構為穩定且靜定之結構。

(3) $N > 0$；若無任何幾何不穩定，則表示梁結構為穩定且靜不定之結構，而靜不定之度數即為 N。

例題 2-2

試判別下圖所示各多跨梁結構的穩定性與可定性。

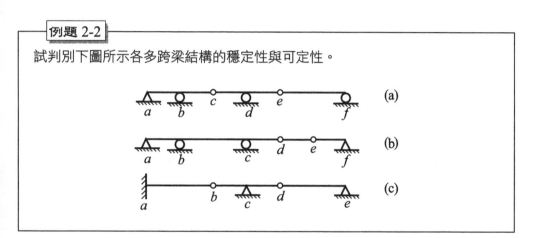

解

(1) 對於圖(a)所示之梁結構，由於：

　①幾何穩定

　②$N = (r) - (3+c)$

　　$= (5) - (3+2)$

　　$= 0$

　故為穩定且靜定之多跨梁結構，其中 abc 段為基本部分，而 cde 段及 ef 段分別為其左側結構之附屬部份。

(2) 對於圖(b)所示之梁結構，由於三鉸接共線（如下圖所示，其中 $M_d = M_e = M_f = 0$），故屬於內在幾何不穩定之結構。

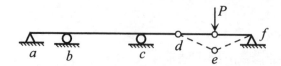

(3)對於圖(c)所示之梁結構，由於：

　①幾何穩定

　②$N = (r) - (3 + c)$

　　$= (7) - (3 + 2)$

　　$= 2 > 0$

故為穩定及二度靜不定之多跨梁結構，其中 *ab* 段為基本部分，而 *bcd* 段及 *de* 段分別為其左側結構之附屬部分。

例題 2-3

試判別下圖所示梁結構的穩定性與可定性。

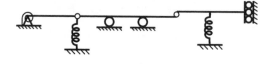

解

首先確定支承反力與條件方程式之數目，如下圖所示

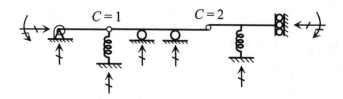

由於：

　①幾何穩定

　②$N = (r) - (3 + c)$

$$= (9) - (3 + 3)$$
$$= 3 > 0$$

故為穩定及 3 度靜不定結構。

2-2-2　剛架結構可定性之一般判定準則

　　剛架基本上是由一些梁、柱桿件，以剛性或非剛性節點連接而成的平面結構，因此未知力應包含支承反力（外約束力）及桿件內力（內約束力）。由於剛架中每一桿件均有三個斷面內力（即軸向力、剪力與彎矩），因此當剛架之桿件總數為 b 時，則所有桿件之內力總數應為 $3b$。若以 r 表示支承反力之數目，則剛架之總未知力數目應為（$3b+r$）。另外，由於每個剛架節點自由體可提供三個靜力平衡方程式，因此當剛架之節點總數目為 j 時，可提供 $3j$ 個靜力平衡方程式。若以 c 表示條件方程式之數目，則剛架的總平衡方程式數目應為（$3j+c$）。

　　由（2.1）式可知，剛架結構可定性之一般判定準則為：

$$N = UF - EQ$$
$$= (3b+r) - (3j+c) \qquad\qquad (2.3)$$

(1) $N < 0$；則表示剛架結構為靜態不穩定。

(2) $N = 0$；若無任何幾何不穩定，則表示剛架結構為穩定且靜定之結構。

(3) $N > 0$；若無任何幾何不穩定，則表示剛架結構為穩定且靜不定之結構，而靜不定之度數即為 N。

　　對於剛架結構而言，所謂節點係指以下五種情形：

(1)桿件與桿件之交點(2)支承處(3)懸伸桿件之自由端(4) I 值變化處(5)非剛性接續處等。

　　對於較複雜或靜不定度數較高的剛架，亦可利用觀察法來判別其可定性，現將觀察法說明如下：

　　首先我們需明瞭，由一穩定且靜定而一端為固定的柱上延伸出若干直桿（或斜桿）時就可構成一剛架，只要這些延伸桿件不造成任何閉合的形式，則此剛架仍屬穩定及靜定結構。

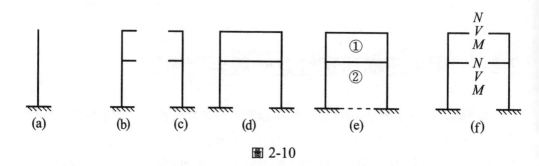

圖 2-10

　　圖 2-10(a)所示為一個穩定且靜定而一端為固定的柱，若將其上再延伸出二根桿件，就可構成一剛架結構（如圖 2-10(b)或圖 2-10(c)所示），由（2.3）式得：

$$N=(3b+r)-(3j+c)$$
$$=(3\times4+3)-(3\times5+0)$$
$$=0$$

故知如圖 2-10(b)或圖 2-10(c)所示之剛架仍屬一穩定且靜定之結構。對於圖 2-10(d)所示之剛架結構，可視為由圖 2-10(b)及圖 2-10(c)所示之二個剛架結合而成（具有二個閉合間，如圖 2-10(e)所示），現由上至下垂直的將各梁一一切開，形成二個自由體，如圖 2-10(f)所示，而切斷的每一桿件中，均有三個未知的斷面內力（即軸向力 N、剪力 V 及彎矩 M）。對於圖 2-10(f)所示之剛架結構而言，由觀察未知力與方程式之間的關係可知：

　　總未知力數目=（總外未知力數目）+（總切斷桿件之內未知力
　　　　　　　　　數目）
　　　　　　　=（總支承反力數目）+（切斷桿件數目×3）
　　　　　　　=（6）+（2×3）
　　　　　　　= 12

$$總平衡方程式數目＝（靜力平衡方程式數目）＋（條件方程式數目）$$
$$＝（自由體數×3）＋（條件方程式數目）$$
$$＝（2×3）＋0$$
$$＝6$$

在幾何穩定的前提下，圖 2-10(d)所示剛架的靜態穩定性及可定性，可由（2.1）式來判定：

$$N＝（總未知力數目）－（總平衡方程式數目）$$
$$＝（12）－（6）$$
$$＝6 度靜不定$$

　　由以上的分析可知，圖 2-10(b)及圖 2-10(c)所示之剛架均為靜定結構，而圖 2-10(d)所示之剛架則為 6 度靜不定結構，由此可知，每當剛架結構形成一個閉合間，就增加了 3 度靜不定。因此對於皆為固定支承之剛架結構而言，由觀察法來判定其可定性時，可依下式來作計算：

$$N＝（剛架之閉合間數×3）－（條件方程式數目） \qquad (2.4)$$

但剛架具有其他形式之支承（非固定支承）時，（2.4）式需針對支承的約束性及支承的個數來加以修正，因此

$$N＝（剛架之閉合間數×3＋支承反力數目）－（支承個數×3＋條件方程式$$
$$數目） \qquad (2.5)$$

例題 2-4

於下圖所示各剛架結構，試以一般判定準則判斷其穩定性與可定性。

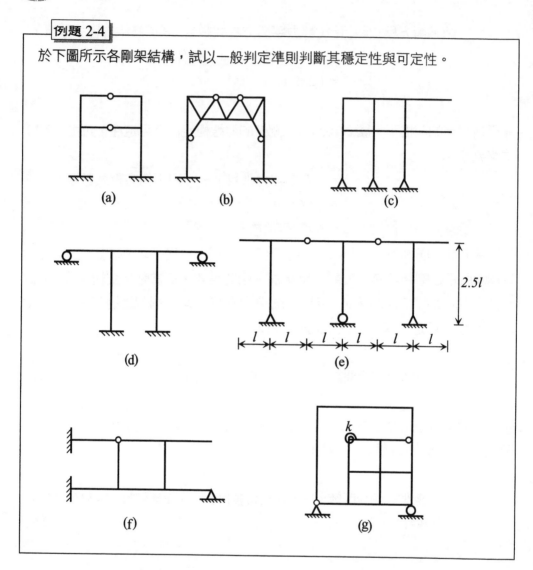

(a)

(b)

(c)

2.5l

l l l l l l

(d)

(e)

k

(f)

(g)

解

可依據（2.3）式來判定各剛架之 N 值，即 $N=(3b+r)-(3j+c)$

(1)在圖(a)所示之剛架結構中，鉸接續可視為一節點，以連接左右之桿件。由
　　於：

　　①幾何穩定

②$N = (3b+r) - (3j+c)$

　$= (3 \times 8 + 6) - (3 \times 8 + 2)$

　$= 4 > 0$

故屬穩定及 4 度靜不定結構。

(2)在圖(b)所示之剛架結構中，由於：

①幾何穩定

②$N = (3b+r) - (3j+c)$

　$= (3 \times 17 + 6) - (3 \times 11 + 8)$

　$= 16 > 0$

故屬穩定及 16 度靜不定結構。

(3)在圖(c)所示之剛架結構中，由於：

①幾何穩定

②$N = (3b+r) - (3j+c)$

　$= (3 \times 12 + 6) - (3 \times 11 + 0)$

　$= 9 > 0$

故屬穩定及 9 度靜不定結構。

(4)在圖(d)所示之剛架結構中，由於：

①幾何穩定

②$N = (3b+r) - (3j+c)$

　$= (3 \times 5 + 8) - (3 \times 6 + 0)$

　$= 5 > 0$

故屬穩定及 5 度靜不定結構。

(5)在圖(e)所示之剛架結構中，$adef$部分及 $chij$ 部分均為二力物體，因此支承反力 R_a 及 R_c 之作用線將分別通過 a、f 兩點及 c、h 兩點而交會於 o 點，另外支承反力R_b之作用線亦通過 o 點，故知所有支承反力之作用線均交會於o點，所以此剛架屬外在幾何不穩定。

(6)在圖(f)所示之剛架結構中，由於：

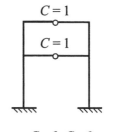

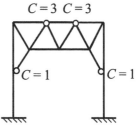

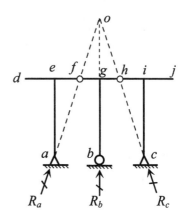

①幾何穩定

②$N = (3b+r) - (3j+c)$

$\quad = (3 \times 8 + 8) - (3 \times 8 + 2)$

$\quad = 6 > 0$

故屬穩定及 6 度靜不定結構。

(7)在圖(g)所示之剛架結構中（彈性接續處之內力亦為三個，故無條件方程式），由於：

①幾何穩定

②$N = (3b+r) - (3j+c)$

$\quad = (3 \times 16 + 3) - (3 \times 12 + 2)$

$\quad = 13 > 0$

故屬穩定及 13 度靜不定結構。

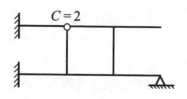

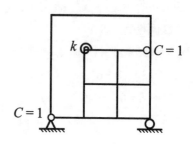

例題 2-5

例題 2-4 所示之各剛架結構，試以觀察法判斷其穩定性與可定性。

解

各剛架可依（2.4）式或（2.5）式來判定。

①均為固定支承時，可依據（2.4）式來判定各剛架之 N 值，即：

$\quad N = $（剛架之閉合間數×3）－（條件方程式數目）

②具多種支承形式時，可依據（2.5）式來判定各剛架之 N 值，即：

$\quad N = $（剛架之閉合間數×3＋支承反力數目）－（支承個數×3＋條件方程式數目）

(1)圖(a)所示之剛架結構，可由（2.4）式來判定其 N 值。由於：

①幾何穩定

②$N = (2 \times 3) - (2)$

$\quad = 4 > 0$

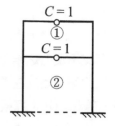

故屬穩定及 4 度靜不定結構。

(2)圖(b)所示之剛架結構，可由（2.4）式來判
定其 N 值。由於：

①幾何穩定

②$N = (8 \times 3) - (8)$

$\quad = 16 > 0$

故屬穩定及 16 度靜不定結構。

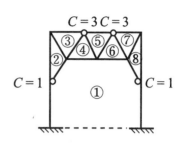

(3)圖(c)所示之剛架結構，可由（2.5）式來判
定其 N 值。由於：

①幾何穩定

②$N = (4 \times 3 + 6) - (3 \times 3 + 0)$

$\quad = 9 > 0$

故屬穩定及 9 度靜不定結構。

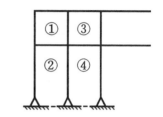

(4)圖(d)所示之剛架結構，可由（2.5）式
來判定其 N 值。由於：

①幾何穩定

②$N = (3 \times 3 + 8) - (4 \times 3 + 0)$

$\quad = 5 > 0$

故屬穩定及 5 度靜不定結構。

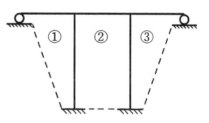

(5)在圖(e)所示之剛架結構中，所有支承反力之
作用線均交會於一點，故屬外在幾何不穩
定。

(6)圖(f)所示之剛架結構，可由（2.5）式來判
定其 N 值。由於：

①幾何穩定

②$N = (3 \times 3 + 8) - (3 \times 3 + 2)$

$\quad = 6 > 0$

故屬穩定及 6 度靜不定結構。

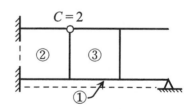

(7)圖(g)所示之剛架結構，可由（2.5）式來
判定其 N 值。由於：

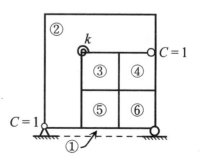

①幾何穩定

②$N = (6 \times 3 + 3) - (2 \times 3 + 2)$

$\quad = 13 > 0$

（彈性接續處之內力亦為三個，故無條件方程式）

故屬穩定及 13 度靜不定結構。

例題 2-6

下圖所示之結構，小圓圈處表示為鉸接點，否則為剛接。此結構是穩定結構嗎？如果是穩定的，它是靜定的嗎？還是超靜定結構？超幾次？（A 點為鉸支承，B 點為輥支承）（每一根傾斜桿件之斜率均為 1）

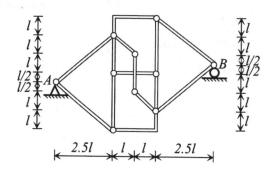

解

由於：①外在幾何穩定

　　②本剛架雖然有共線的三鉸接，但是有適當的桿件來約束，故仍為內在幾何穩定。

　　③可由公式（2.5）決定其 N 值

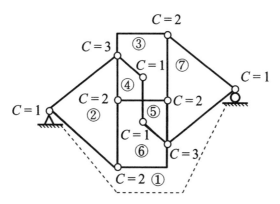

$N = (7 \times 3 + 4) - (2 \times 3 + 18)$

$\quad = 1$

故屬穩定及 1 度靜不定結構。

例題 2-7

試判定下圖所示剛架結構的穩定性與可定性。

解

本題可由公式（2.5）決定其 N 值。由於：

　①幾何穩定

②$N = (18 \times 3 + 16) - (7 \times 3 + 5)$

　$= 44 > 0$

故屬穩定及 44 度靜不定結構。

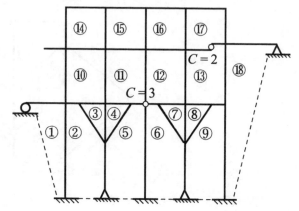

例題 2-8

試分析下圖所示各結構之穩定性及可定性。

①

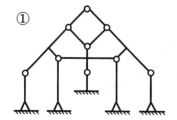

②

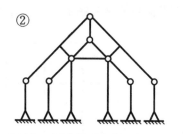

解

(1)對圖①所示之剛架而言，由於：

　①外在幾何穩定

　②雖有三鉸接共線，但是有適當的桿件來約束，故仍為內在幾何穩定。

　③可由公式（2.5）決定其 N 值：（閉合間數及條件方程式如下圖所示）

　　$N = (7 \times 3 + 11) - (5 \times 3 + 14)$

　　　$= 3 > 0$

故屬穩定及 3 度靜不定結構。

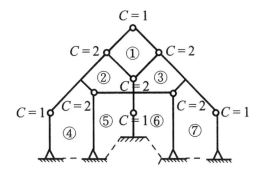

(2)圖②所示之剛架，其支承反力均相互平行，故為不穩定結構（外在幾何不穩定）。

2-2-3　桁架結構可定性之一般判定準則

桁架是由一些二力桿件以樞釘鉸接而成的平面結構，因此，未知力應包含支承反力（外約束力）及桿件內力（內約束力）。對桁架之桿件而言，每一桿件只有一個內力（即軸向力），因此，桿件數目即表桿件內力數目。若以 b 表示桿件之總數目，r 表示支承反力之數目，則桁架之總未知力數目應為（$b+r$）。另外，由於桁架各節點均為平面共點力系，因此每個桁架節點自由體可提供二個靜力平衡方程式，所以當桁架之節點總數為 j 時，可提供 $2j$ 個靜力平衡方程式，換言之，桁架之總平衡方程式數目應為 $2j$。

由（2.1）式可知，桁架結構可定性之一般判定準則為：

$$N = UF - EQ$$
$$= (b+r) - (2j) \tag{2.6}$$

(1) $N < 0$；則表示桁架結構為靜態不穩定。

(2) $N = 0$；若無任何幾何不穩定，則表示桁架結構為穩定且靜定之結構。

(3) $N > 0$；若無任何幾何不穩定，則表示桁架結構為穩定且靜不定之結構，而

靜不定之度數即為 N。

桁架中有一種細長斜桿件,它僅能承受張力而不能承受壓力,當桁架承受外力作用時,此桿件所受之內力若為張力,則按一般方法予以分析;若為壓力,則假定此桿件不存在(亦即假定其所受之內力為零)。此類桿件稱之為**交向斜桿**(counters)。若桁架某格間中存有兩根交向斜桿,則在計算桿件數目 b 時,只能取一根來計算(因為當一根桿件受拉,另一根桿件一定受壓,而受壓的一根桿件將不計入)。在圖 2-11(a)所示之桁架中,已註明斜桿件只能承受張力,這表示此桁架中存有交向斜桿,所以兩根斜桿只能取一根來計算,故知桿件數目 $b=5$。

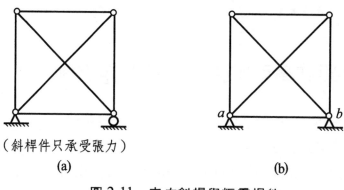

（斜桿件只承受張力）

(a)　　　　　　　　　　　　　(b)

圖 2-11　交向斜桿與恒零桿件

若桁架結構僅受載重作用時,兩個鉸支承間的桁架桿件定義為**恒零桿件**(constant-zero-force member),亦即不論外力作用於桁架任何節點上,恒零桿件的內力永遠為零,因此在計算桿件數目 b 時,恒零桿件不能計入。圖 2-11(b)所示之桁架結構,在載重作用下,ab 桿件為恒零桿件,所以桿件數目 $b=5$(即 ab 桿件不得計入),但是該桁架若受到其他效應(如溫度變化)作用時,則 ab 桿件不再是恒零桿件,而有內力的存在,因此在計算桿件數目 b 時,ab 桿件應當被計入,此時桿件數目 $b=6$。

例題 2-9

四個桁架如下圖所示，其中不穩定之桁架結構為　(A)(a)、(b)、(c)　(B)(a)、(b)、(d)
(C)(a)、(c)、(d)　(D)(b)、(c)、(d)（複選）

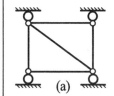 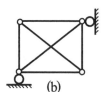 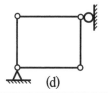

| (a) | (b) | (c) | (d) |

解

答案為(B)，說明如下：

(1)桁架(a)係因所有支承反力之作用線相互平行，故屬外在幾何不穩定。

(2)桁架(b)係因支承反力之數目不足，故屬靜態不穩定。

(3)桁架(c)係幾何穩定，且

$$N = (b+r) - (2j)$$
$$= (5+3) - (2 \times 4)$$
$$= 0$$

因此屬於穩定及靜定之結構。

(4)桁架(d)係因無斜向桿件，故屬內在幾何不穩定。

例題 2-10

試判別下列各桁架的穩定性與可定性。

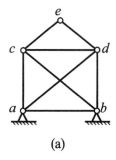 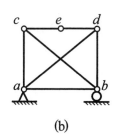 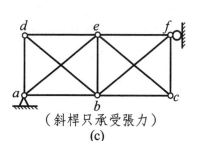

(a)　(b)　（斜桿只承受張力）
(c)

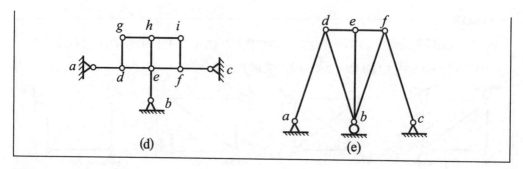

(d)　　　　　　　　　(e)

解

(1)在圖(a)所示之桁架中，ab 桿件為恒零桿件，因此不得計入。由於：

①幾何穩定

②$N = (b+r) - (2j)$

　$= (7+4) - (2 \times 5)$

　$= 1 > 0$

故屬穩定及 1 度靜不定結構。

(2)桁架各節點係由樞釘鉸接各桿件而形成。在圖(b)所示之桁架中，c、e、d 三節點共線，在無適當約束的情況下，如同三鉸接共線（如下圖所示），故屬內在幾何不穩定。

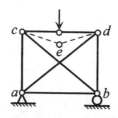

(3)在圖(c)所示之桁架中，已註明斜桿件只能承受張力，故知桁架格間中存有交向斜桿，因此在計算桿件數目 b 時，每一格間中的兩根斜桿，只能取一根來計算，所以桿件數目 $b=9$。另外由於：

①幾何穩定

②$N = (b+r) - (2j)$

　$= (9+3) - (2 \times 6)$

　$= 0$

故屬穩定及靜定結構。

(4)在圖(d)所示之桁架中，由於 ad 桿件、be 桿件及 cf 桿件均為二力桿件，因此支承反力 R_a、R_b 及 R_c 之作用線將分別通過 ad 桿件、be 桿件及 cf 桿件而交會於 e 點，故此桁架屬於外在幾何不穩定。

(5)在圖(e)所示之桁架中，ad 桿件及 cf 桿件均為二力桿件，因此支承反力 R_a 及 R_c 之作用線將分別通過 ad 桿件及 cf 桿件而交會於 o 點。另外，支承反力 R_b 之作用線亦通過 o 點，故知所有支承反力之作用線均交會於 o 點（如下圖所示），所以此桁架屬於外在幾何不穩定。

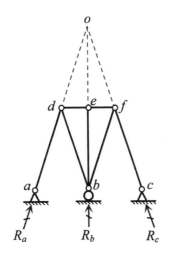

例題 2-11

試判斷下列諸桁架結構之穩定性及可定性。

①

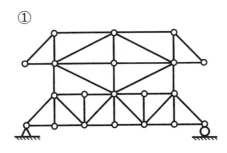

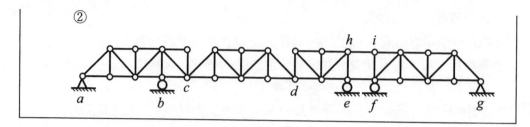

解

(1)圖①所示之桁架，由於：

①幾何穩定

②$N = (b+r) - (2j)$

$\quad = (39+3) - (2 \times 20)$

$\quad = 2 > 0$

故屬穩定及 2 度靜不定結構。

(2)圖②所示之桁架，由於：

①幾何穩定

②$N = (b+r) - (2j)$

$\quad = (54+7) - (2 \times 30)$

$\quad = 1 > 0$

故屬穩定及 1 度靜不定多跨桁架結構，其中 abc 桁架及 fg 桁架均為基本部分，而 de 桁架為 fg 桁架的附屬部分，cd 桁架則為 abc 桁架及 defg 桁架之共同附屬部分。

討論

圖②所示之多跨桁架亦可由內力及外力的可定性來判別：

①幾何穩定

②內力靜定：abc、cd、de 及 fg 四個桁架均為標準的簡單桁架，因此屬於內力靜定。

外力 1 度靜不定：支承反力共有 7 個，而靜力平衡方程式有 3 個，條件方程式也有 3 個（即 c 點、d 點視為鉸接續，各可提供 1 個方程式；桿件 ef 及 hi 視為導向接續，可提供

1 個條件方程式），因此支承反力數較平衡方程式數
多 1，故為外力 1 度靜不定。

此桁架之靜不定數＝內力靜不定度數＋外力靜不定度數

$$= 0 + 1$$

$$= 1$$

故此多跨桁架為穩定及一度靜不定結構

例題 2-12

於下圖所示桁架結構，請說明其組成並分析其穩定性及可定性。

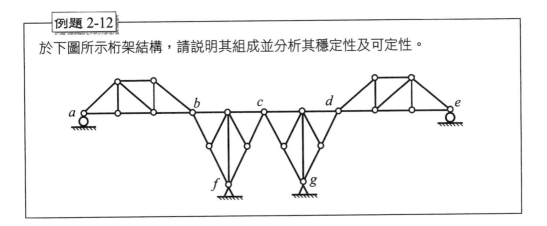

解

此為一靜定且穩定之多跨桁架結構，$bcdfg$ 為三鉸桁架拱，是為基本部分，而
ab 桁架、de 桁架均為其附屬部分。

例題 2-13

請分析下列圖中各結構之穩定性及可定性。

① ②

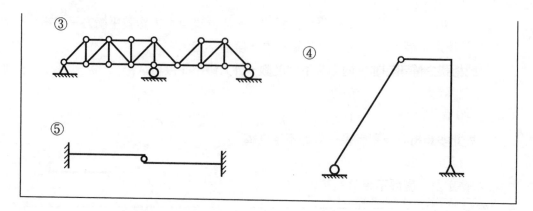

解

(1)圖①所示之梁結構，由於支承反力交於一點（外在幾何不穩定），且

$$N = (r) - (3 + c)$$

$$= 2 - (3 + 0)$$

$$= -1 < 0（靜態不穩定）$$

故為不穩定結構。

(2)圖②所示之剛架結構，由於：

①幾何穩定

②$N = (3b + r) - (3j + c)$

$$= (3 \times 4 + 6) - (3 \times 5 + 1)$$

$$= 2 > 0$$

故為穩定且 2 度靜不定之結構。

(3)圖③所示之桁架結構，由於：

①幾何穩定

②$N = (b + r) - (2j)$

$$= (26 + 4) - (2 \times 15)$$

$$= 0$$

故為穩定且靜定之多跨桁架梁結構。

(4)圖④所示之剛架結構，由於：

$$N = (3b + r) - (3j + c)$$

$$= (3 \times 3 + 3) - (3 \times 4 + 1)$$

$= -1 < 0$

故為不穩定結構。

(5)圖⑤所示之梁結構，由於：

①幾何穩定

②$N = (r) - (3 + c)$

　$= (6) - (3 + 2)$

　$= 1 > 0$

故為穩定及 1 度靜不定結構。

2-2-4　組合結構可定性之一般判定準則

　　撓曲結構（梁或剛架）若含有二力桿件則稱為組合結構。在分析組合結構之可定性時，可藉由切斷某些二力桿件或是拆開撓曲結構與二力桿件之方式，將該組合結構分成若干個自由體，再由未知力數目與平衡方程式數目來判別其可定性。今以圖 2-12(a)所示之組合結構為例來說明之。

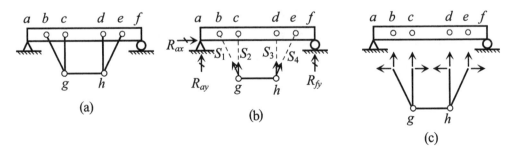

圖 2-12

　　af梁與 bg、cg、dh、eh 及 gh 等五根二力桿件結合成一穩定的組合結構，此組合結構的可定性可藉由以下兩種方法來加以判定。

　　第一種判定方法是將二力桿件 bg、cg、dh 及 eh 切斷，形成 af 自由體與

gh 自由體（如圖 2-12(b)所示），由於切斷的桿件內力不可重複計算，因而可視 gh 自由體上有四個內未知力（即桿件內力 S_1、S_2、S_3 及 S_4），而自由體 af 上僅有三個外未知力（即支承反力 R_{ax}、R_{ay} 及 R_{fy}）。因此：

　　總未知力數目=（總外未知力數目）+（總內未知力數目）

$$=3+4$$
$$=7$$

此外，由於每個自由體可列出三個靜力平衡方程式，因此：

　　總平衡方程式數目=（自由體數目×3）+（條件方程式數目）

$$=2×3+0$$
$$=6$$

由（2.1）式可知：

　　N=（總未知力數目）−（總平衡方程式數目）

$$=7-6$$
$$=1$$

故此組合結構為穩定及 1 度靜不定結構。

　　第二種判定方法是將二力桿件部分和 af 梁拆開（如圖 2-12(c)所示），再分別求出二力桿件部分及 af 梁的可定性，最後再總和之。

　　由於二力桿件與 af 梁係在 b 點、c 點、d 點及 e 點鉸接，因此 b 點、c 點、d 點及 e 點可視為二力桿件的鉸支承，由於每一鉸支承上均有二個支承反力，因此對於二力桿件部分而言：

$$N_1 = (b+r) - (2j)$$
$$= (5+8) - (2 \times 6)$$
$$= 1$$

至於 af 梁部分：

$$N_2 = (r) - (3+C)$$
$$= (3) - (3+0)$$
$$= 0$$

故此組合結構的靜不定度數為：

$$N = N_1 + N_2$$
$$= 1 + 0$$
$$= 1\text{度靜不定}$$

例題 2-14

試判定下圖所示組合結構的穩定性與可定性。

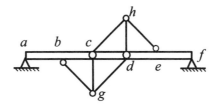

解

若純考慮 af 梁，可知其為內在幾何不穩定結構（三鉸接共線），但以二力桿件加強後，就形成幾何穩定的組合結構。以下為兩種判定方法：

解法(一)：

切斷 ch、dh、eh、bg、cg 及 dg 等二力桿件形成 af 自由體、h 點自由體及 g 點自由體，如下圖(a)所示。

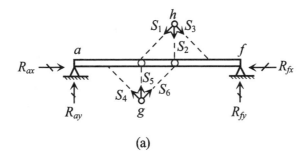

(a)

由於切斷之桿件內力不可重複計算，因此可視 af 自由體上有四個外未知力（即支承反力 R_{ax}、R_{ay}、R_{fx} 及 R_{fy}），而 h 點自由體上有三個內未知力（即桿件內力

S_1、S_2 及 S_3），g 點自由體上亦有三個內未知力（即桿件內力 S_4、S_5 及 S_6），
因此：

$$總未知力數目＝（總外未知力數目）＋（總內未知力數目）$$
$$＝(4)＋(3＋3)$$
$$＝10$$

此外，af 自由體可提供三個靜力平衡方程式，而 h 點自由體及 g 點自由體均可
提供二個靜力平衡方程式（桁架節點屬平面共點力系，可提供二個靜力平衡方
程式），因此：

$$總平衡方程式數目＝（靜力平衡方程式總數目）＋（條件方程式數目）$$
$$＝(3＋2＋2)＋(2)$$
$$＝9$$

由（2.1）式可知：

$$N＝（總未知力數目）－（總平衡方程式數目）$$
$$＝10－9$$
$$＝1＞0$$

故知此組合結構為穩定及 1 度靜不定結構。

解法㈡：

將二力桿件部分與 af 梁拆開，如圖(b)及圖(c)所示：

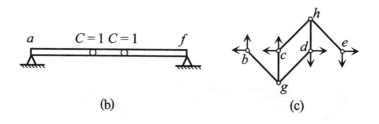

(b)　　　　　　　　　　　　　　(c)

由於二力桿件與 af 梁在 b 點、c 點、d 點及 e 點鉸接，因此 b 點、c 點、d 點及
e 點可視為二力桿件的鉸支承（其上均有二個支承反力，如圖(c)所示）。對 af
梁而言（如圖(b)所示）：

$$N_1＝(r)－(3＋C)＝4－(3＋2)＝－1$$

對二力桿件部分而言（如圖(c)所示）：

$$N_2 = (b+r) - (2j) = (6+8) - (2 \times 6) = 2$$

故整個組合結構中：

$$N = N_1 + N_2 = (-1) + 2 = 1 > 0$$

所以此組合結構為穩定及 1 度靜不定結構。

討論

由圖(b)可知，若僅考慮 ab 梁，則知其為不穩定結構（三鉸接共線，且 $N_1 < 0$），但以二力桿件加強後，已無幾何不穩定現象，且 $N = 1 > 0$，故此組合結構為穩定且 1 度靜不定之結構。

例題 2-15

試判定下圖所示組合結構的穩定性與可定性。

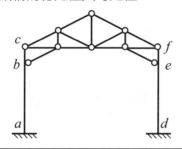

解

將二力桿件與剛架拆開，如下圖所示：（內力不可重複計算）

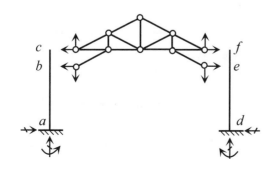

二力桿件與剛架在 b 點、c 點、e 點及 f 點鉸接，因此 b 點、c 點、e 點及 f 點可視為二力桿件的鉸支承（其上均有二個支承反力）。由於：

①原結構幾何穩定

②對 abc 剛架部分而言：

$$N_1 = (3b+r) - (3j+c) = (3 \times 1 + 3) - (3 \times 2 + 0) = 0$$

對二力桿件部分而言：

$$N_2 = (b+r) - (2j) = (15+8) - (2 \times 10) = 3$$

對 def 剛架而言：

$$N_3 = (3b+r) - (3j+c) = (3 \times 1 + 3) - (3 \times 2 + 0) = 0$$

故在整個組合結構中：

$$N = N_1 + N_2 + N_3 = 0 + 3 + 0 = 3 度靜不定$$

2-3　利用載重方法判別結構之穩定性

　　若由前述之方法不易判別結構的穩定性時，可藉由外力的施加與自由體力系的平衡原理來加以判定。但對某些多跨梁結構而言，有時亦可由其建構的方式直接判別其穩定性。

例題 2-16

試判定下圖所示結構的穩定性。

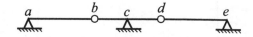

解

對上圖所示之多跨梁結構而言，支承反力之作用線既不相互平行也不交會於一點，亦無三鉸接共線之情況，且 $r>3+c$（$r=6, c=2$）。但若施加外力 P 後，則可由圖(a)所示的分離自由體看出，de 段無法滿足 $\Sigma M_e = 0$，故知此梁結構屬於不穩定結構。

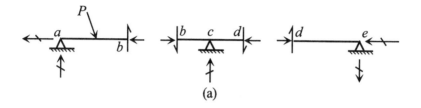

(a)

此結構受外力 P 作用後會產生如圖(b)所示之不穩定狀態

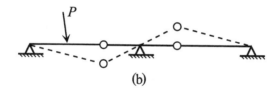

(b)

討論

從多跨梁的建構方式來看，由於此多跨梁缺少可以提供穩定性的基本部分，因此必形成一不穩定結構。

例題 2-17

試判別下圖所示桁架結構的穩定性。

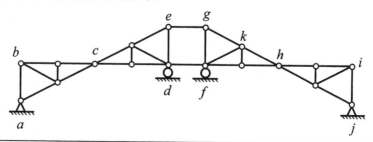

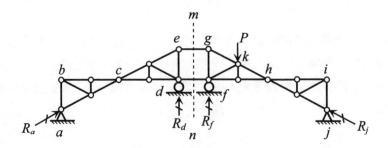

解

此桁架的支承反力作用線既不相互平行也不交會於一點，亦無其他幾何不穩定，且 $b+r=2j$（$b=30$，$r=6$，$j=18$）。但現在於 k 點施加一外力 P（如上圖所示），則此桁架結構可分析如下：

abc 與 cde 兩個簡單桁架，在 c 點以樞釘鉸接，故 c 點可視為一個鉸接續；同理，h 點亦視為一個鉸接續。由於簡單桁架 abc 與 hij 均為二力物體，所以支承反力 R_a 之作用線必通過 a、c 兩點而延至 e 點；支承反力 R_j 之作用線必通過 h、j 兩點而延至 g 點。

現取 $m-n$ 斷面左側之結構體為自由體，取 $\Sigma M_e=0$，得桿件 df 之內力 $S_{df}=0$。再取 $m-n$ 斷面右側之結構體為自由體，在外力 P 之作用下，可發現 $\Sigma M_g \neq 0$，故知此自由體之力系不平衡，所以原結構為不穩定結構。

討論

可否直接從多跨桁架的建構方式來判別此桁架的穩定性？

例題 2-18

試判斷下圖所示桁架結構之穩定性及可定性。

解

此桁架結構可以載重方法來判別其穩定性。現於 g 點施加一外力 P，如圖(a)所示。

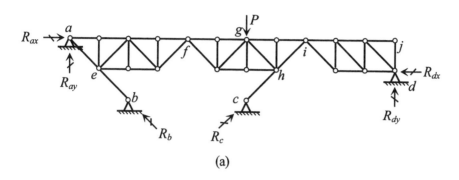

(a)

由於 be 桿件與 ch 桿件均為二力桿件，故支承反力 R_b 及 R_c 之作用線將分別通過 a 點及 i 點。

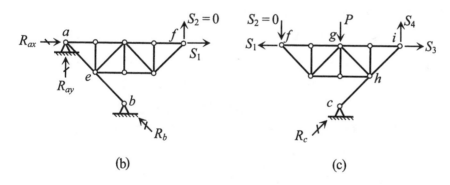

(b)　　　　　　　　　　　　　　　(c)

現取 $abef$ 部分為自由體，如圖(b)所示，由 $\sum M_a = 0$，得 $S_2 = 0$。再取 $cfhi$ 部分為自由體，如圖(c)所示，由於在外力 P 作用下，此自由體不能滿足 $\sum M_i = 0$，故知原結構為不穩定結構。

此外，亦可藉由多跨桁架的建構方式來判斷此桁架之穩定性：

$abef$ 部分應為此多跨桁架的基本部分，由於 $a-e-b$ 為三鉸接共線，因此會造成基本部分的不穩定，從而致使整個桁架為不穩定結構。

例題 2-19

以下圖所示之桁架結構為例，說明如何應用**零載重試驗法**來判斷桁架結構的穩定性。此桁架結構是否有其他方法來判斷其穩定性？

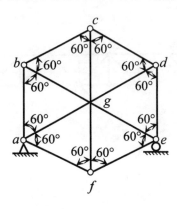

解

1. 應用**零載重試驗法**判斷桁架結構穩定性的原則為：

   桁架結構在無外力作用的情況下，當任一桿件存在內力 S 或任一支承存在反力 R（R 或 S 可為任意非零值）時，若此桁架呈現出自相平衡的內力系統，則表示此桁架有無限多組解，因此為一不穩定結構（因為一個未加載重的穩定結構，其唯一解為各桿件之內力等於零且各支承之反力亦等於零）。

   在無外力作用的情況下，假設 bc 桿件之內力為張力 S（$\neq 0$），則

   由節點 b 得：$S_{bc} = S$，$S_{be} = -S$

   由節點 c 得：$S_{cd} = S$，$S_{cf} = -S$

   同理可得：$S_{ab} = S_{bc} = S_{cd} = S_{de} = S_{ef} = S_{ea} = S$

   　　　　　$S_{ad} = S_{be} = S_{cf} = -S$

   由以上之分析可知，若設 bc 桿件之內力為 S 時，整個桁架呈現出自相平衡的內力系統，所以此桁架為一不穩定結構。

2. 此桁架結構亦可由虛鉸的觀念來證實其為不穩定結構，現說明如下：

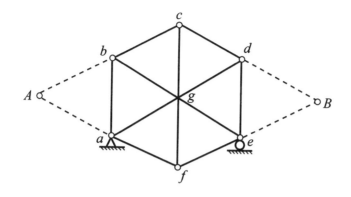

兩根不平行的連桿，其作用線的交會點可視為一虛鉸，而虛鉸之功能如同一鉸接續（不能抵抗彎矩效應）。

在原桁架中，*ab* 桿件與 *cf* 桿件係由 *bc* 桿件與 *af* 桿件來連結，因此 *A* 點可視為一虛鉸（如上圖所示）。而 *cf* 桿件與 *de* 桿係由 *cd* 桿件與 *ef* 桿件來連結，因此 *B* 點亦視為一虛鉸。同理，*ab* 桿件與 *de* 桿件係由 *be* 桿件與 *ad* 桿件來連結，因此 *g* 點亦為一虛鉸。

由於 *A-g-B* 三個虛鉸是為三鉸接共線，因而此桁架為一不穩定結構。

2-4 不穩定平衡

一個不穩定的結構，必不能同時滿足所有的平衡方程式。一般而言，對一個不穩定的結構無須再進行其他分析，但有時不穩定結構在特殊荷重下，可維持一定的平衡而變成可以分析的結構，此種情況稱為**不穩定平衡**。

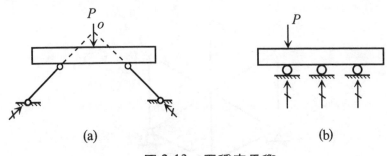

圖 2-13　不穩定平衡

　　圖 2-13(a)所示之梁結構，由於所有支承反力之作用線均交會於 o 點，故屬外在幾何不穩定結構，但如果外力 P 之作用線通過 o 點時，則此結構成為一平面共點力系（具二個靜力平衡方程式），而呈現出不穩定平衡之現象，此時由於支承反力數（＝2）等於平衡方程式數（＝2），故可視此梁結構為一不穩定之靜定結構。

　　同理，圖 2-13(b)所示之梁結構，由於所有支承反力之作用線相互平行，故亦屬外在幾何不穩定結構，當外力 P 之作用線平行所有支承反力時，則此結構成為一平面平行力系（亦具二個靜力平衡方程式），而呈現出不穩定平衡之現象，此時由於支承反力數（＝3）大於平衡方程式數（＝2），故可視此梁結構為一不穩定之 1 度靜不定結構。

例題 2-20

下圖所示之桁架結構，判別其穩定性及可定性。

解

adeh 部分及 *cfgj* 部分均為二力物體，故支承反力 R_a 及 R_c 之作用線均必通過 *i*
點，而支承反力 R_b 之作用線亦必垂直於支承面而通過 *i* 點，因此，此桁架屬外
在幾何不穩定結構。但如圖所示，當外力 *P* 作用於 *i* 點時，此桁架成為一平面
共點力系（具二個靜力平衡方程式），而呈現出不穩定平衡之現象，此時由於
支承反力數（=3）大於平衡方程式數（=2），故此桁架為一不穩定之一度靜不
定結構。

討論

當外力 *P* 作用於 *e* 點或 *f* 點時，此桁架為外在幾何不穩定結構。

2-5 特殊結構穩定性及可定性之判定

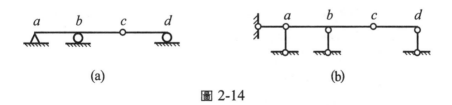

(a) (b)

圖 2-14

　　對於複雜性較高的結構而言，在考量幾何組成時，若能將結構與地基之連
結關係一併納入考慮，則有利於穩定性及可定性之判定。對於結構與地基之連
結關念，現用一個較簡單的例子來做說明：

　　圖 2-14(a)所示多跨靜定梁的鉸支承及輥支承可由適當的連桿支承來代替

（如圖 2-14(b)所示），其意義是相同的。若視地基為一穩定的剛性體，則 *abc*
段藉由三連桿（即三根連桿支承）與地基連結後，將和地基共同形成一個穩定
剛性體，此可視為基本部分。*cd* 段是為 *abc* 段的附屬部分，亦是藉由三連桿
（*c* 點為鉸接續，功同不平行的二根連桿，外加 *d* 點處的連桿支承，一共是三
根連桿）分別與 *abc* 段及地基相連結，如此即可組成一穩定且靜定之多跨梁結
構。

例題 2-21

於下圖所示的結構，請說明其組成，並分析其穩定性與可定性

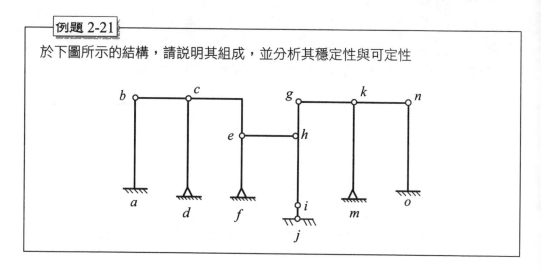

解

abcdef 靜定剛性體與 *kmno* 靜定剛性體與地基連結後，將和地基共同形成一個
穩定剛性體 *abcdef-kmno*，最後再經由三連桿（即 *eh*、*ij* 及 *gk*）與 *ghi* 剛性體
組合成一靜定且穩定之結構。現將各幾何組成分別說明如下：

(1)靜定剛性體 *abcdef* 的幾何組成

　　ab 與地基固接成一靜定剛性體是為基本部分。*cd* 藉由連桿 *bc* 與 *ab* 相連結，
　　並藉由鉸支承 *d*（功同兩根不平行的連桿支承）與地基相連結。由此組成之
　　abcd 部分是為一靜定且穩定之剛性體。同理，*ef* 是藉由二力物體 *ce*（功同
　　一連桿）與 *abcd* 相連結，並藉由鉸支承 *f* 與地基相連結，故 *abcdef* 為一靜
　　定且穩定之剛性體。

(2)靜定剛性體 *kmno* 的幾何組成

$kmno$ 的幾何組成形式與 $abcd$ 相同,其中 no 為其基本部分。

(3)靜定剛性體 *abcdef-kmno* 的幾何組成

$abcdef$ 剛性體、$kmno$ 剛性體分別與地基連結後,將和地基共同形成一個靜定且穩定的 *abcdef-kmno* 剛性體。

(4)整體結構的幾何組成

經由不相互平行且作用線不相交於一點的三連桿(即 eh、ij 及 gk)即可將 *abcdef-kmno* 剛性體與 ghi 剛性體連結成一靜定且穩定之結構。

例題 2-22

請判斷下圖所示桁架結構的穩定性及可定性

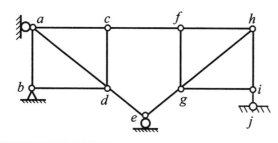

解

簡單桁架 $abcd$ 經由適當的支承與地基相連後,將與地基共同形成一個穩定的剛性體,此乃結構之基本部分,而 de 桿件為其附屬部分。簡單桁架 $fghi$ 係藉由 cf、eg 及 ij 三根連桿分別與 $abcde$ 部分及地基相連結,由於 cf、eg 及 ij 三根連桿的作用線係交會於 h 點,故此結構為一內在幾何不穩的結構。

第三章

平面靜定梁之分析

　　梁為一承受橫向荷載之結構系統，主要的斷面內力為彎矩及剪力，因此梁係屬於撓曲結構的一種（撓曲結構係指以彎矩為主要斷面內力的結構）。

　　本章所討論之梁，僅限於具有對稱斷面的等截面梁，且其荷載與支承反力均假設作用在斷面的對稱平面上。

　　在梁的分析過程中，可藉由剪力圖與彎矩圖來瞭解在整個梁結構中剪力及彎矩變化的情形，進而可求得最大剪應力及最大彎曲應力。

3-1　符號規定

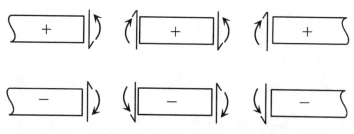

圖 3-1　符號規定（Timoshenko's 符號系統）

　　至於剪力及彎矩的符號規定係採 Timoshenko's 符號系統，如圖 3-1 所示，現說明如下：

(1)剪力

　　　能使桿件作用點產生順時針旋轉趨向的剪力定為正剪力；反之，則為負剪力。

(2)彎矩

　　　　能使桿件產生凹面向上之變形（即上緣受壓，下緣受拉）的彎矩定為正彎矩；反之則為負彎矩。

　　由於彎矩箭頭所指方向即為桿件之受壓側，因此彎矩圖均繪於桿件之受壓側，此為繪彎矩圖之原則。

3-2　載重、剪力與彎矩間之關係

　　梁斷面中的剪力及彎矩均是由載重所造成，因此載重、剪力與彎矩之間必存有一定之關係，若能瞭解這些關係，將有助於剪力圖與彎矩圖的繪製。

　　圖 3-2(a)所示為一採用第一象限為座標系統的載重梁，其上承受連續載重 $W(x)$、集中載重 P 及集中力矩 M 的聯合作用，為了瞭解載重、剪力與彎矩間之關係，現將全梁分成：

(1)連續載重作用區間，如 BC 段。

(2)無載重作用區間，如 AB 段、CD 段、DE 段及 EF 段。

(3)垂直集中力（含垂直集中載重及垂直支承反力）作用處，如A點、D點及 F 點。

(4)集中力矩作用處，如 E 點。

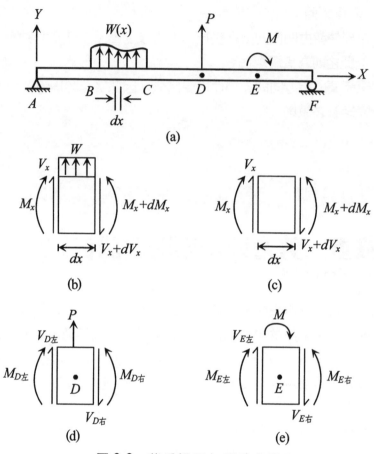

圖 3-2　載重梁及相關受力單元

現就上述四種受力範圍來進行討論：

一、連續載重作用區間

　　在連續載重區段中，取一極薄之梁單元（element），如圖 3-2(b)所示。由於所取的梁單元極薄，因此作用其上的連續載重 $W(x)$ 可視為一均佈載重（亦即 $W(x) = W$，為一非零之常數）。此梁單元左側斷面上的剪力與彎矩分別以 V_x

和 M_x 表示，右側斷面上的剪力與彎距分別以 (V_x+dV_x) 和 $(M+dM_x)$ 表示，其中 dV_x 及 dM_x 分表剪力與彎矩的變化量。由於在此梁單元上所有力素均應滿足平衡條件，因此由

$+\uparrow\Sigma F_y=0$，得

$$V_x+Wdx-(V_x+dV_x)=0$$

移項後展開得

$$\frac{dV_x}{dx}=W \tag{3.1}$$

（3.1）式表示，剪力圖上某點的切線斜率即為梁上相應點處的載重強度。由這個結果可得到以下的推論：

(1)在梁上承受均佈載重的區段中，載重強度 W(x)＝常數，這表示剪力圖之斜率為一常數，因此該區段之剪力圖為一傾斜直線。當斜率為正，則對應的剪力圖為自左至右剪力值遞增的傾斜直線；反之，當斜率為負，則對應的剪力圖為自左至右剪力值遞減的傾斜直線。

(2)同理，在梁上承受線性分佈載重的區段中，剪力圖為二次拋物線；在梁上承受二次拋物線分佈載重的區段中，剪力圖為三次拋物線，等等。

另外，在此梁單元上，對右側中點取彎矩平衡：

$+\curvearrowleft\Sigma M=0$，得

$$(M_x+dM_x)-M_x-(V_x)(dx)-(Wdx)(\frac{dx}{2})=0$$

由於 dx^2 為極小的值，故上式中 $(Wdx)(\frac{dx}{2})$ 項可忽略不計，因此將上式移項後展開得

$$\frac{dM_x}{dx}=V_x \tag{3.2}$$

（3.2）式表示，彎矩圖上某點的切線斜率即為梁上相應點處的剪力值。由此結果可得到以下的推論：(1)剪力圖若是斜率為正的傾斜直線（此時均佈載重係垂直向上作用），則彎矩圖為開口向上的二次拋物線；反之，剪力圖若是斜率為負的傾斜直線，則彎矩圖為開口向下的二次拋物線。(2)剪力圖若是二次拋物線，則彎矩圖為三次拋物線，等等。

另外，由（3.2）式亦可看出，若剪力圖面積為正，則表示對應之彎矩圖形的斜率為正；反之，若剪力圖面積為負，則表示對應之彎矩圖形的斜率為負。

(討論)

採用第四象限為座標系統的載重示（即載重取向下為正），其載重與剪力的關係為

$$\frac{dV_x}{dx} = -W$$

而剪力與彎矩的關係為

$$\frac{dM_x}{dx} = V_x$$

二、無垂直載重作用區間

由圖 3-2(c)可知，對於無垂直載重區段而言，載重強度 $W = 0$，因此（3.1）式可改寫為

$$\frac{dV_x}{d_x} = 0 \tag{3.3}$$

（3.3）式表示，在無垂直載重區段中，剪力圖上的切線斜率為零，因此在此區段中之剪力圖為一平行於梁軸（即 X 軸）的直線，亦即在此區段中，剪力 $V_x =$ 常數。將此分析結果代入（3.2）式中，得

$$\frac{dM_x}{dx} = V_x = 常數 \tag{3.4}$$

（3.4）式表示，在無垂直載重區段中，彎矩圖將為一傾斜直線。若剪力圖面積為正，則表此傾斜直線的斜率為正；反之，若剪力圖面積為負，則表此傾斜直線的斜率為負。

三、垂直集中力作用處

在圖 3-2(d)所示的 D 點自由體中，由力的平衡關係，取
$+\uparrow\Sigma F_y = 0$，得：

$$V_{D右} = V_{D左} + P \quad （P 表外加垂直集中力） \tag{3.5}$$

（3.5）式表示，在 D 點左右兩側斷面上的剪力值相差 P。此亦說明了，在垂直集中力作用處，剪力圖將產生垂直於梁軸的跳躍（表突然升降），而跳躍的大小即為 P 值。若 P 向上（正值）則表剪力圖在此處會產生向上之跳躍；反之，若 P 向下（負值）則表剪力圖在此處會產生向下之跳躍。

由以上的關係可推知，在垂直集中力作用處，其剪力值之關係式為

$$V_右 = V_左 + 垂直集中力 \tag{3.6}$$

其中，垂直集中力取向上為正值，向下為負值。

另外，將（3.2）式代入（3.6）式，得出

$$\left(\frac{dM_x}{dx}\right)_右 = \left(\frac{dM_x}{dx}\right)_左 + 垂直集中力 \tag{3.7}$$

由（3.7）式可看出，在垂直集中力作用處，彎矩圖在該點左右兩邊的斜率將不相等，換言之，在垂直集中力作用處，彎矩圖上是為一折點。

四、集中力矩作用處

在圖 3-2(e)所示的 E 點自由體中，由力的平衡關係，取
$+\circlearrowright\Sigma M_E = 0$，得

$$M_{E右} = M_{E左} + M \quad （M 表集中力矩） \tag{3.8}$$

（3.8）式表示，在 E 點左右兩側斷面上的彎矩值相差 M。此亦說明了，在集中力矩作用處，彎矩圖將產生垂直於梁軸的跳躍，而跳躍的大小即為 M 值。若 M 為順時針轉向（定義為正值），則表彎矩圖在此處會產生向上之跳躍；反之，若 M 為逆時針轉向（定義為負值），則表彎矩圖在此處會產生向下之

跳躍。由以上的關係可推知，在集中力矩作用處，其彎矩值之關係式為

$$M_右 = M_左 + 集中力矩 \tag{3.9}$$

其中，集中力矩取順時針轉向為正值，逆時針轉向為負值。

另外，將（3.9）式對 x 微分後得出

$$(\frac{dM_右}{dx}) = (\frac{dM_左}{dx}) \tag{3.10}$$

由（3.10）式可看出，在集中力矩作用處，彎矩圖左右兩邊的斜率相等。

　　綜合連續載重、垂直集中力及集中力矩與剪力圖和彎矩圖的各項關係，可得以下之關係圖：（V_L, M_L 分表左側斷面中之剪力及彎矩；V_R, M_R 分表右側斷面中之剪力及彎矩）

　　基於「**彎矩箭頭所指方向即為桿件之受壓側，而彎矩圖均繪於受壓側**」之原則，由圖 3-3 中不難印證出：「**在桿件兩端處，彎矩箭頭所指方向即為桿件兩端之彎矩座標方向**」。

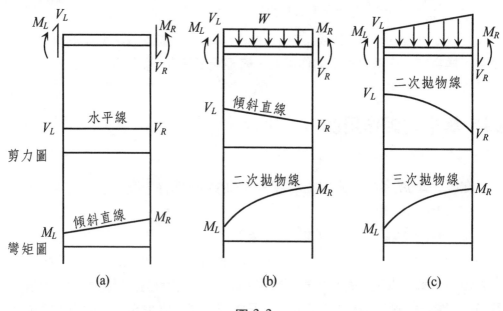

圖 3-3

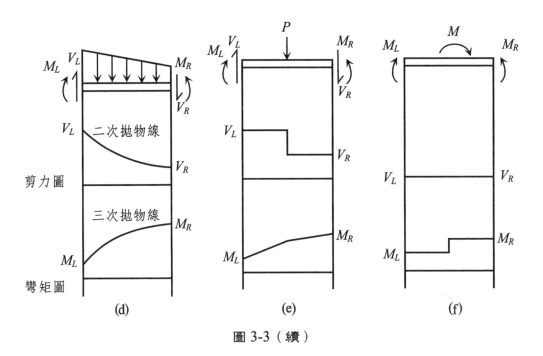

圖 3-3（續）

例題 3-1

三跨連續梁其剪力圖如下圖所示，圖①②③④中，哪一個最適當表示該梁之彎矩圖？

(A)①　(B)②　(C)③　(D)④。

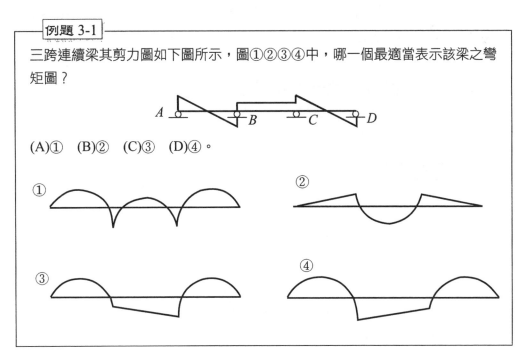

解

(D)

(1)在 AB 區段及 CD 區段中，剪力圖是斜率為負的傾斜直線，因此彎矩圖為開口向下的二次拋物線

(2)在 BC 區段中，剪力圖為平行於梁軸的水平線段，因此彎矩圖為一傾斜直線段，由於剪力圖的面積為正，所以彎矩圖之斜率亦為正。

3-3　應用面積法分析梁中之剪力值與彎矩值

面積法是一種利用載重、剪力與彎矩三者間的簡易關係，來計算出梁斷面中剪力值及彎矩值的方法，進而可繪出梁的剪力圖與彎矩圖。

3-3-1　應用面積法分析梁中之剪力值

一、在連續載重作用下

由公式（3.1）式知，梁在載重強度 W 之作用下，相距 dx 之兩斷面間的剪力變化量為

$$dV_x = Wdx$$

因此，梁上任意兩點 a、b（座標位置分別為 x_a 及 x_b）間的剪力差值為

$$\int_{V_a}^{V_b} dV_x = \int_{x_a}^{x_b} Wdx$$

或

$$V_b - V_a = \int_{x_a}^{x_b} W dx$$

亦即

$$V_b = V_a + \int_{x_a}^{x_b} W dx$$

$$= V_a + （a、b 間載重圖面積）\tag{3.11}$$

其中，均佈或均變載重若向上，則對應之載重圖面積為正；反之為負。

（3.11）式表示，b 點的剪力值等於 a 點的剪力值加上 a、b 兩點間載重圖的面積。

二、在垂直集中力作用下

在垂直集中力作用處，梁中剪力值可由（3.6）式來分析，即

$$V_{右} = V_{左} + 垂直集中力 \tag{3.6}$$

其中，垂直集中力取向上為正值，向下為負值。

由（3.6）式及（3.11）式可充分明瞭繪製剪力圖的原則為：

「當剪力圖由左繪至右時，垂直力向下，則剪力圖向下畫；反之，垂直力向上，則剪力圖向上畫」。此處所謂之垂直力係指垂直於梁軸線之力。

3-3-2　應用面積法分析梁中之彎矩值

一、在連續載重作用下

由公式（3.2）式知，梁在載重強度 W 之作用下，相距 dx 之兩斷面間的彎矩變化量為

$$dM_x = V_x dx$$

因此，梁上任意兩點 a、b（座標位置分別為 x_a 及 x_b）間的彎矩差值為

$$\int_{M_a}^{M_b} dM_x = \int_{x_a}^{x_b} V_x dx$$

或

$$M_b - M_a = \int_{x_a}^{x_b} V_x dx$$

亦即

$$M_b = M_a + \int_{x_a}^{x_b} V_x dx$$

$$= M_a + （a、b\ 間剪力圖面積） \tag{3.12}$$

（3.12）式表示，b 點的彎矩值等於 a 點的彎矩值加上 a、b 兩點間剪力圖的面積。

二、在集中力矩作用下

在集中力矩作用處，梁中彎矩值可由（3.9）式來分析，即

$$M_{右} = M_{左} + 集中力矩 \tag{3.9}$$

其中，集中力矩取順時針轉向為正值，逆時針轉向為負值。

（討論）

由於繪製剪力圖及彎矩圖時，所採取的座標是以梁的左端為原點，因此，在（3.11）式及（3.12）式中的 a 點係指較靠近原點之點，而 b 點係指較遠離原點之點。

3-3-3　剪力圖及彎矩圖的繪製

由載重、剪力與彎矩間的關係可知，應用面積法繪製剪力圖及彎矩圖時，只要應用（3.11）式及（3.6）式（或（3.12）式及（3.9）式）定出剪力圖（或

彎矩圖）中若干控制點（或說變化點）上的剪力值（或彎矩值），再連以適當的直線或曲線（見圖 3-3），即可迅速繪出剪力圖（或彎矩圖）。

一般來說剪力圖之控制點是在：

(1)垂直集中載重處

(2)垂直均佈（或均變）載重變化處

而彎矩圖之控制點是在：

(1)垂直集中載重處

(2)垂直均佈（或均變）載重變化處

(3)集中力矩作用處

在實際計算中，公式（3.11）式及公式（3.12）中的 a、b 兩點，即可視為上述的控制點。

應用面積法繪製剪力圖及彎矩圖之原則為：

(1)一切座標均取梁的左端為原點，亦即剪力圖與彎矩圖均由梁的最左端開始向右繪。

(2)求出各支承反力。

(3)剪力圖可藉由「垂直力向下，則剪力圖向下畫；垂直力向上，則剪力圖向上畫」的原則或再配合（3.11）式、（3.6）式及圖 3-3，即可完成剪力圖的繪製，此處所謂垂直力係指垂直於梁軸線之力。

(4)藉由（3.12）式及（3.9）式可求得彎矩圖上各控制點之彎矩值，再以適當的直線或曲線（見圖 3-3）連接之，即可完成彎矩圖的繪製。

(討論 1)

繪剪力圖及彎矩圖應注意之事項：

(1)剪力圖的斜率即為對應的載重強度大小（載重強度取載重向上為正，向下為負）；而彎矩圖的斜率即為對應的剪力值大小。

(2)剪力由正變化至負，則在剪力為零處會產生局部最大正彎矩；反之，剪力由負變化至正，則在剪力為零處會產生局部最大負彎矩。換言之，在剪力為零處彎矩將會產生局部的極值。

討論 2

以上各項繪製剪力圖及彎矩圖的原則，亦可應用於剛架結構。

依據上述之步驟與注意事項，現以圖 3-4(a)所示的靜定梁結構為例來說明剪力圖與彎矩圖的繪製方法與過程。

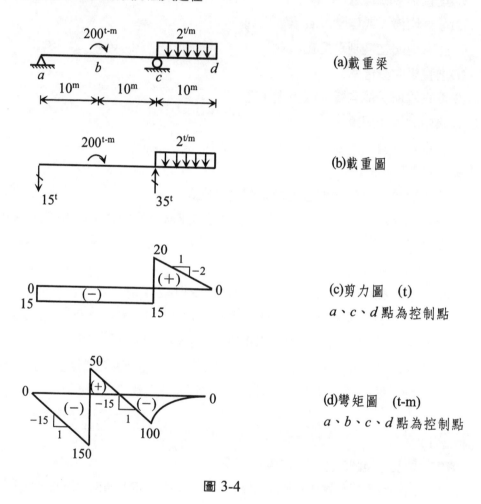

(a)載重梁

(b)載重圖

(c)剪力圖　(t)
a、c、d點為控制點

(d)彎矩圖　(t-m)
a、b、c、d點為控制點

圖 3-4

第一步：求解支承反力

將整個梁結構視為一自由體，由靜力平衡方程式知：

$+\circlearrowleft \Sigma M_a = 0$；得 $R_c = 35^t$　（↑）

$+\uparrow\Sigma F_y=0$；得 $R_{ay}=-15^t$　（↓）

$\underset{+}{\rightarrow}\Sigma F_x=0$；得 $R_{ax}=0^t$

當支承反力求得後，即可得出梁結構的載重圖，如圖 3-4(b)所示。

第二步：繪剪力圖

為求徹底瞭解每一分析過程，現做一詳細說明。

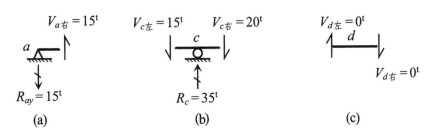

$$V_{a右}=15^t \qquad V_{c左}=15^t \qquad V_{c右}=20^t \qquad V_{d左}=0^t$$

$$R_{ay}=15^t \qquad R_c=35^t \qquad V_{d右}=0^t$$

(a)　　　　　　　　(b)　　　　　　　　(c)

圖 3-5　各剪力控制點上之剪力值

剪力圖之控制點分別在 a 點、c 點及 d 點。

(1) a 點處（見圖 3-5(a)）

在 a 點有一垂直集中力$R_{ay}=15^t$（↓），由（3.6）式知：

$V_{a右}=V_{a左}+$垂直集中力

　　$=0^t+(-15^t)$　　　　　（垂直力取向上為正，向下為負）

　　$=-15^t$　　　　（負剪力表示可使桿件產生逆時針旋轉的剪力）

這表示剪力圖由 a 點（座標原點）開始繪，由於受垂直集中力$R_{ay}=15^t$（↓）之作用，因此在 a 點處之剪力圖將由 0^t（$=V_{a左}$）向下跳躍至-15^t（$=V_{a右}$）

(2) ac 區間

由於ac區間無垂直載重作用（b點上之外力矩$200^{t\text{-}m}$非垂直載重），因此剪力圖為一平行於梁軸的直線，其斜率為 $\dfrac{dV}{dx}=W=0$

由（3.11）式知：

$V_{c左}=V_{a右}+$（a、c 間載重圖面積）

　　$=-15^t+(0^{t/m})(20^m)$

$$= -15^t$$

這表示 a、c 間之剪力值維持在 -15^t。

(3) c 點處（見圖 3-5(b)）

在 c 點有一垂直集中力 $R_c = 35^t$（↑），由（3.6）式知：

$$V_{c右} = V_{c左} + 垂直集中力$$

$$= -15^t + 35^t$$

$$= 20^t$$

這表示由於受垂直集中力 $R_c = 35^t$（↑）之作用，因此在 c 點處之剪力圖將由 -15^t（$= V_{c左}$）向上跳躍至 20^t（$= V_{c右}$）。

(4) cd 區間

cd 區間受 $2^{t/m}$ 的均佈載重垂直向下作用（垂直力取向上為正，向下為負），因此剪力圖為一傾斜直線，其斜率為 $\dfrac{dV}{dx} = W = -2$，由（3.11）式知：

$$V_{d左} = V_{c右} + （c、d 間載重圖面積）$$

$$= 20^t + (-2^{t/m})(10^m)$$

$$= 0^t$$

(5) d 點處（見圖 3-5(c)）

d 點處無垂直力，由（3.6）式知：

$$V_{d右} = V_{d左} + 垂直集中力$$

$$= 0^t + 0^t$$

$$= 0^t$$

由全部分析過程可看出，剪力圖由 0^t（$= V_{a左}$）開始而終止於 0^t（$= V_{d右}$）。

　　以上對剪力圖的繪製過程做了詳細的說明，現將此過程精簡如下，以加速剪力圖的繪製：

(1)剪力圖由梁的最左端（即 a 點）開始繪，因其上受有垂直集中反力 $R_{ay} = 15^t$（↓）之作用，因此剪力圖由 0^t 向下跳躍至 -15^t（$= 0^t + (-15^t)$）。

(2)下一個剪力控制點為 c 點，由於 a、c 之間無任何垂直載重，故此段之剪

力圖為平行於梁軸的直線，其斜率為 $\dfrac{dV}{dx} = W = 0$，因此 c 點處之剪力值維

持在 -15^t；但是由於又有一垂直集中反力 $R_c = 35^t$（↑）作用在 c 點處，因

此在 c 點處之剪力值將由 -15^t 向上跳躍至 $20^t (= -15^t + 35^t)$。

(3)再下一個剪力控制點為 d 點，其剪力值為 $0^t (= 20^t + (-2^{t/m})(10^m))$，c、d 兩

點間以直線相連，形成一傾斜直線，其斜率為 $\dfrac{dV}{dx} = W = -2$。

上述各分析結果示於圖 3-4(c)。

由以上的分析過程可看出，剪力圖的繪製完全依循「剪力圖由左繪至右

時，垂直力向下，則剪力圖向下畫；垂直力向上，則剪力圖向上畫」的原則。

第三步：繪彎矩圖

彎矩圖控制點分別在 a 點、b 點、c 點及 d 點，而彎矩圖的繪製過程現敘

述如下：

(1) a 點為簡支端，且其上無外力矩作用，因此 $M_a = 0^{t\text{-}m}$。

(2)下一個彎矩控制點為 b 點，由（3.12）式知：

$$M_b = M_a + （a、b 間剪力圖面積）$$
$$= 0^{t\text{-}m} + (-15^t)(10^m)$$
$$= -150^{t\text{-}m}$$

由於 a、b 兩點間的剪力圖為一水平直線，因此 a、b 間的彎矩圖為一傾斜

直線，而其斜率即為對應的剪力值大小 -15。另外，由於在 b 點處受一順

時針轉向的集中力矩 $200^{t\text{-}m}$ 作用，因此由（3.9）式知，在 b 點處之彎矩值

將由 $-150^{t\text{-}m}$ 向上跳躍至 $50^{t\text{-}m}(= -150^{t\text{-}m} + 200^{t\text{-}m})$。

(3)再下一個彎矩控制點為 c 點，由（3.12）式知：

$$M_c = M_b + （b、c 間剪力圖面積）$$
$$= 50^{t\text{-}m} + (-15^t)(10^m)$$
$$= -100^{t\text{-}m}$$

由於 b、c 兩點間的剪力圖為一水平直線，因此 b、c 間之彎矩圖為一傾斜

直線，其斜率即為對應的剪力值大小 -15。

(4)再下一個彎矩控制點為 d 點，由（3.12）式知：

$$M_d = M_c + （c \cdot d \text{ 間剪力圖面積}）$$

$$= -100^{t\text{-}m} + \frac{1}{2}(20^t)(10^m)$$

$$= 0^{t\text{-}m} \qquad （\text{或說 } d \text{ 點為自由端，且其上無外力矩作用，因此} M_d = 0^{t\text{-}m}）$$

由於 $c \cdot d$ 兩點間的載重為垂直向下作用的均佈載重，因此 $c \cdot d$ 兩點間的剪力圖為一傾斜直線，而彎矩圖為一開口向下的二次拋物線，且其上任一點的切線斜率即為所對應的剪力值大小。

以上的分析結果示於圖 3-4(d)。

由於面積法需應用到幾何圖形面積的計算，現將常用的圖形面積整理在表 3-1 中：

表 3-1　常用幾何圖形之面積

	矩　形	三角形	n 次拋物線	n 次拋物線
圖形				
面積	$A = bh$	$A = \frac{1}{2}bh$	$A = \left(\frac{1}{n+1}\right)bh$	$A = \left(\frac{n}{n+1}\right)bh$
備註			O 點的切線與底邊重合	O 點的切線與底邊平行

3-4　應用組合法繪製彎矩圖

　　繪製桿件彎矩圖的方法很多，面積法不失為一便捷的方法，但必須先繪出剪力圖，才能繪出彎矩圖。組合法係利用疊加原理可直接繪出桿件或桿件中某一段的彎矩圖，十分簡便，尤其在求解結構變位或以力法分析靜不定撓曲結構時有著很大的助益。

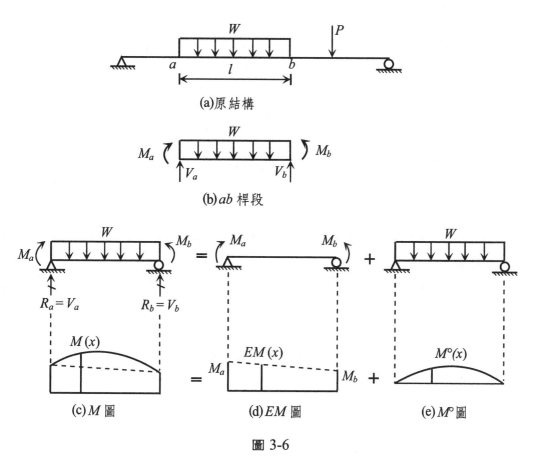

圖 3-6

　　現以圖 3-6(a)所示的梁結構為例，說明如何以組合法繪出 ab 桿段之彎矩圖：

(1)取 ab 桿段為自由體，在 ab 桿段上，除了載重 W 外，在桿端尚有桿端彎矩 M_a 及 M_b（即桿件兩端之斷面彎矩，end moment）及桿端剪力 V_a 及 V_b（即桿件兩端之斷面剪力，end shear），如圖 3-6(b)所示。

(2)將 ab 桿段視同一簡支梁，其上承受載重 W 及桿端彎矩 M_a 和 M_b（視為外力）共同作用，另外由平衡關係可知，支承反力即為桿端剪力，即 $R_a=V_a$，$R_b=V_b$，如圖 3-6(b)所示。此時，簡支梁的彎矩圖將等同於 ab 桿段之彎矩圖。

(3)在此簡支梁上先繪出由桿端彎矩 M_a 及 M_b 所產生的彎矩圖 EM（以虛線表示，如圖 3-6(d)所示）。再以此虛線為基準軸，疊加上由載重 W 所產生的彎矩圖 M^o（如圖 3-6(e)所示），即可得到 ab 桿段的實際彎矩圖 M（如圖 3-6(c)所示）。

討論 1

組合法是基於疊加原理，故僅適用於線性結構。

討論 2

在組合法中，彎矩圖的疊加是指彎矩縱座標值的疊加，而非圖形的簡單拼合，例如在圖 3-6 中：

$$M(x)=EM(x)+M^o(x)$$

$$(3\text{-}13)$$

討論 3

組合法適用於梁結構亦適用於剛架結構。不論桿件所屬的結構是靜定結構或靜不定結構，此法均適用。

討論 4

載重、桿端剪力、桿端彎矩、剪力圖、彎矩圖之間的關係可參見圖 3-3。

討論 5

為了便於組合法的應用，現將若干簡支梁常用的彎矩圖列於表 3-2 中。

表 3-2 常用之彎矩圖形

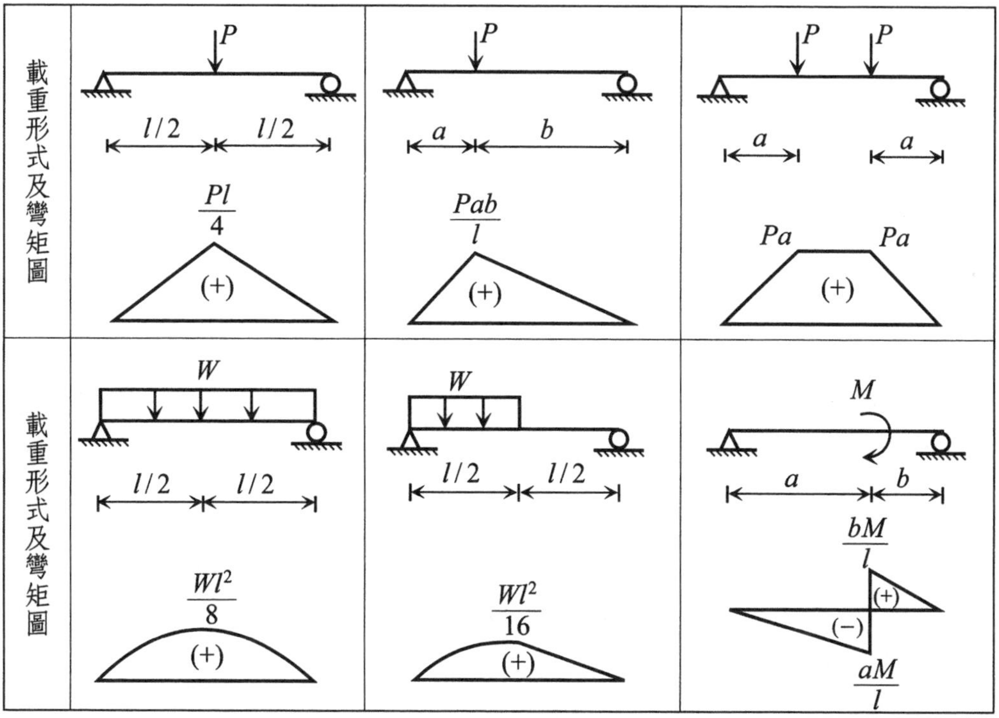

載重形式及彎矩圖			

3-5 單跨靜定梁之分析

單跨靜定梁是工程中常用的簡單結構，也是組成各種結構的基本構件之一，常見的形式有簡支梁、懸臂梁與外伸梁。由於單跨靜定梁不含非剛性接續，因此三個支承反力可直接由三個靜力平衡方程式聯立解出。

例題 3-2

下圖所示為一簡支梁結構，試繪其剪力圖與彎矩圖。

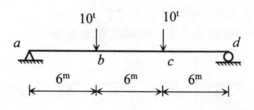

解

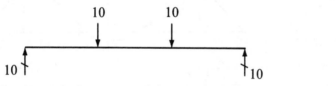

(a)載重圖（t）

(b)剪力圖（t）

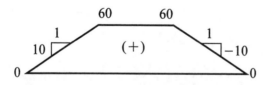

(c)彎距圖（t-m）

(1)求解支承反力

此為對稱結構，載重將由 a、d 二支承平均分擔，故$R_{ay}=R_d=10^t$，載重圖如圖(a)所示。

(2)繪剪力圖

剪力圖的繪製應依循「垂直力向下，則剪力圖向下畫；垂直力向上，則剪力圖向上畫」的原則。

①剪力圖由 a 點出發，因其上受有垂直集中反力 $R_{ay}=10^t$（↑）之作用，因此 a 點處之剪力值由 0^t 向上跳躍至 10^t（$=0^t+10^t$）。

②由於 a、b 兩點之間無任何垂直力作用，因此 ab 段上之剪力為定值 10^t，且剪力圖平行於梁軸。在 b 點受垂直集中力 10^t（↓）之作用，故在 b 點之剪力值將由 10^t 向下跳躍至 0^t（$=10^t-10^t$）。

③同理，由於 b、c 兩點之間無任何垂直力作用，因此 bc 段上之剪力將維持定值 0^t，而剪力圖與梁軸重合。在 c 點受垂直集中力 10^t（↓）之作用，故在 c 點之剪力值將由 0^t 向下跳躍至 -10^t（$=0^t-10^t$）。

④同理，由於 c、d 兩點之間亦無任何垂直力作用，所以 cd 段上之剪力亦將維持定值 -10^t。在 d 點處由於受到垂直集中反力 $R_d=10^t$（↑）之作用，故在 d 點處之剪力值將由 -10^t 向上跳躍至 0^t（$=-10^t+10^t$）。

剪力圖如圖(b)所示。

(3)繪彎矩圖

彎矩圖控制點分別在 a 點、b 點、c 點及 d 點。

① a 點為簡支端，且其上無外力矩作用，所以 $M_a=0^{t-m}$。

②在 b 點處

$M_b = M_a +$（a、b 間剪力圖面積）

$\quad = 0^{t-m}+(10^t)(6^m)$

$\quad = 60^{t-m}$

在 ab 段上無載重，剪力圖為一水平直線，因此彎矩圖為一傾斜直線，其斜率為對應的剪力值大小 $+10$。

③在 c 點處

$M_c = M_b +$（b、c 間剪力圖面積）

$\quad = 60^{t-m}+(0^t)(6^m)$

$\quad = 60^{t-m}$

在 bc 段上無載重，由於剪力值為零（表示彎矩圖之斜率為零），因此彎矩圖為平行於梁軸的直線。

④ d 點為簡支端，且其上無外力矩作用，因此 $M_d=0^{t-m}$。

在 cd 段上無載重，剪力圖為一水平直線，所以彎矩圖為一傾斜直線，其斜率為對應的剪力值大小 -10。

彎矩圖如圖(c)所示。

討論

本結構為一對稱結構，因此剪力圖呈反對稱，彎矩圖呈對稱，現說明如下：

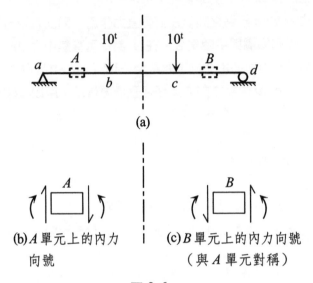

(a)

(b)A 單元上的內力
　　向號

(c)B 單元上的內力向號
　（與 A 單元對稱）

圖 3-6

在對稱軸兩側分別取互為對稱的 A、B 兩個小單元，由於結構對稱，因此在 A 單元上之剪力與彎矩（如圖 3-6(b)所示）將與 B 單元上的剪力與彎矩（如圖 3-6(c)所示）相互對稱。由內力符號規定可知，當 A 單元上之剪力為正，彎矩亦為正時；則 B 單元上的剪力為負，而彎矩為正，因此會造成**對稱結構的剪力圖呈反對稱，而彎矩圖呈對稱**。

同理可證得，反對稱結構的剪力圖呈對稱而彎矩圖呈反對稱。

例題 3-3

試求下圖梁結構的剪力圖與彎矩圖。

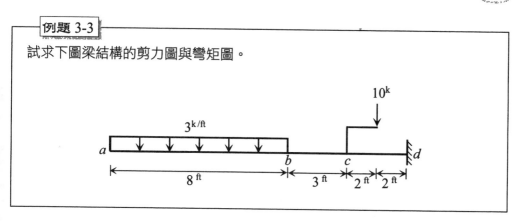

解

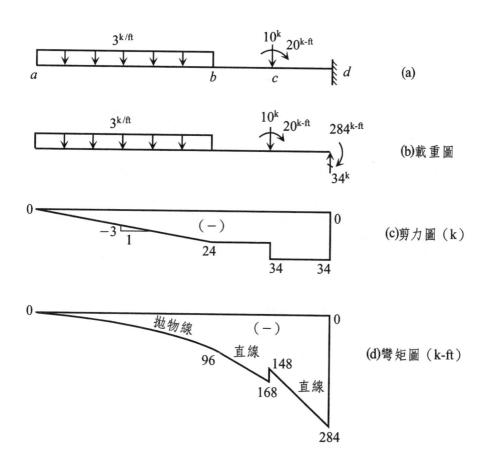

集中力10^k平移至c點後，原結構可化為圖(a)之情況，其中力矩$20^{k\text{-}ft}=(10^k)(2^{ft})$。

(1)求解支承反力

　　取整體結構為自由體，由

　　　　$\Sigma F_x=0$，解得$R_{ax}=0^k$

　　　　$\Sigma F_y=0$，解得$R_{dy}=34^k$（↑）

　　　　$\Sigma M_d=0$，解得$M_d=284^{k\text{-}ft}$（↘）

　　載重圖如圖(b)所示。

(2)繪剪力圖

　　①剪力圖由a點出發，其上無垂直集中力，所以$V_a=0^k$。

　　②a、b兩點間有均佈載重向下作用，因此b點處之剪力值為

　　　　$V_b=V_a+$（a、b間載重圖面積）

　　　　　$=0^k+(-3^{k/ft})(8^{ft})$

　　　　　$=-24^k$

　　　而a、b間之剪力圖呈斜率為-3（均佈載重之強度大小）之傾斜直線。

　　③b、c兩點間無任何垂直力作用，因此bc段上之剪力值維持定值-24^k，而剪力圖平行梁軸。在c點受垂直集中力10^k（↓）之作用，故在c點之剪力值將由-24^k向下跳躍至$-34^k(=-24^k-10^k)$。

　　④同理，c、d兩點間亦無任何垂直力作用，所以cd段上之剪力維持定值-34^k，而剪力圖平行於梁軸。在d點受垂直集中反力$R_{dy}=34^k$（↑）之作用，因此d點之剪力值將由-34^k向上跳躍至$0^k(=-34^k+34^k)$。

　　　剪力圖如圖(c)所示。

(3)繪彎矩圖

　　彎矩圖之控制點分別在a點、b點、c點及d點。

　　①a點為自由端，且其上無集中力矩之作用，因此$M_a=0^{k\text{-}ft}$。

　　②在b點處

　　　　$M_b=M_a+$（a、b間剪力圖面積）

　　　　　$=0^{k\text{-}ft}+\dfrac{1}{2}(-24^k)(8^m)$

　　　　　$=-96^{k\text{-}ft}$

　　　在ab段上受均佈載重向下作用，剪力圖呈傾斜直線，因此彎矩圖為一開

口向下的二次拋物線，且其上任一點的切線斜率即為所對應的剪力值大小。

③在 c 點處

$M_c = M_b +$（b、c 間剪力圖面積）

$= -96^{\text{k-ft}} + (-24^{\text{k}})(3^{\text{ft}})$

$= -168^{\text{k-ft}}$

在 bc 段上無載重，剪力圖為一水平直線，因此彎矩圖為一傾斜直線，其斜率為對應的剪力值大小-24。另外由於在 c 點上有一集中力矩 $20^{\text{k-ft}}$ (↷) 作用，因此 c 點處之彎矩值將由 $-168^{\text{k-ft}}$ 向上跳躍至 $-148^{\text{k-ft}}$。

④在 d 點處

$M_d = M_c +$（c、d 間剪力圖面積）

$= -148^{\text{k-ft}} + (-34^{\text{k}})(4^{\text{ft}})$

$= -284^{\text{k-ft}}$

在 cd 段上無載重，同理 cd 段之彎矩圖亦為一傾斜直線，而斜率為對應的剪力值大小-34。但是由於在 d 點上有一集中力矩 $284^{\text{k-ft}}$ (↷) 作用，因此 d 點處之彎矩值將由 $-284^{\text{k-ft}}$ 向上跳躍至 $0^{\text{k-ft}}(= -284^{\text{k-ft}} + 284^{\text{k-ft}})$。

彎矩圖如圖(d)所示。

例題 3-4

下圖所示為一靜定外伸梁，試繪其剪力圖與彎矩圖。

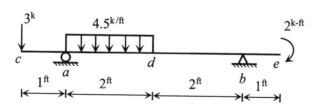

解

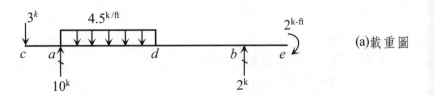

(a)載重圖

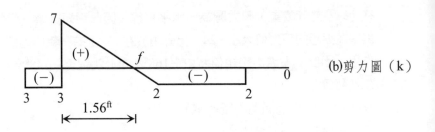

(b)剪力圖（k）

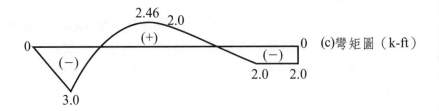

(c)彎矩圖（k-ft）

⑴求解支承反力

取整體結構為自由體，由

$\Sigma F_x = 0$ ，得$R_{bx} = 0^k$

$\Sigma M_a = 0$ ，得$R_{by} = 2^k$（↑）

$\Sigma F_y = 0$ ，得$R_a = 10^k$（↑）

載重圖如圖(a)所示

⑵繪剪力圖

①剪力圖由 c 點出發，因其上有垂直集中力 3^k 向下作用，因此 c 點處之剪力值由 0^k 向下跳躍至 $-3^k (= 0^k - 3^k)$。

②由於 c，a 兩點之間無任何垂直力作用，因此 ca 段上之剪力為定值 -3^k，且剪力圖平行於梁軸。在 a 點受垂直集中反力 $R_a = 10^k$（↑）之作用，故在

a 點之剪力值將由 -3^k 向上跳躍至 $7^k(=(-3^k)+10^k)$。

③ a，d 兩點間有均佈載重向下作用，因此 d 點處之剪力值為

$$V_d = V_a + (a、d \text{ 間載重圖面積})$$

$$= 7^k + (-4.5^{k/ft})(2^{ft})$$

$$= -2^k$$

而 a，d 間之剪力圖呈斜率為 -4.5（均佈載重之強度大小）之傾斜直線。

④ a，b 兩點間無任何垂直力作用，因此 db 段上之剪力值維持定值 -2^k 而剪力圖平行梁軸。在 b 點受垂直集中反力 $R_{by} = 2^k$（↕）之作用，故在 b 點之剪力值將由 -2^k 向上跳躍至 $0^k(=(-2^k)+2^k)$。

⑤ b，e 兩點間亦無任何垂直力作用，因此 be 段上之剪力維持定值 0^k，而剪力圖與梁軸重合。在 e 點無垂直集中力作用，故 e 點處之剪力值維持 0^k。（集中力矩 $2^{k\text{-}ft}$ 非垂直集中力，故不會改變 e 點之剪力值）

剪力圖如圖(b)所示。

(3)繪彎矩圖

彎矩圖之控制點分別在 c 點、a 點、d 點、b 點及 e 點

① c 點為自由端，且其上無集中力矩作用，故 $M_c = 0^{k\text{-}ft}$

②在 a 點處

$$M_a = M_c + (c、a \text{ 間剪力圖面積})$$

$$= 0^{k\text{-}ft} + (-3^k)(1^{ft})$$

$$= -3^{ft}$$

在 ca 段上無外力作用，因此剪力圖呈水平直線，而彎矩圖呈傾斜直線，其斜率為對應之剪力值 -3。

③在 d 點處

$$M_d = M_a + (d、a \text{ 間剪力圖面積})$$

$$= -3^{k\text{-}ft} + \frac{1}{2}(7^k)(1.56^{ft}) - \frac{1}{2}(2^k)(2^{ft} - 1.56^{ft})$$

$$= 2.0^{k\text{-}ft}$$

ad 段受均佈載重 $4.5^{k/ft}$ 向下作用，因此剪力圖呈傾斜直線，而彎矩圖呈開口向下之二次拋物線。

剪力由正變化至負，在剪力值為零處（在圖(b)中令為 f 點）會產生局部最

大正彎矩，即

$M_f = M_a + (a \cdot f \text{ 間剪力圖面積})$

$\quad = -3^k + \dfrac{1}{2}(7^k)(1.56^{ft})$

$\quad = 2.46^{k-ft}$

④在 b 點處

$M_b = M_d + (d \cdot b \text{ 間剪力圖面積})$

$\quad = 2.0^{k-ft} + (-2^k)(2^{ft})$

$\quad = -2.0^{k-ft}$

db 段上無載重，剪力圖為一水平直線，而彎矩圖為一傾斜直線，其斜率為對應的剪力值大小 -2。

⑤在 e 點處

$M_e = M_b + (b \cdot e \text{ 間剪力圖面積})$

$\quad = -2.0^{k-ft} + (0^k)(1^{ft})$

$\quad = -2.0^{k-ft}$

be 段上剪力值為零（表示彎矩圖之斜率為零），因此彎矩圖為一平行梁軸的水平直線。

由於在 e 點上有一集中力矩 2^{k-ft}（↷）作用，因此 e 點處之彎矩值將由 -2.0^{k-ft} 向上跳躍至 $0^{k-ft}(=-2.0^{k-ft}+2.0^{k-ft})$。

彎矩圖如圖(c)所示。

例題 3-5

下圖所示為一靜定外伸梁，試繪其剪力圖與彎矩圖。

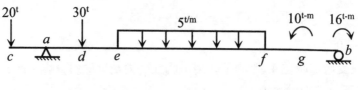

解

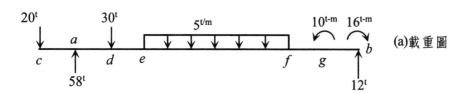

(a)載重圖

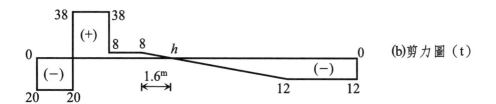

(b)剪力圖（t）

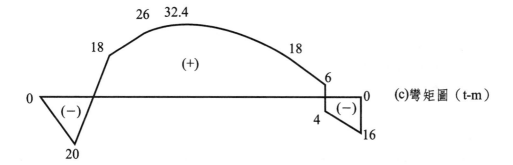

(c)彎矩圖（t-m）

(1)求解先承反力

取整體結構為自由體，由

$\Sigma F_x = 0$ ，得 $R_{ax} = 0^t$

$\Sigma M_b = 0$ ，得 $R_{ay} = 58^t$（↑）

$\Sigma F_y = 0$ ，得 $R_b = 12^t$（↑）

載重圖如圖(a)所示

(2)繪剪力圖

依循「垂直力向下，則剪力圖向下畫；垂直力向上，則剪力圖向上畫」的原

則，即可迅速繪出剪力圖，如圖(b)所示，其中在無載重作用區間，剪力圖為平行於梁軸的水平直線（斜率為 $\dfrac{dV}{dx}=W=0$）；在均佈載重作用區間，剪力圖為一傾斜直線（斜率為 $\dfrac{dV}{dx}=W=-5$）；而集中力矩非垂直力，故不影響剪力圖的變化。

(3)繪彎矩圖

彎矩圖控制點分別在 c 點、a 點、d 點、e 點、f 點、g 點及 b 點，應用公式（3.12）及公式（3.9）即可求得各控制點上的彎矩值。在剪力圖為水平直線段的區間，彎矩圖為傾斜直線；在剪力圖為傾斜直線段的區間，彎矩圖為二次拋物線。集中力矩將引起彎矩圖的跳躍（集中力矩取順時針為正，逆時針為負）。另外，剪力由正變化至負，在剪力值為零處（如圖(b)中的 h 點）會產生局部最大正彎矩：

$$M_h = M_e + (e、h \text{ 間剪力圖面積})$$
$$= 26^{\text{t-m}} + \frac{1}{2}(8^{\text{t}})(1.6^{\text{m}})$$
$$= 32.4^{\text{m}}$$

彎矩圖如圖(c)所示。

例題 3-6

已知有一桿件之剪力圖如下圖所示，求 B 點與 A 點間之彎矩差值。

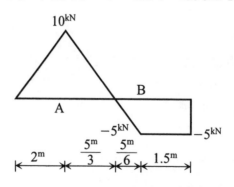

解

因為 $M_B = M_A +$（A、B 間剪力圖面積）

所以 $M_B - M_A =$（A、B 間剪力圖面積）

$$= \frac{1}{2}(10^{kN})(\frac{5^m}{3}) + \frac{1}{2}(-5^{kN})(\frac{5^m}{6})$$

$$= 6.25^{kN\text{-}m}$$

例題 3-7

某簡支梁之剪力圖如下圖所示，試繪出此梁所受之載重與彎矩圖。

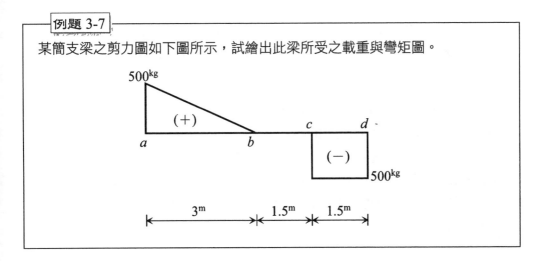

解

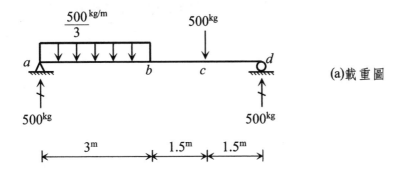

(a)載重圖

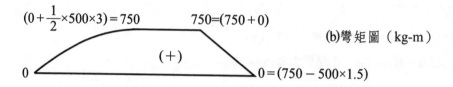

$(0+\dfrac{1}{2}\times500\times3)=750$　　　$750=(750+0)$

(b)彎矩圖（kg-m）

$(+)$

0　　　　$0=(750-500\times1.5)$

載重圖之分析如下：

(1)在 a 點處，由於剪力圖向上跳躍 500^{kg}，因此可知支承 a 處有一垂直向上之反力 500^{kg}（↑）

(2)在 ab 區間，剪力圖呈斜率為負之傾斜直線，由此可知 ab 區間受有垂直向下的均佈載重作用，而此均佈載重之強度 W 即為此區間剪力圖的斜率：

$$W=\dfrac{0^{kg}-500^{kg}}{3^m}=-\dfrac{500^{kg/m}}{3}\text{（負表向下作用）}$$

(3)在 bc 區間，剪力圖平行梁軸，故可知在 bc 區間無任何垂直力作用。

(4)在 c 點處，剪力圖向下跳躍 500^{kg}，這表示在 c 點處有一大小為 500^{kg}而作用向下的垂直集中載重。

(5)在 cd 區間，剪力圖平行梁軸，故知在 cd 區間無任何垂直力作用。

(6)在 d 點處，剪力圖向上跳躍 500^{kg}，故可知在支承 c 處有一垂直向上的反力 500^{kg}（↑）。

載重圖如圖(a)所示。

彎矩圖之分析如下：

應用載重、剪力與彎矩之關係可繪得彎矩圖，如圖(b)所示，而各相關數值計算亦列在圖中，其中 a 點、b 點、c 點及 d 點均為彎矩圖的控制點。

例題 3-8

下圖所示為一靜定的斜梁結構，試繪各內力圖。

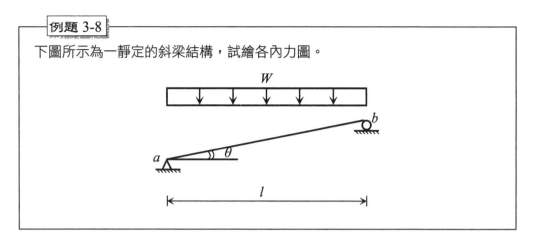

解

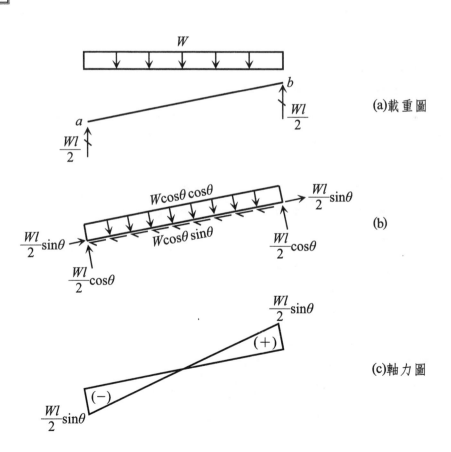

(a)載重圖

(b)

(c)軸力圖

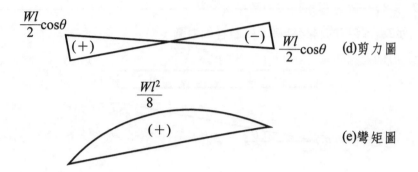

(d)剪力圖

(e)彎矩圖

(1)求解支承反力

取整體結構為自由體，由靜力平衡方程式

$\Sigma M_a = 0$，解得$R_b = \dfrac{Wl}{2}$（↥）

$\Sigma F_y = 0$，解得$R_{ay} = \dfrac{Wl}{2}$（↥）

$\Sigma F_x = 0$，解得$R_{ax} = 0$

載重圖如圖(a)所示，其中W表均佈載重之強度。

對於斜梁 ab 而言，必須將作用在梁上之諸力分解成垂直於梁軸與切於梁軸之分力，其中垂直於梁軸之分力將引起梁斷面上的剪力和彎矩，而切於梁軸之分力將引起梁斷面上的軸向力。

①對於作用在 a 端及 b 端上之力

垂直於梁軸之分力 $= \dfrac{Wl}{2}\cos\theta$

切於梁軸之分力 $= \dfrac{Wl}{2}\sin\theta$

②對於作用在 ab 梁上之均佈載重

均佈載重之合力 $= Wl$

合力在垂直於梁軸方向之分力 $= Wl\cos\theta$

合力在切於梁軸方向之分力 $= Wl\sin\theta$

現將各合力之分力轉換成均佈載重強度：

垂直於梁軸之均佈載重強度 $= \dfrac{Wl\cos\theta}{l/\cos\theta} = W\cos\theta\cos\theta$

切於梁軸之均佈載重強度 $= \dfrac{Wl\sin\theta}{l/\cos\theta} = W\cos\theta\sin\theta$

分解後之載重圖如圖(b)所示。

(2)繪軸力圖、剪力圖及彎矩圖

　①對於軸力圖而言，a端的軸力 $\dfrac{Wl}{2}\sin\theta$ 是為壓力，所以為負值，b端的軸力 $\dfrac{Wl}{2}\sin\theta$ 是為拉力，所以為正值，而 ab 之間有切於梁軸的均佈載重，因此軸力圖如圖(c)所示。

　②當各力求得垂直於梁軸的分力後，按一般的分析方式即可繪出剪力圖與彎矩圖，分別如圖(d)及圖(e)所示。

(討論)

若將斜梁結構改為具有相等跨長與相同垂直載重的水平梁結構（如圖 3-8(a)所示）時，兩者之間有如下之關係：

(1)在垂直載重作用下，水平梁不具軸向力而斜梁具有軸向力。

(2)剪力值不同，二者間有著 $\cos\theta$ 之差異。

(3)彎矩值完全相同。

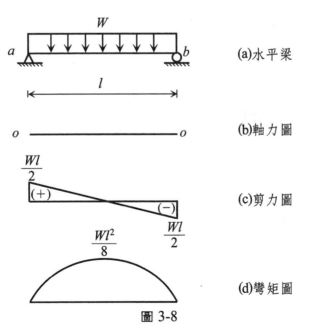

圖 3-8

例題 3-9

試求圖示梁受力後之剪力圖與彎矩圖。

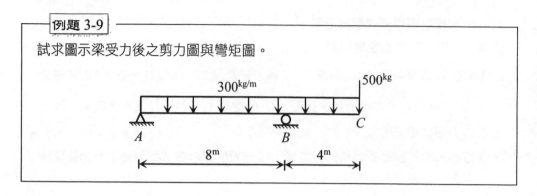

解

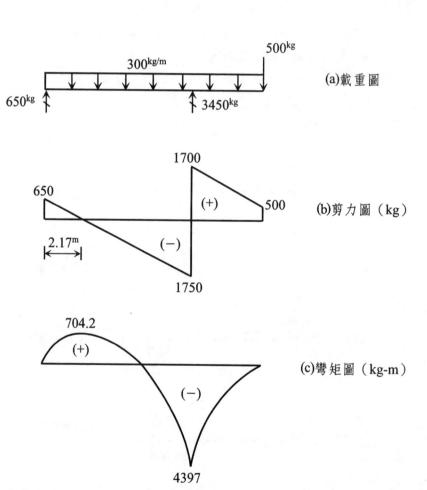

(a)載重圖

(b)剪力圖（kg）

(c)彎矩圖（kg-m）

載重圖如圖(a)所示；剪力圖如圖(b)所示；彎矩圖如圖(c)所示。

剪力由正變負之處會產生局部彎矩最大值 704.2$^{kg \text{-} m}$。

例題 3-10

於下圖所示梁結構，試繪其剪力圖與彎矩圖。

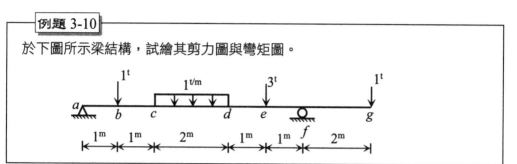

解

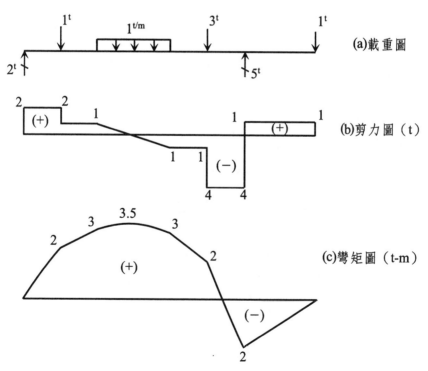

載重圖如圖(a)所示；剪力圖如圖(b)所示；彎矩圖如圖(c)所示。

3-6　複合梁之分析

　　凡是藉由非剛性接續來連結基本部分與附屬部分的梁結構稱為複合梁結構（或合成梁結構）。

　　多跨靜定梁是由若干單跨梁藉由鉸接續連結而成的靜定梁結構，因此多跨靜定梁屬於靜定複合梁結構系統。（有關多跨靜定梁請參閱 1-11 節內容）

　　複合梁的組成是先有基本部分再有附屬部分。從力的傳遞關係來看，作用在附屬部分的載重能使此附屬部分及相關的基本部分產生支承反力及桿件內力；而作用在基本部分的載重僅能使此基本部分產生支承反力及桿件內力，因此在分析靜定複合梁結構時，應先分辨其基本部分及附屬部分，然後再依循「**複合梁結構先解附屬部分再解基本部分**」的解題原則來完成所有的分析。

　　當複合梁所有支承反力均求得後，剪力圖與彎矩圖的繪法與單跨靜定梁完全相同。

　　複合梁支承反力的求解方法有兩種（請參閱例題 1-4），可任選採用。

例題 3-11

下圖所示為一靜定多跨梁結構，試繪其剪力圖與彎矩圖。

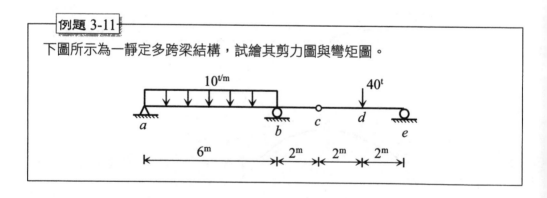

解

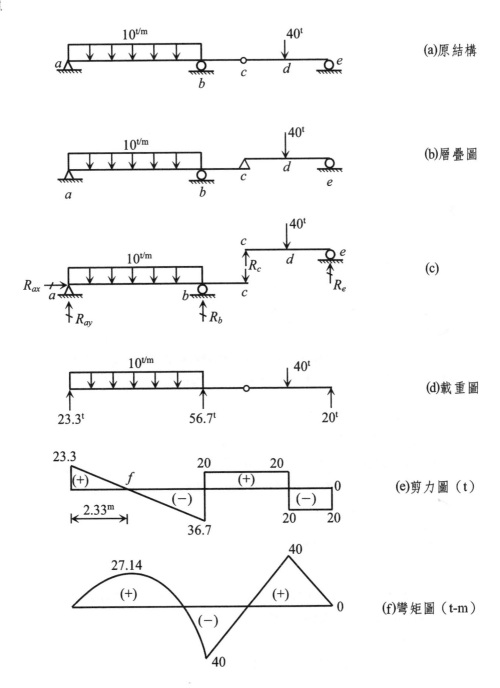

(a)原結構

(b)層疊圖

(c)

(d)載重圖

(e)剪力圖（t）

(f)彎矩圖（t-m）

此多跨靜定梁中，abc 段為基本部分，而 cde 段為其附屬部分。

(1)求解支承反力

解法(一)

首先取附屬部分 cde 段為自由體，如下圖所示

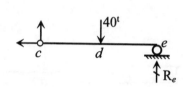

由條件方程式

$$\overset{cde}{\Sigma}M_c=0，解得 R_e=20^t（↑）$$

再取整體結構為自由體，經由

$$\Sigma F_x=0 \ ，解得 R_{ax}=0^t$$

$$\Sigma M_a=0，解得 R_b=56.7^t（↑）$$

$$\Sigma F_y=0，解得 R_{ay}=23.3^t（↑）$$

解法(二)

依梁的層疊圖（如圖(b)所示）將原結構拆成兩個靜定梁（如圖(c)所示）

①首先利用平衡方程式解出附屬部分 cde 段的支承反力：

$$\overset{cde}{\Sigma}M_c=0，解得 R_e=20^t（↑）$$

$$\overset{cde}{\Sigma}F_y=0，解得 R_c=20^t（↑）$$

將求出的 $R_c(=20^t)$ 反向作用於 abc 段上，作為 abc 段的外加載重。

②abc 段在承受均佈載重 $10^{t/m}$ 及由 cde 段傳來的 20^t（↓）共同作用後，經由

$$\overset{abc}{\Sigma}F_x=0，解得 R_{ax}=0^t$$

$$\overset{abc}{\Sigma}M_a=0，解得 R_b=56.7^t（↑）$$

$$\overset{abc}{\Sigma}F_y=0，解得 R_{ay}=23.3^t（↑）$$

以上兩種求解支承反力的方法，可任選一種來使用，當所有支承反力求得後，可繪出載重圖（如圖(d)所示）。

(2)繪剪力圖及彎矩圖

多跨靜定梁當所有支承反力均求得後，剪力圖及彎矩圖的繪法與單跨靜定梁

完全相同。

① ab 段受均佈載重向下作用，因此剪力圖呈傾斜直線，其斜率為 $\dfrac{dV}{dx} = W = -10$，而彎矩圖呈開口向下之二次拋物線。

bd 段及 de 段上均無垂直載重，因此剪力圖為平行梁軸之直線，而彎矩圖為傾斜直線。（見圖(e)及圖(f)）

②剪力由正變化至負，在剪力值為零處（在圖(e)中令為 f 點）會產生局部最大正彎矩：

$$M_f = M_a + (a, f \text{ 間剪力圖面積})$$
$$= 0^{\text{t-m}} + \frac{1}{2}(23.3^{\text{t}})(2.33^{\text{m}})$$
$$= 27.14^{\text{t-m}}$$

③各控制點上的剪力值與彎矩值如圖(e)及圖(f)所示。

④在鉸接續（或稱內鉸接）處彎矩值必為零。

（討論 1）

對於靜定複合梁而言，亦可應用 3-4 節所述的組合法來繪制彎矩圖，請讀者自行練習之。

（討論 2）

從梁的組成來看，亦可將 abc 部分視為一簡支外伸梁來分析，而 cde 部分視為一簡支梁來分析（配合組合法可快速繪出彎矩圖）。此觀念可應用在各相類似題目中。

（例題 3-12）

試求下圖所示 $ABCD$ 梁之各端剪力與彎矩。

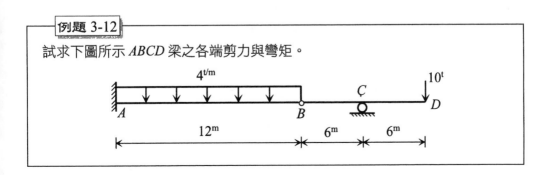

解

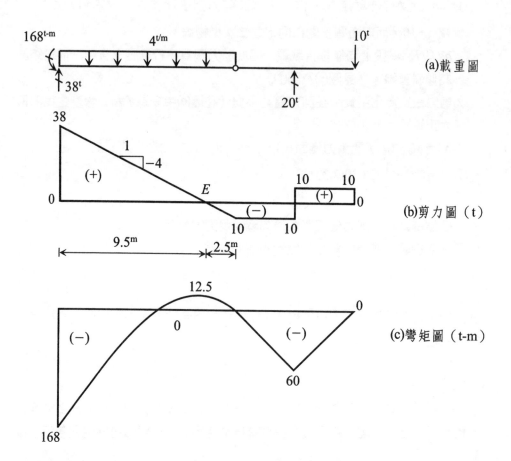

(a)載重圖

(b)剪力圖（t）

(c)彎矩圖（t-m）

在原結構中，*AB* 段為基本部分，而 *BCD* 段為其附屬部分。

(1)求解支承反力

首先取附屬部分 *BCD* 段為自由體，如下圖所示。

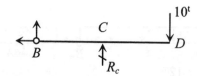

由條件方程式

$$\overset{BCD}{\Sigma} M_B = 0，解得 R_c = 20^t（\uparrow）$$

再取整體結構為自由體，由靜力平衡方程式

$$\Sigma F_y = 0，解得 R_{Ay} = 38^t（\uparrow）$$

$$\Sigma M_A = 0，解得 M_A = 168^{\text{t-m}}（\curvearrowright）$$

載重圖如圖(a)所示。

(2)繪剪力圖及彎矩圖應注意事項

剪力圖與彎矩圖上各控制點之數值大小見圖(b)及圖(c)所示，其中：

① AB 段受均佈載重向下作用，因此剪力圖呈傾斜直線，其斜率為 $\dfrac{dv}{dx} = W = -4$，而彎矩圖呈開口向下之二次拋物線。BC 段及 CD 段上無垂直載重，因此剪力圖由平行梁軸之直線組成，而彎矩圖由傾斜直線所組成。

②在垂直集中力作用處，如 A 點、C 點及 D 點，剪力圖會隨垂直集中力的作用方向產生跳躍；在集中力矩作用處，如 A 點，彎矩圖會產生跳躍，當集中力矩為順時針，則表向上跳躍，反之為向下跳躍。

③剪力由正變化至負，則在剪力值為零處（在圖(b)中令為 E 點）會產生局部最大正彎矩：

$$M_E = M_A +（A、E 間剪力圖面積）$$

$$= -168^{\text{k-ft}} + \frac{1}{2}(38^{\text{k}})(9.5^{\text{m}})$$

$$= 12.5^{\text{k-ft}}$$

④剪力由負變化至正，則在剪力為零處（如 C 點）會產生局部最大負彎矩：

$$M_C = M_B +（B、C 間之剪力圖面積）$$

$$= 0^{\text{t-m}} + (-10^t)(6^{\text{m}})$$

$$= -60^{\text{t-m}}$$

⑤在內鉸接 B 點處，彎矩值必為零，即

$$M_B = M_A +（A、B 間剪力圖面積）$$

$$= -168^{\text{t-m}} + \frac{1}{2}(38^t)(9.5^{\text{m}}) + \frac{1}{2}(-10^t)(2.5^{\text{m}})$$

$$= 0^{\text{t-m}}$$

在此處彎矩圖需通過梁軸。

例題 3-13

試繪下圖所示梁結構之剪力圖與彎矩圖。

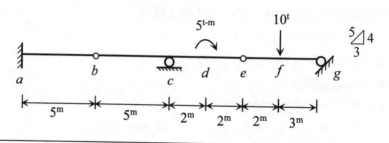

解

g 點處有一輥支承，由於支承反力 R_g 恒垂直於支承面，因此 R_g 可分解成垂直方向的 $\frac{3}{5}R_g$ 及水平方向的 $\frac{4}{5}R_g$。

(1)求解支承反力

由於 ab 段為基本部分，be 段為 ab 段的附屬部分，而 eg 段為 ae 段之附屬部分，因此首先取 eg 段為自由體，由條件方程式：

$\overset{eg}{\Sigma}M_e=0$，解得 $R_g=6.67^t$（↘）

進而可得出 R_g 在垂直方向的分量為 4^t（↑），在水平方向的分量為 5.34^t（←）

再取 bg 段為自由體，由條件方程式

$\overset{bg}{\Sigma}M_b=0$，解得 $R_c=11.8^t$（↕）

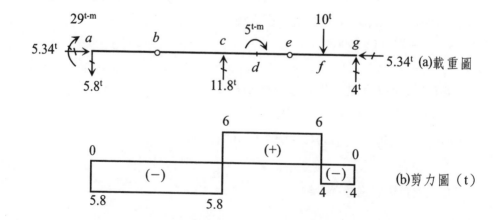

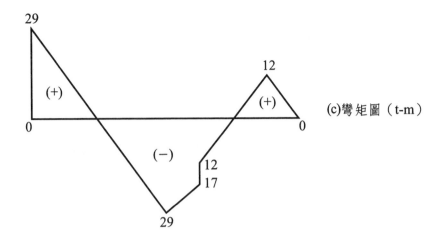

(c)彎矩圖（t-m）

再取整體結構為自由體，由靜力平衡方程式

　　$\Sigma F_x = 0$，解得$R_{ax} = 5.34^t$（→）

　　$\Sigma F_y = 0$，解得$R_{ay} = 5.8^t$（↓）

最後再取 ab 段為自由體，由條件方程式

　　$\overset{ab}{\Sigma}M_b = 0$，解得 $M_a = 2.9^{\text{t-m}}$（↻）

載重圖如圖(a)所示。

(2)繪剪力圖及彎矩圖應注意事項

　　剪力圖與彎矩圖上各控制點之數值大小見圖(b)及圖(c)所示，其中：

　　①垂直集中力作用處，如 a 點、c 點、f點及 g 點，剪力圖會隨垂直集中力的作用方向產生跳躍；在集中力矩作用處，如 a 點及 d 點，彎矩圖會產生跳躍，當集中力矩為順時針，則表向上跳躍。

　　②在 g 點處，支承反力 R_g 的水平分量不影響剪力圖及彎矩圖的繪製，因此在繪製剪力圖及彎矩圖時僅需考慮到支承反力 R_g 的垂直分量。

　　③ b 點及 e 點均為鉸接續，因此對應之彎矩值必為零。

例題 3-14

下圖所示為一多跨靜定梁結構，試繪其剪力圖與彎矩圖。

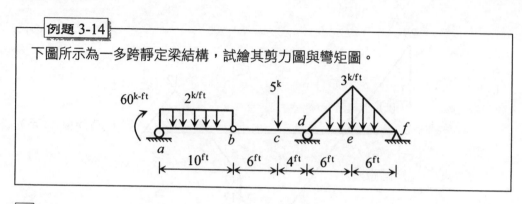

解

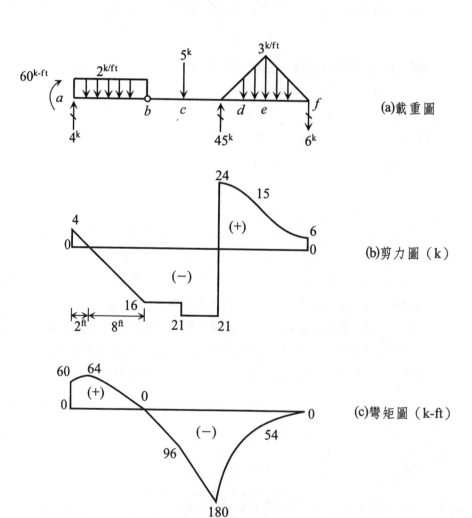

(a)載重圖

(b)剪力圖（k）

(c)彎矩圖（k-ft）

(1)求解支承反力

bf 段為基本部分，ab 段為其附屬部分。首先取 ab 段為自由體，由條件方程式：

$\overset{ab}{\Sigma}M_b = 0$，解得 $R_a = 4^k$（↑）

再取整體結構為自由體，由靜力平衡方程式 $\Sigma F_x = 0, \Sigma F_y = 0$ 及 $\Sigma M_a = 0$，解得 $R_d = 45^k$（↑），$R_{fx} = 0^k$, $R_{fy} = 6^k$（↓），載重圖如圖(a)所示。

(2)繪剪力圖及彎矩圖應注意事項

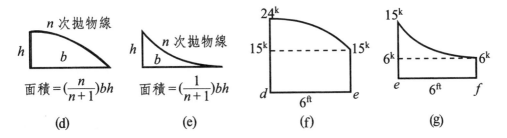

剪力圖與彎矩圖上各控制點之數值大小見圖(b)及圖(c)，其中：

①在 de 段上，載重為漸增的均變載重，由圖 3-3 知，其所對應的剪力圖為一凹面向下的二次拋物線，彎矩圖為一凹面向下的三次拋物線。在 ef 段上，載重為漸減的均變載重，同樣可由圖 3-3 知，其所對應的剪力圖為一凹面向上的二次拋物線，彎矩圖為一凹面向下的三次拋物線。

　　圖(d)所示為一凹面向下的 n 次拋物線所對應之面積；圖(e)所示為一凹面向上的 n 次拋物線所對應之面積。

②圖(f)所示為 de 段之剪力圖，為一凹面向下的二次拋物線，其所對應之面積（即 d、e 間剪力圖面積）可計算如下：

$A = (15^k)(6^{ft}) + (\frac{2}{2+1})(24^k - 15^k)(6^{ft}) = 126^{k\text{-}ft}$

圖(g)所示為 ef 段之剪力圖，為一凹面向上的二次拋物線，其所對應之面積（即 e、f 間剪力圖面積）可計算如下：

$A = (6^k)(6^{ft}) + (\frac{1}{2+1})(15^k - 6^k)(6^{ft}) = 54^{k\text{-}ft}$

因此，e 點處之彎矩值為：

$M_e = M_d +$（d、e 間剪力圖面積）

$$= -180^{\text{k-ft}} + 126^{\text{k-ft}}$$

$$= -54^{\text{k-ft}}$$

由於 f 點為外端鉸支承且其上無任何集中力矩作用，因此 $M_f = 0^{\text{k-ft}}$。現在再以面積法來檢核 f 點處梁中之彎矩值：

$$M_f = M_e + （e、f 間剪力圖面積）$$

$$= -54^{\text{k-ft}} + 54^{\text{k-ft}}$$

$$= 0^{\text{k-ft}}$$

討論

　　對於 df 段上之均變載重而言，de 部分為逐漸增加的均變載重，而 ef 部分為逐漸減少的均變載重，因此 e 點可視為載重之變化處，故 e 點是為剪力圖與彎矩圖之控制點。

例題 3-15

下圖所示為一多跨靜定梁結構，其中集中力矩 $30^{\text{t-m}}$（↻）是作用在 D 點（鉸接續）左側，試繪剪力圖及彎矩圖。

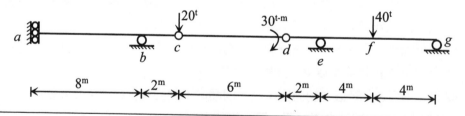

解

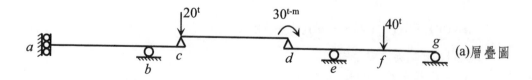

(a)層疊圖

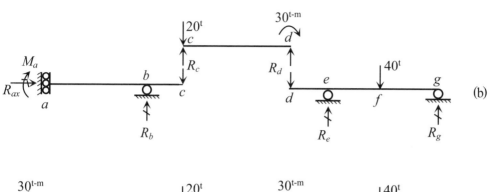

(b)

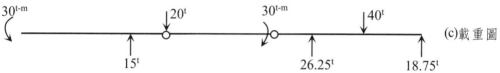

(c)載重圖

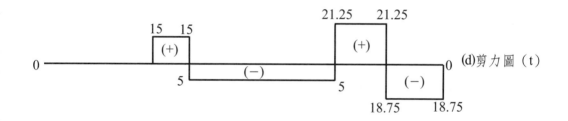

(d)剪力圖（t）

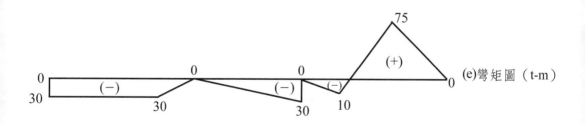

(e)彎矩圖（t-m）

abc 段與 *defg* 段均為基本部分，而 *cd* 段為二者之共同附屬部分，層疊圖如圖(a)所示。

(1)求解支承反力

依層疊圖將原結構拆成三個靜定梁，如圖(b)所示。

①首先利用平衡方程式解出附屬部分 *cd* 段的支承反力，即

$\overset{cd}{\sum} M_d = 0$，解得 $R_c = 15^t$（↑）

$\overset{cd}{\sum} F_y = 0$，解得 $R_d = 5^t$（↑）

將求出的 $R_c(=15^t)$ 反向作用於 abc 段上；$R_d(=5^t)$ 反向作用於 $defg$ 段上。

② abc 段承受由 cd 段傳來的15^t（↓）作用後，經由

$\overset{abc}{\sum} F_x = 0$，解得 $R_{ax} = 0^t$

$\overset{abc}{\sum} F_y = 0$，解得 $R_b = 15^t$（↑）

$\overset{abc}{\sum} M_a = 0$，解得 $M_a = 30^{t \cdot m}$（↶）

③ $defg$ 段在承受垂直集中載重 40^t 及由 cd 段傳來的 5^t（↓）共同作用後，經由

$\overset{defg}{\sum} M_g = 0$，解得 $R_e = 26.25^t$（↑）

$\overset{defg}{\sum} F_y = 0$，解得 $R_g = 18.75^t$（↑）

載重圖如圖（c）所示

(2)繪剪力圖與彎矩圖應注意事項

　①依循「垂直力向下，則剪力圖向下畫；垂直力向上則剪力圖向上畫」的原則即可迅速繪出剪力圖。集中力矩非垂直力，故不影響剪力圖的變化。剪力圖如圖(d)所示。

　②彎矩圖控制點分別在 a 點、b 點、c 點、d 點、e 點、f 點及 g 點，應用公式（3.12）及公式（3.9）即可求得各控制點上的彎矩值。彎矩圖如圖(e)所示。

例題 3-16

下圖所示為一多跨靜定梁與其彎矩圖，其中 bc 段為二次拋物線，且 c 點彎矩圖之斜率無突變，試確定載重 P_1，W，M，及 P_2之大小。

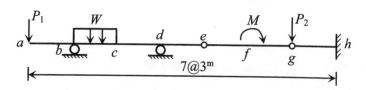

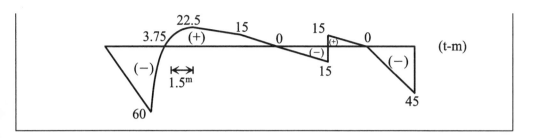

解

(1)求 P_1

在 ab 段，由於彎矩圖為一傾斜直線段，所以剪力圖為一平行於梁軸的水平直線段，因此在 ab 段之剪力將為一定值（即彎矩圖之斜率）：

$$V = \frac{dM}{dx} = \frac{-60^{\text{t-m}} - 0^{\text{t-m}}}{3^{\text{m}}} = -20^{\text{t}}$$

此一定值是由 P_1 所造成，故由剪力圖的繪製原則可知 $P_1 = 20^{\text{t}}$（↓）

(2)求 W

可應用繪製彎矩圖的組合法來推求均佈載重 W 的大小。

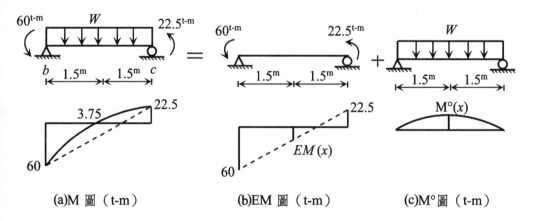

(a)M 圖（t-m）　　(b)EM 圖（t-m）　　(c)M° 圖（t-m）

取 bc 段為自由體，則 bc 段可視同一簡支梁，其上承受均佈戴重 W 及桿端彎矩 $M_b = -60^{\text{t-m}}$（↷）和 $M_c = 22.5^{\text{t-m}}$（↷）共同作用，如圖(a)所示。

由組合法可知，圖(a)可視為圖(b)及圖(c)的疊加，亦即

$$M(x) = EM(x) + M°(x)$$

因此，對於 bc 段中點處的彎矩值而言，有著如下的關係：

$$3.75^{\text{t-m}} = EM(x) + M^\circ(x)$$

$$= \frac{1}{2}(-60^{\text{t-m}} + 22.5^{\text{t-m}}) + \frac{W(3^{\text{m}})^2}{8}$$

由上式即可解出 $W = 20^{\text{t/m}}$（↓）

(3)求 M

集中力矩 M 會造成彎矩圖在 f 點的跳躍，由於在 f 點的跳躍值為 $15^{\text{t-m}} - (-15^{\text{t-m}}) = 30^{\text{t-m}}$，因此可知 $M = 30^{\text{t-m}}$（↺）

(4)求 P_2

同理，可應用繪製彎矩圖的組合法來推求 P_2 的大小。

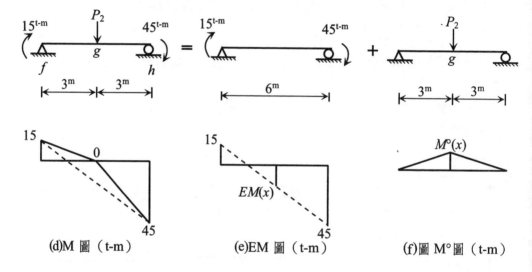

(d)M 圖（t-m）　　　(e)EM 圖（t-m）　　　(f)圖 M° 圖（t-m）

取 fgh 段為自由體，則可將 fgh 段視同一簡支梁，其上承受 P_2 及桿端彎矩 $M_f = 15^{\text{t-m}}$（↺）和 $M_h = -45^{\text{t-m}}$（↺）共同作用，如圖(d)所示。

由組合法可知，圖(d)可視為圖(e)及圖(f)的疊加，同理，對於 g 點上的彎矩值而言，有著如下的關係：

$$0^{\text{t-m}} = EM(x) + M^\circ(x)$$

$$= \frac{1}{2}(-45^{\text{t-m}} + 15^{\text{t-m}}) + \frac{P_2(6^{\text{m}})}{4}$$

由上式可解出 $P_2 = 10^{\text{t}}$（↓）。

例題 3-17

求圖中之梁 bc 段之最大彎矩（不計正負，以絕對值最大為最大）。

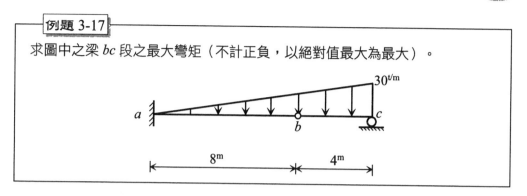

解

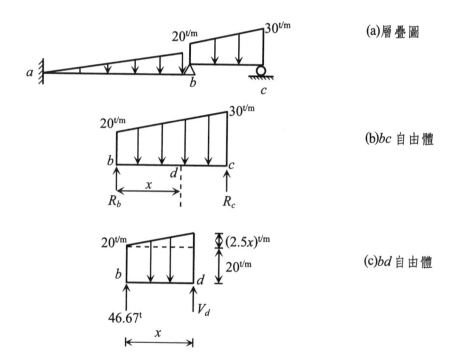

(a)層疊圖

(b)bc 自由體

(c)bd 自由體

①此複合梁之層疊圖如圖(a)所示。

②取 bc 段為自由體，如圖(b)所示，並設 d 點處（距 b 點的距離為 x）之剪力值 $V_d = 0$。

由 $\overset{bc}{\Sigma} M_c = 0$，解得 $R_b = 46.67^t$（↑）

而 $V_d = 46.67^t - (20^{t/m})(x) - \dfrac{1}{2}(2.5x)^{t/m}(x) = 0^t$ ，解得$x = 2.07^m$

③$M_{max} = M_d = (46.67^t)(2.07^m) - (20^{t/m} \times 2.07^m)(\dfrac{1}{2} \times 2.07^m)$

$\qquad - (\dfrac{1}{2} \times 2.5^{t/m} \times 2.07^m \times 2.07^m)(\dfrac{1}{3} \times 2.07^m) = 50.05^{t\text{-}m}$

例題 3-18

試求圖示梁受力後的支承反力及彎矩圖。

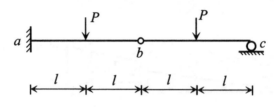

解

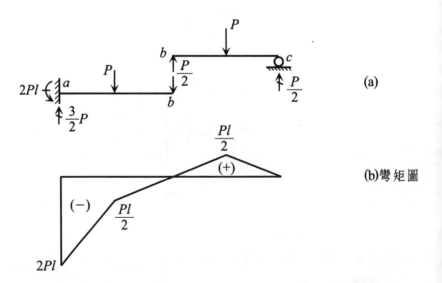

(a)

(b)彎矩圖

此多跨靜定梁可拆成二段梁（如圖(a)所示），ab段為一懸臂梁，是為基本部

分；bc段為其附屬部分。

(1)在bc段中，由 $\overset{bc}{\Sigma} M_b = 0$，解得$R_c = \dfrac{P}{2}$（↑），而彎矩圖可按簡支梁繪出。

(2)在ab段中，由 $\overset{ab}{\Sigma} F_y = 0$，解得$R_{ay} = \dfrac{3}{2}P$（↑）；再由 $\overset{ab}{\Sigma} M_a = 0$，解得$M_a = 2Pl$

（⤸），而彎矩圖可按懸臂梁繪出

例題 3-19

於下圖所示梁結構，繪其剪力圖與彎矩圖。

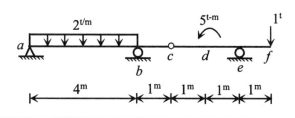

解

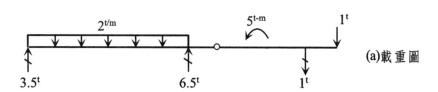

(a)載重圖

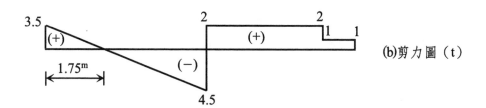

(b)剪力圖（t）

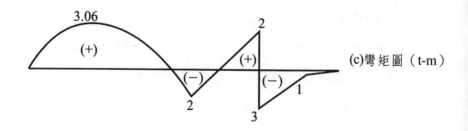

載重圖如圖(a)所示；剪力圖如圖(b)所示；彎矩圖如圖(c)所示。

3-7　重疊梁（間接梁）之分析

在實際結構中，為了跨越較大的跨距，主梁（girder）上會再架設**橫梁**（floor beam）及**縱梁**（stringer）系統。圖 3-9(a)所示即為一包含主梁、橫梁及縱梁的理想化橋面系統，此種系統又稱之為**重疊梁系統**或**間接梁系統**。在此系統中，縱梁係假設簡支於橫梁上，而橫梁與主梁的接觸點（如圖 3-9(a)中的 a、b、c、d、e 點）稱為**格間點**（panel point），格間點之間則稱為**格間**（panel）。

因為載重是從橋面版經由縱梁、橫梁而傳至主梁上，因此由力的傳遞關係可看出，縱梁上的支承反力反向後即為作用在橫梁上的載重，而橫梁上的支承反力反向後即為作用在主梁上的載重。圖 3-9(b)所示即為力的傳遞關係圖。由以上的闡述可知，在重疊梁系統中，無論任何形式的載重，均可化為作用在主梁格間點上的垂直集中力，因此在主梁上，每一格間內的剪力將是一常數（稱為**格間剪力**（panel shear）），如圖 3-9(c)所示，而彎矩圖則是由折線段所組成，如圖 3-9(d)所示。

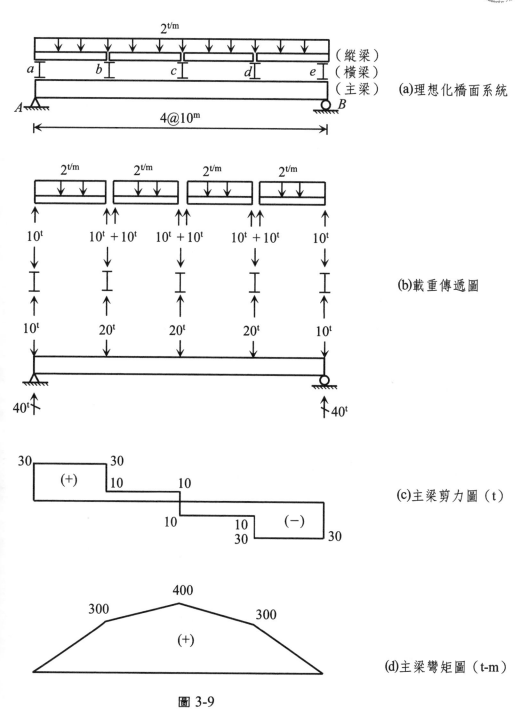

(a)理想化橋面系統

(b)載重傳遞圖

(c)主梁剪力圖（t）

(d)主梁彎矩圖（t-m）

圖 3-9

對於重疊梁系統而言，由於主梁為主要的承載構件，因此在分析時有必要繪出主梁的剪力圖與彎矩圖。

例題 3-20

下圖所示橋面系統，由主梁（girder）、橫梁（floor beam）及縱梁（stringer）所組成，並假設縱梁簡支於橫梁上，試繪主梁 AB 之剪力圖與彎矩圖。（系統自重不計）。

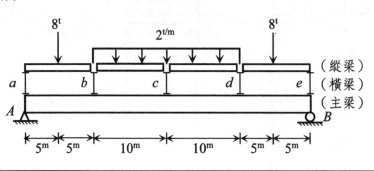

解

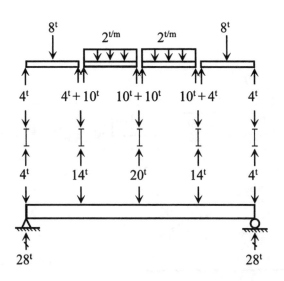

(a)載重傳遞圖

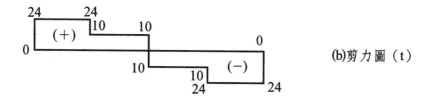

(b)剪力圖（t）

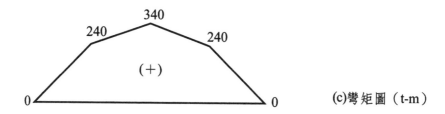

(c)彎矩圖（t-m）

縱梁上的支承反力反向後即為作用在橫梁上的載重，而橫梁上的支承反力反向後即為作用在主梁上的載重。由此可知，橋面上的載重是經由縱梁、橫梁而傳至主梁上的，因此作用在主梁上的力恒為垂直集中力，如圖(a)所示。

當利用靜力平衡方程式將主梁 AB 上的支承反力求得後，即可繪出剪力圖（如圖(b)所示）與彎矩圖（如圖(c)所示）。

第四章

平面靜定桁架之分析

桁架結構係由一些僅承受軸向力之二力桿件，經由無摩擦之樞釘（pin）鉸接而成，因此在分析桁架結構時，視各節點均為鉸節點，且載重與支承反力均作用在節點上，而桿件之主要應力為軸向力。本章將對簡單桁架、複合桁架及複雜桁架的分析方法做一說明。

4-1　基本假設與符號規定

在分析桁架時，桁架的基本假設如下：

(1)各桿件均為直線桿件

(2)各桿件在兩端用無摩擦之樞釘來連結

(3)各桿件的軸線通過兩端之樞釘

(4)所有載重均作用在節點上（支承亦為一節點）

(5)桁架本身自重忽略不計

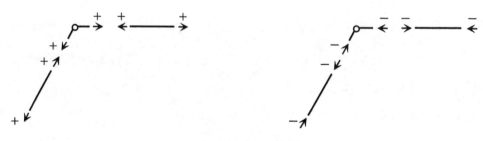

圖 4-1　符號規定

對於桁架桿件之內力符號，規定如下：（見圖 4-1）

(1)就桿件而言，軸向力為拉力則為正值；反之，軸向力為壓力則為負值。

(2)就節點而言，軸向力為離開節點者為正值；反之，軸向力指向節點者就為

負值。

在分析時,可先假設所有的軸向力均為正值(即拉力),若算出的結果為負值,則表示桿件的軸向力為壓力。

4-2 桁架結構力系平衡的特性

任何平面靜定桁架,在力系平衡方面具有以下之性質:

(1)每個節點均為平面共點力系,因此每個節點自由體可提供二個靜力平衡方程式。

(2)內力為零的桿件謂之**零桿件**(zero force member)。零桿件之形式可分為以下四種:

①二根桿件連接於一節點而不共線時,若無任何外力作用於該節點,則此二根桿件均為零桿件,如圖 4-2 所示。

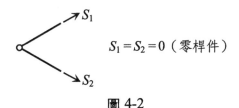

$$S_1 = S_2 = 0 \text{(零桿件)}$$

圖 4-2

②二根桿件連接於一節點而不共線時,若其中一根桿件與外力共線,則此桿件之內力大小必等於此外力之大小,且二者方向相反,而另一根桿件則為零桿件,如圖 4-3 所示。

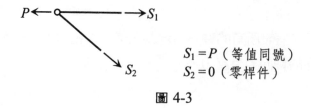

$S_1 = P$（等值同號）
$S_2 = 0$（零桿件）

圖 4-3

③三根桿件連接於一節點時，若其中二根桿件共線，且無任何外力作用於該節點，則共線的二桿件，其內力必大小相等方向相反，而第三根桿件必為零桿件，如圖 4-4 所示。

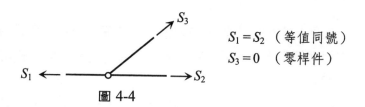

$S_1 = S_2$（等值同號）
$S_3 = 0$（零桿件）

圖 4-4

④桁架結構僅受載重作用而無溫度變化等其他效應時，兩個鉸支承間的桿件是為**恒零桿件**。恒零桿件之特性為：無論載重位置如何改變，恒零桿件之內力永遠保持為零，不受載重變化之影響。

(3)四根桿件連接在一節點上，如圖 4-5 所示，其中 S_1 與 S_2 共線，而 S_3 與 S_4 共線，當無任何外力作用於該節點時，S_1 與 S_2 必大小相等而方向相反；S_3 與 S_4 亦必大小相等而方向相反。

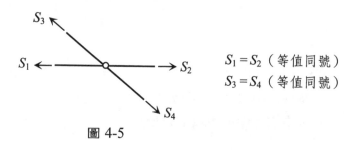

$S_1 = S_2$（等值同號）
$S_3 = S_4$（等值同號）

圖 4-5

(4)四根桿件連接在一節點上並形成對稱之 *K* 字型時，若無任何外力作用於該
　　節點，則兩斜桿之內力必大小相等，當其中一桿為拉力時，則另一桿必為
　　壓力，如圖 4-6 所示。

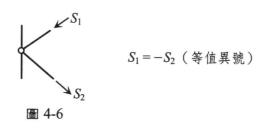

$$S_1 = -S_2 \quad (\text{等值異號})$$

圖 4-6

(5)若 N_x、N_y 分表軸向力 N 在 x 及 y 方向上之分量；而 l_x、l_y 分表桿件長度 l
　　在 x 及 y 方向上的投影長度，則桿件的軸向力與桿件長度之間具有以下的
　　比例關係：

$$\frac{N}{l} = \frac{N_x}{l_x} = \frac{N_y}{l_y} \tag{4.1}$$

討論 1

無論載重作用在桁架任何節點上，若某桿件受到支承約束而無軸向力或軸向變
位時，則可判定該桿件為恒零桿件，例如兩個鉸支承間的桿件在載重作用下是
為恒零桿件。同理，在圖 4-7 所示的桁架結構中，*ab* 桿件亦是為恒零桿件。

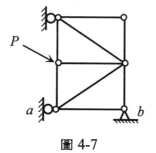

圖 4-7

討論 2

如同多跨靜定梁，對於具有基本部分與附屬部分的多跨桁架結構而言，若是載重僅作用在基本部分，則在附屬部分的桿件及支承均不受力。

討論 3

有別於恆零桿件，一般的零桿件是在某載重作用之下，其桿件內力為零，但若載重作用位置改變，則該桿件內力就可能不再為零。

例題 4-1

試判斷下列各桁架中的零桿件。

(a)

(b)

解

於圖(a)之桁架中，零桿件為 23 桿、34 桿、67 桿及 47 桿

於圖(b)之桁架中，零桿件為 12 桿、13 桿及 23 桿

例題 4-2

求桿件 Bb、Bc 之桿力。

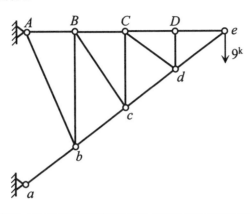

解

判斷零桿件時，節點的考慮次序為：D 點、d 點、C 點、c 點、B 點及 b 點。

由 D 點之平衡知：$S_{Dd} = 0^k$

由 d 點之平衡知：$S_{Cd} = 0^k$

由 C 點之平衡知：$S_{Cc} = 0^k$

由 c 點之平衡知：$S_{Bc} = 0^k$

由 B 點之平衡知：$S_{Bb} = 0^k$

由 b 點之平衡知：$S_{Ab} = 0^k$

從以上之分析可知：$S_{Bb} = 0^k$，$S_{Bc} = 0^k$

4-3 分析桁架桿件內力之常用方法

為配合各型桁架桿件之內力分析，本節將常用的**節點法**（method of joint）、**斷面法**（method of section）及**節點法配合斷面法**，逐一陳述於下。至於**迴路法**與**代替桿件法**（method of substitude member）將於複雜桁架的分析過程中再加以說明。

4-3-1 節點法

由於平面桁架之節點自由體屬平面共點力系，因此每一節點自由體可列出兩個靜力平衡方程式（較常採用$\Sigma F_x = 0$及$\Sigma F_y = 0$），所以在節點法中，每次應選擇未知力不超過兩個的節點為自由體，來完成桿件內力之分析。

在所取的節點自由體上，未知的桿件內力可先假設為拉力（即正值），若算出的結果為負，則表桿件的內力為壓力。

4-3-2 斷面法

將桁架自某部分（此部分很可能包含欲求內力之桿件）切開，然後取出自由體，並應用該自由體之平衡條件來計算桿件之內力。由於平面力系的平衡方程式有三個，因此對斷面法而言，雖然每次所切斷的桿件個數不受限制，但在所切斷的桿件中，仍須限制最多僅三根桿件的內力為未知（但特殊桁架，如K桁架，則例外），且此三根桿件之內力作用線不得相互平行或交會於一點。另外，在每次的切開過程中，同一桿件不得切過兩次，否則此桿件無法由平衡方程式解得。

斷面法多用於求解某些特定桿件之內力。在切開的斷面上，除欲求的桿件外，其餘內力為未知的桿件若相互平行，則可利用**剪力法**（$\Sigma F = 0$）來解出此欲求桿件的內力。現以圖 4-8 所示的桁架為例，說明如何應用剪力法來解桿件

內力 S_a ：

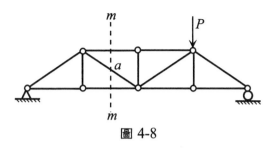

圖 4-8

　　當支承反力求出後，即可取 $m-m$ 切斷面的左側（或右側）桁架為自由體，由 $\Sigma F_y = 0$，即可解出欲求的桿件內力 S_a。

　　另外，在切開的斷面上，除欲求的桿件外，其餘內力為未知的桿件若其作用線交會於一點，則可利用**彎矩法**（$\Sigma M = 0$）來解出此欲求桿件的內力。現以圖 4-9 所示的桁架為例，來說明如何應用彎矩法求解桿件內力 S_{ac} 及 S_{ab}：

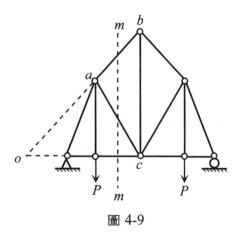

圖 4-9

　　當支承反力求出後，即可取 $m-m$ 切斷面的左側（或右側）桁架為自由體，由 $\Sigma M_o = 0$ 可解出欲求的桿件內力 S_{ac}（為計算方便，S_{ac} 可先在 c 點分解成水平及垂直的分力）。同理，再由 $\Sigma M_c = 0$ 可解出欲求的桿件內力 S_{ab}（S_{ab} 可先在 b 點分解成水平及垂直的分力）。

圖 4-10 所示為桁架結構中，一般常用的斷面切開法。

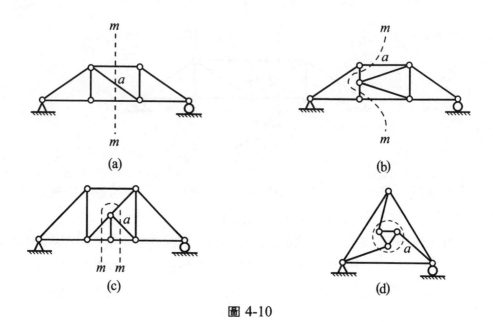

圖 4-10

4-3-3 　節點法配合斷面法

對於單獨使用節點法或斷面法難以完成分析的桁架，有時可相互配合使用節點法與斷面法來完成桁架的分析。這種節點法與斷面法相互配合使用的方法謂之節點法配合斷面法。

4-4　簡單桁架之分析

　　將三根桁架桿件以樞釘鉸接成一基本三角形（即基本的桁架剛性單元），然後再按照每增加二桿件（此二桿件必須不共線）就增加一新節點之方式，即可組成簡單桁架。

　　簡單桁架可藉由節點法來完成全部桿件之內力分析，但若僅分析某些特定桿件之內力時，則可採用斷面法或節點法配合斷面法來進行分析。

　　應用節點法來分析簡單桁架時，一般來說，可依桁架節點的相反組成次序來取節點自由體，以保持求解的節點自由體上其未知力不超過兩個。依據桁架的組成，有時可不必求解支承反力，或僅求解部分支承反力，即可完成桿件之內力分析。

例題 4-3

下圖所示之桁架結構，試以節點法分析各桿件之內力。

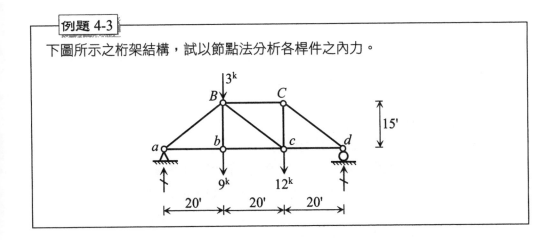

解

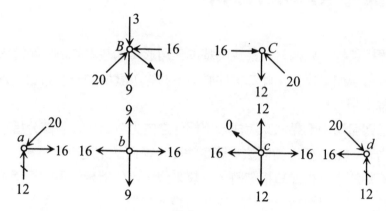

單位：k

(1)判斷零桿件

此桁架結構無零桿件

(2)求解支承反力

此桁架可依序取 d 點、C 點、c 點、b 點及 B 點為自由體，依節點法即可完成各桿件之內力分析，因此僅求解支承反力 R_d 即可。

取整體桁架為自由體，由

$$\Sigma M_a = 0 ; 解得 R_d = 12^k （ ↕ ）$$

(3)依次取節點自由體，完成各桿件之內力分析

依據一個節點自由體可解兩個未知桿件內力之原則，由平衡方程式 $\Sigma F_x = 0$ 及 $\Sigma F_y = 0$，依次求解 d 點、C 點、c 點、b 點及 B 點上的未知桿件內力，即可完成此桁架各桿件之內力分析。待求之桿件內力均假設為拉力（即正值），若算出之結果為負，則表示桿件之內力為壓力。

取 d 點為自由體，由

$$\xrightarrow{+} \Sigma F_x = 0 ， -S_{cd} - \frac{4}{5}S_{Cd} = 0^k \tag{①}$$

$$+\uparrow \Sigma F_y = 0 ， 12^k + \frac{3}{5}S_{Cd} = 0^k \tag{②}$$

聯立①、②式解得，$S_{Cd} = -20^k$（壓力），$S_{cd} = 16^k$（拉力）

取 C 點為自由體，由

$\xrightarrow{\pm} \Sigma F_x = 0$ ，$-S_{BC} - 16^k = 0^k$ ③

$+\uparrow \Sigma F_y = 0$ ，$12^k - S_{Cc} = 0^k$ ④

聯立③、④式，解得，$S_{BC} = -16^k$（壓力），$S_{Cc} = 12^k$（拉力）

取 c 點為自由體，由

$\xrightarrow{\pm} \Sigma F_x = 0$ ，$-S_{bc} + 16^k - \dfrac{4}{5} S_{Bc} = 0^k$ ⑤

$+\uparrow \Sigma F_y = 0$ ，$-12^k + 12^k + \dfrac{3}{5} S_{Bc} = 0^k$ ⑥

聯立⑤、⑥式解得，$S_{Bc} = 0^k$，$S_{bc} = 16^k$（拉力）

取 b 點為自由體，由

$\xrightarrow{\pm} \Sigma F_x = 0$ ，$16^k - S_{ab} = 0^k$ ⑦

$+\uparrow \Sigma F_y = 0$ ，$-9^k + S_{Bb} = 0^k$ ⑧

聯立⑦、⑧式解得，$S_{ab} = 16^k$（拉力），$S_{Bb} = 9^k$（拉力）

取 B 點為自由體，由

$\xrightarrow{\pm} \Sigma F_x = 0$ ，$-\dfrac{4}{5} S_{aB} - 16^k = 0^k$ ⑨

解得 $S_{aB} = -20^k$（壓力）

另外可由節點 a 求出支承反力 $R_{ax} = 0^k$ 及 $R_{ay} = 12^k$（↕）

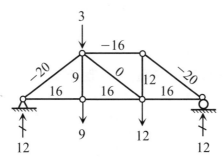

單位：k

例題 4-4

試以斷面法求下圖桁架結構中，BC 桿、bc 桿及 Bc 桿之內力。

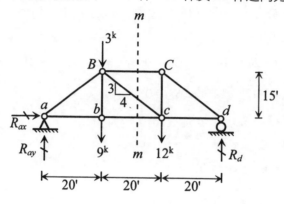

解

(1) 判斷零桿件

　　此桁架結構無零桿件

(2) 求解支承反力

　　取整體桁架為自由體，由 $\Sigma F_x = 0$；$\Sigma F_y = 0$ 及 $\Sigma M_a = 0$ 解得 $R_{ax} = 0^k$；$R_{ay} = 12^k$
　　（↑）；$R_d = 12^k$（↑）

(3) 求解 BC 桿、bc 桿及 Bc 桿之內力

　　取 $m-m$ 切斷面左側部分為自由體，如下圖所示

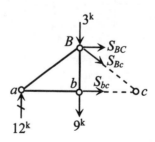

① 由彎矩法，取

　　　$+\circlearrowleft \Sigma M_c = 0$；$-(12^k)(40') + (3^k + 9^k)(20') - (S_{BC})(15') = 0^{k\text{-ft}}$

解得：$S_{BC} = -16^k$ （壓力）

$+\circlearrowleft \Sigma M_B = 0$ ；$-(12^k)(20') + (S_{bc})(15') = 0^{k\text{-}ft}$

解得：$S_{bc} = +16^k$ （拉力）

②由剪力法，取

$+\uparrow \Sigma F_y = 0$ ；$(12^k) - (3^k + 9^k) - (\frac{3}{5}S_{Bc}) = 0^k$

解得：$S_{Bc} = 0^k$

例題 4-5

求下圖所示桁架各桿軸力。

（圖）

解

(1)判斷零桿件

此桁架結構無零桿件

(2)求解支承反力

此桁架可依序取 D 點、E 點、C 點及 B 點為自由體，依節點法即可完成各桿

件之內力分析，故無需先求得各支承反力。

(3)完成各桿件之內力分析

由節點法，取平衡方程式 $\Sigma F_x = 0$ 及 $\Sigma F_y = 0$，依次求解 D 點、E 點、C 點及 B 點上的未知桿件內力，即可完成此桁架各桿件之內力分析。

取 D 點為自由體，由

$$\xrightarrow{+} \Sigma F_x = 0 \text{ , } -\frac{1}{\sqrt{2}}S_{DC} - S_{DE} = 0^t \tag{①}$$

$$+\uparrow \Sigma F_y = 0 \text{ , } -\frac{1}{\sqrt{2}}S_{DC} - 10^t = 0^t \tag{②}$$

聯立①、②式，解得 $S_{DC} = -10\sqrt{2}^t$（壓力），$S_{DE} = -10^t$（壓力）

取 E 點為自由體，由

$$\xrightarrow{+} \Sigma F_x = 0 \text{ , } 10^t - \frac{1}{\sqrt{2}}S_{EA} = 0^t \tag{③}$$

$$+\uparrow \Sigma F_y = 0 \text{ , } -\frac{1}{\sqrt{2}}S_{EA} - S_{EB} = 0^t \tag{④}$$

聯立③、④式解得 $S_{EA} = 10\sqrt{2}^t$（拉力），$S_{EB} = -10^t$（壓力）

取 C 點為自由體，由

$$\xrightarrow{+} \Sigma F_x = 0 \text{ , } 5^t - 10^t + \frac{2}{\sqrt{5}}S_{CB} = 0^t \tag{⑤}$$

$$+\uparrow \Sigma F_y = 0 \text{ , } -10^t - S_{CA} - \frac{1}{\sqrt{5}}S_{CB} = 0^t \tag{⑥}$$

聯立⑤、⑥式解得 $S_{CB} = 2.5\sqrt{5}^t$（拉力），$S_{CA} = -12.5^t$（壓力）

取 B 點為自由體，由

$$\xrightarrow{+} \Sigma F_x = 0 \text{ , } -5^t - S_{AB} = 0^t \tag{⑦}$$

由⑦式解得 $S_{AB} = -5^t$（壓力）

另外，再同 A 點及 B 點可求出支承反力 $R_{AX} = 5^t$（←），$R_{AY} = 2.5^t$（↑），$R_B = 7.5^t$（↕）

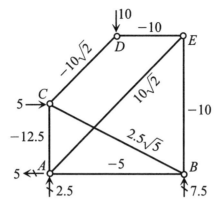

單位：t

例題 4-6

請分析下圖所示桁架中各桿件之內力。

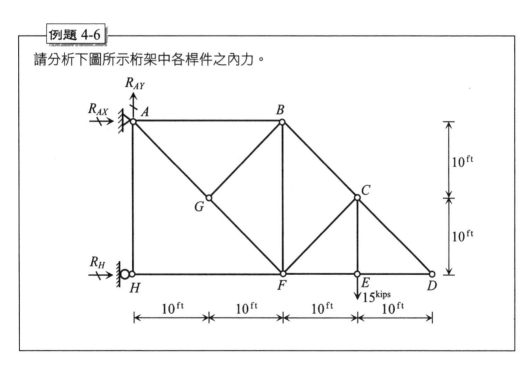

解

(1)判斷零桿件

　　AH 桿、BG 桿、DE 桿、CD 桿及 EF 桿均為零桿件

(2)求解支承反力

　　不計零桿件，由節點法依次求解 E 點、C 點、B 點及 F 點上未知的桿件內力，即可完成分析，故勿需先求得各支承反力。

(3)完成各桿件之內力分析

　　不計零桿件後，由節點法，取平衡方程式$\Sigma F_x = 0$及$\Sigma F_y = 0$，依次求解E點，C點、B點及 F 點上未知的桿件內力，即可完成此桁架各桿件內力之分析。

　　另外，可分別由 A 點及 H 點再求出支承反力$R_{AX} = 22.5^{kips}$（←）；$R_{AY} = 15^{kips}$（↑）及$R_H = 22.5^{kips}$（→）

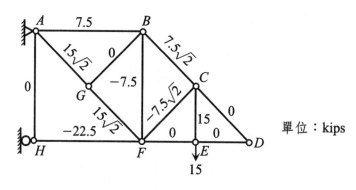

單位：kips

例題 4-7

試解 a、b、c 桿內力。

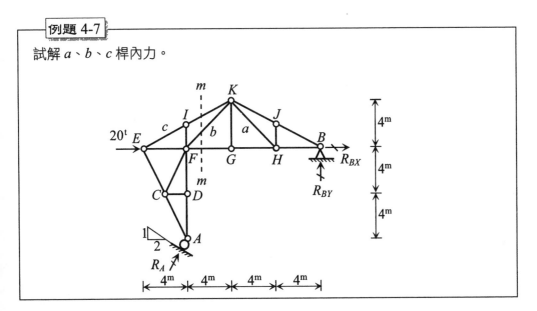

解

(1) 判斷零桿件

　CD 桿、CF 桿、FI 桿、GK 桿、HK 桿、HJ 桿均為零桿件，故 $S_a = 0^t$

(2) 求解支承反力

　取整體桁架為自由體，由

　$+\curvearrowright \Sigma M_B = 0$ ；得 $R_A = 0^t$

　$+\uparrow \Sigma F_y = 0$ ；得 $R_{BY} = 0^t$

　$+\longrightarrow \Sigma F_x = 0$ ；得 $R_{BX} = -20^t$ （←）

(3) 求解 b 桿及 c 桿之內力

　不計零桿件，取 $m-m$ 切斷面右側之桁架為自由體：

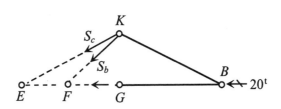

由彎矩法，取

$+\curvearrowright \sum M_E = 0$；得 $S_b = 0^t$

$+\curvearrowright \sum M_F = 0$；得 $S_c = 0^t$

故知 $S_a = S_b = S_c = 0^t$

例題 4-8

試述理想桁架與實際桁架之基本差異。

解

二者之基本差異為：

(1)理想桁架之節點為各桿件在其兩端以光滑無摩擦之樞釘鉸接而形成；而實際桁架之節點則具有一定程度的剛性（非完全光滑無摩擦）。

(2)實際桁架桿件兩端點之連線不可能完全與桿件的形心軸重合。

(3)在實際桁架中載重非僅作用於節點上（例如桿件自重、風荷載等）。

(4)按理想桁架之假定所算得之應力，稱為主應力。在實際桁架桿件中，除主應力外尚有上述一些因素所產生的附加應力，稱為次應力。在一般情況下，次應力的影響不大，而往往可以忽略不計。對於必須考慮次應力的桁架而言，應將各節點視為剛性節點而按剛架來分析。

例題 4-9

試解下圖之桁架，並在答案紙上作此桁架圖，將所求得之各桿力寫在對應桿件之旁。

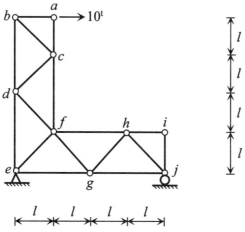

解

此為一簡單桁架，可由節點法，依次取 a 點、b 點、c 點、d 點、e 點、f 點、g 點、h 點、i 點為自由體，即可求得所有桿件內力。

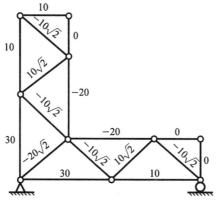

（單位：t）正表拉力，負表壓力

例題 4-10

如下圖所示之桁架，試求 HF、DF、DE 等桿之桿力。

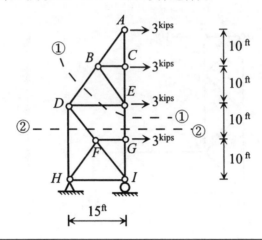

解

此為一簡單桁架

(1)取①－①切斷面上側桁架為自由體，由

　　$\Sigma M_A = 0$，解得 $S_{DE} = 4.5^{kips}$（拉力）

(2)取②－②切斷面上側桁架為自由體，由

　　$\Sigma F_X = 0$，解得 $S_{DF} = -15^{kips}$（拉力）

(3)取節點 G 為自由體，由

　　$\Sigma F_X = 0$，解得 $S_{FG} = 3^{kips}$（拉力）

　　再取節點 F 為自由體，如下圖所示

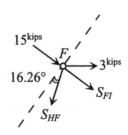

由$(S_{HF})(\cos16.26°)=\dfrac{4}{5}$（ 3^{kips} ）

解得$S_{HF}=2.5^{\text{kips}}$（拉力）

例題 4-11

如下圖所示的 K 式桁架中，

(1)在 BC 格間內，證明斜腹桿 1 及斜腹桿 2 之垂直分力（分別為 V_1 及 V_2）須滿足

$$\frac{V_1}{h_1}=\frac{-V_2}{h_2}$$

(2)證明$V_1 = -(\dfrac{h_1}{h_1+h_2})V_{AB}$；$V_2 =(\dfrac{h_2}{h_1+h_2})V_{AB}$，$V_{AB}$ 表 AB 格間之正剪力。

(3)證明垂直腹桿之內力$S_3 =(\dfrac{h_1}{h_1+h_2})V_{AB}$。

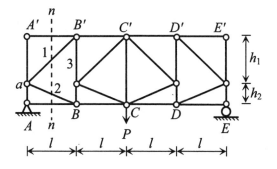

解

(1)設斜腹桿 1 在垂直方向之分力為 V_1，在水平方向之分力為 H_1；斜腹桿 2 在垂直方向之分力為 V_2，在水平方向之分力為 H_2。

取節點 a 為自由體，如圖(a)所示

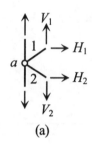

(a)

由 $\Sigma F_x = 0$；得 $H_1 = -H_2$ ①

再由幾何關係知

$$\frac{V_1}{H_1} = \frac{h_1}{l} \text{，即} H_1 = V_1 \frac{l}{h_1} \qquad ②$$

$$\frac{V_2}{H_2} = \frac{h_2}{l} \text{，即} H_2 = V_2 \frac{l}{h_2} \qquad ③$$

將②式及③式代入①式，即可得

$$\frac{V_1}{h_1} = \frac{-V_2}{h_2} \qquad ④$$

(2)取 $n-n$ 切斷面左側桁架為自由體，如圖(b)所示，其中 V_{AB} 表 AB 格間中之正剪力，亦即

$$V_{AB} = -V_1 + V_2 \qquad ⑤$$

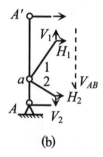

(b)

由④式知，$V_2 = -\dfrac{V_1}{h_1} h_2$，代入⑤式得

$$V_1 = -(\frac{h_1}{h_1 + h_2}) V_{AB} \qquad ⑥$$

最後再將⑥式代入⑤式，即可得出

$$V_2 = +(\frac{h_2}{h_1 + h_2}) V_{AB} \qquad ⑦$$

(3)取節點 B' 為自由體，如圖(c)所示

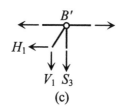

(c)

由 $\Sigma F_y = 0$；得 $S_3 = -V_1 = (\dfrac{h_1}{h_1+h_2})V_{AB}$

討論 1

在⑥式中，等號右邊的負號表示 AB 格間中的正剪力 V_{AB} 將使斜腹桿 1 產生壓應力；同理，在⑦式中，等號右邊的正號表示 AB 格間中的正剪力 V_{AB} 將使斜腹桿 2 產生拉應力。

討論 2

由此例題可得出 K 式桁架的力學特性為：

(1)斜桿內力 $= \left(\dfrac{斜桿長}{桁架高}\right) \times (格間剪力)$ (4.1)

(2)當垂直腹桿的節點上無外力作用時，垂直腹桿內力

$= \left(\dfrac{垂直腹桿長}{桁架高}\right) \times (格間剪力)$ (4.2)

至於桿件內力為正或為負，可由格間剪力來判定。

4-5 複合桁架之分析

複合桁架是由兩個（或兩個以上）簡單桁架，經由不平行、不共點之三連桿連結而成的結構，由於桿件內力無法由節點法全部求出，因此尚需配合斷面法來進行分析，其基本分析方法可分為：

⑴當分析全部桿件之內力時

去除零桿件後，若可應用節點法完成全部桿件之內力分析，則應用之；否則，將採下述之節點法配合斷面法，來完成全部桿件之內力分析：

首先應用斷面法切開三連桿，將桁架分成兩個自由體（是為 partial truss free body），然後應用平衡條件求出三連桿中任一桿之內力（或將三連桿之內力全部求出），然後再應用節點法完成其餘桿件之內力分析。

在圖 4-11 所列舉的幾個複合桁架中，虛線即表示三連桿的切斷形式。在圖 4-11(a)、(b)、(c)中，abc 及 def 表示由三連桿（即 ad 桿、bf 桿及 ce 桿）所連結的兩個簡單桁架。在圖 4-11(d)中 abc 及 bde 表示由 b 節點（功同不平行之二連桿）及 ce 桿所連結的兩個簡單桁架。

現以圖 4-12(a)所示的複合桁架為例，來說明節點法配合斷面之應用：

圖 4-12(a)所示之複合桁架係由兩個簡單桁架 abc 與 def 藉由三連桿（即 ad 桿、be 桿及 cf 桿）連結而成，由於無法應用節點法完成所有桿件內力之分析，因此需配合斷面法的應用。茲以 m－m 切斷面將 ad，be 及 cf 三連桿切斷，再取上側桁架為自由體，如圖 4-12(b)所示，由

$\Sigma M_0 = 0$，解得 $S_{ad} = 8^{kN}$（拉力）

由於 S_{ad} 已求得，所以可由節點法完成所有桿件之內力分析，結果如圖 4-12(c)所示。

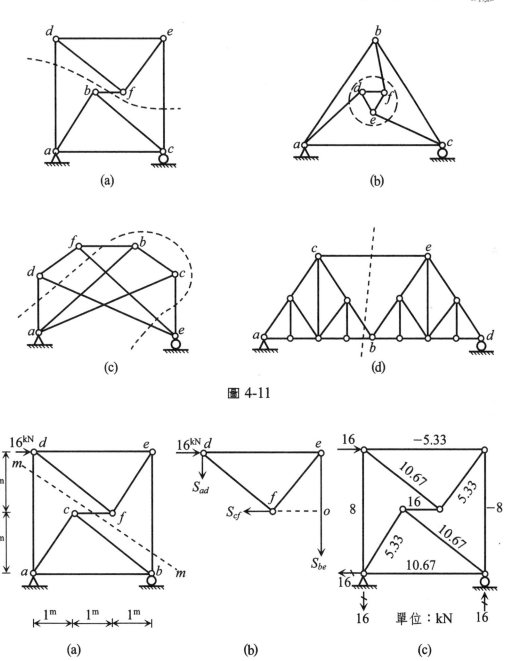

圖 4-11

圖 4-12

(2)當分析某些特定桿件之內力時

去除零桿件後，若可應用節點法或斷面法完成分析，則應用之；否則，必須採用節點法配合斷面法來完成分析。

例題 4-12

有一複合桁架（compound truss）承受一 500000kg 之外力，如下圖所示。請算出所有桿件所承受之內力。

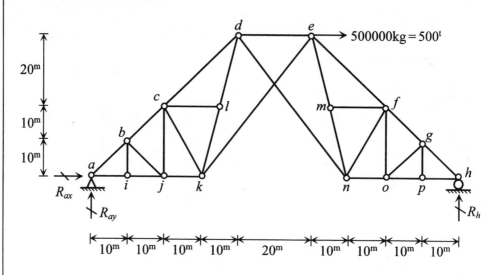

解

(1)判斷零桿件

bi 桿、*bj* 桿、*cj* 桿、*ck* 桿、*cl* 桿、*fm* 桿、*fn* 桿、*fo* 桿、*go* 桿、*gp* 桿均為零桿件。

(2)求解支承反力

不計零桿件，當支承反力 R_h 求得後，可由節點法依次求解 *h* 點、*n* 點、*e* 點、*d* 點及 *k* 點上未知的桿件內力，如此即可完成分析，故勿需先求 *a* 點處之支承反力。

取整體桁架為自由體，由

$\Sigma M_a = 0$，解得$R_h = 200^t$（↑）

(3)完成各桿件之內力分析

　　不計零桿件後，由節點法，取平衡方程式 $\Sigma F_x = 0$ 及 $\Sigma F_y = 0$，依次求解 h 點、n 點、e 點、d 點及 k 點上未知的桿件內力，即可完成此桁架各桿件內力之分析。另外，由 a 點自由體，可藉由平衡方程式求得支承反力 $R_{ax} = 500^t$（←）及$R_{ay} = 200^t$（↓）。

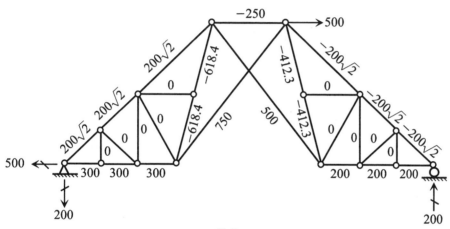

單位：t

例題 4-13

試求圖示桁架中之 i 桿及 j 桿之內力。

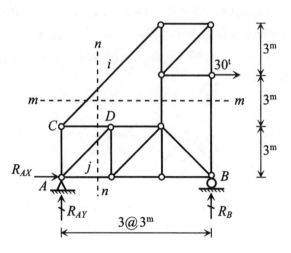

解

(1)判斷零桿件

　　此桁架無零桿件

(2)求解支承反力

　　取整個桁架為自由體,由三個靜力平衡方程式($\Sigma F_x = 0$、$\Sigma F_y = 0$ 及 $\Sigma M_A = 0$),即可解出支承反力

　　$R_{AX} = 30^t$ ($\leftarrow$);$R_{AY} = 20^t$ ($\downarrow$);$R_B = 20^t$ ($\uparrow$)

(3)求解 i 桿及 j 桿之內力

　　首先取 $m-m$ 切斷面上側之桁架為自由體,如圖(a)所示

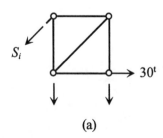

(a)

由剪力法，取

$$\overset{+}{\to} \Sigma F_x = 0 ; (30^t) - (\frac{1}{\sqrt{2}} S_i) = 0^t$$

解得：$S_i = 30\sqrt{2}^{\,t}$（拉力）

當 i 桿件之內力求得後，再取 $n-n$ 切斷面之左側桁架為自由體，如圖(b)所示

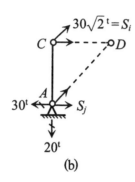

(b)

將 $S_i = 30\sqrt{2}^{\,t}$ 在 C 點分解成水平的 30^t 及垂直的 30^t

再由彎矩法，取

$$+\, \Sigma M_D = 0 ; -(30^t)(3^m) - (30^t)(3^m) + (20^t)(3^m) + (S_j)(3^m) \doteq 0^{t\text{-}m}$$

解得：$S_j = 40^t$（拉力）

例題 4-14

如圖示，求各桿之內力。

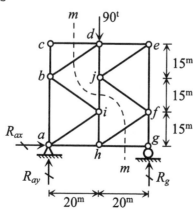

解

此複合桁架是由兩個簡單桁架 *abih* 和 *defj* 藉著桿件 *ij* 及兩個簡單桁架 *bcd* 和 *fgh* 連結而成。

(1)判斷零桿件

S_{cb} 桿、S_{cd} 桿及 S_{gh} 桿均為零桿件。

(2)求解支承反力

取整個桁架為自由體,由三個靜力平衡方程式($\Sigma F_x = 0$;$\Sigma F_y = 0$ 及 $\Sigma M_a = 0$)即可解出支承反力:

$R_{ax} = 0^t$;$R_{ay} = 45^t$($\uparrow$);$R_g = 45^t$($\uparrow$)

(3)完成各桿件之內力分析

當分析全部桿件之內力時,先去除零桿件,接著再由節點法配合斷面法來進行分析。

首先由 *m—m* 切斷面切開各連桿(即切開 *ij* 桿及簡單桁架 *bcd* 和 *fgh*),再取 *m－m* 切斷面之左側桁架為自由體,如圖(a)所示

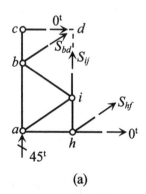

(a)

將 S_{bd} 在 *d* 點分解成水平的($\frac{4}{5}S_{bd}$)及垂直的($\frac{3}{5}S_{bd}$),

由彎矩法,取:

$+\circlearrowleft \Sigma M_h = 0$;$-(45^t)(20^m) - (\frac{4}{5}S_{bd})(45^m) = 0^{t\text{-}m}$

解得 $S_{bd} = -25^t$(壓力)

其餘桿件內力則可由節點法逐一解出,其結果如圖(b)所示

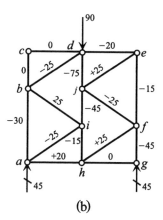

(b)

單位：k

例題 4-15

試分析下圖桁架結構中 df 桿之內力。

解

在原桁架中，d 點之功用如同兩根不平行的連桿，而 a、b 間的連桿由支承 a 與支承 b 的橫向約束代替，故此桁架為一複合桁架。

(1)判斷零桿件

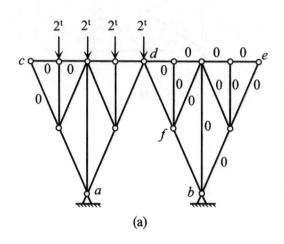

(a)

所有零桿件均標示於圖(a)中。

(2)求解支承反力

桁架 bde 部分為二力物體，故支承反力 R_b 之作用線必通過 b、d 兩點，因此可將 R_b 分解成水平的 $(\frac{1}{\sqrt{10}}R_b)$ 及垂直的 $(\frac{3}{\sqrt{10}}R_b)$。

去除零桿件後，由 bfd 自由體（如圖(b)所示）知，S_{df} 與 R_d 必大小相等、方向相反且作用在同一直線（即 bfd 直線）上。

(b)

因此，只要求得 R_b 即可得出 S_{df}。現取整個桁架為自由體，由

$$+\curvearrowleft \Sigma M_a = 0 \ ; \ (\frac{3}{\sqrt{10}}R_b) \ (4^m) + (2^t) \ (1^m) - (2^t) \ (1^m) - (2^t) \ (2^m) = 0^{t\text{-}m}$$

解得：$R_b = \frac{\sqrt{10}^t}{3} = 1.054^t$（↖）

(3)求解 df 桿之內力

由以上分析可知，

$S_{df} = -1.054^t$（壓力）

討論

此桁架可視為一三鉸拱結構

試分析下圖所示桁架結構之支承反力與 *dg* 桿件之內力。

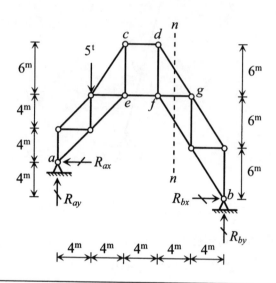

解

此桁架是藉由 *cd* 連桿、*ef* 連桿及 *a*、*b* 鉸支承間的相對約束（相當於一連桿）來連結 *ace* 及 *bfdg* 兩個簡單桁架所組成，因此是為一複合桁架。

(1)判斷零桿件

　　此桁架無零桿件

(2)求解支承反力

　　待求之支承反力有 4 個，因此除了 3 個靜力平衡方程式外，尚需 1 個條件方程式。

　　cd 桿件與 *ef* 桿件可視為一導向接續，可提供一個條件方程式。現將 *cd* 桿件及 *ef* 桿件切斷，取 *bfdg* 部分為自由體，如圖(a)所示，則條件方程式為：

$$+\uparrow \overset{bdfg}{\sum} F_y = 0 \;;\; 得出 R_{by} = 0^t$$

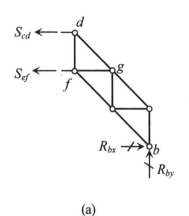

(a)

再取整個桁架為自由體，由靜力平衡方程式得：

$\overset{+}{\rightarrow} \Sigma F_x = 0$; $-R_{ax} + R_{bx} = 0^t$ ①

$+\uparrow \Sigma F_y = 0$; $R_{ay} + R_{by} - 5^t = 0^t$ ②

$+\dcurvearrowright \Sigma M_a = 0$; $-(5^t)(4^m) + (R_{bx})(4^m) + (R_{by})(20^m) = 0^{t\text{-}m}$ ③

將$R_{by} = 0^t$代回①至③式，並聯立解，得

$R_{ax} = 5^t$ $(\leftarrow)$; $R_{ay} = 5^t$ $(\updownarrow)$; $R_{bx} = 5^t$ $(\rightarrow)$

(3)求解 dg 桿件之內力

由斷面法，取 $n-n$ 切斷面右側之桁架為自由體，如圖(b)所示，並將S_{dg}在 g

點處分解成水平的（$\dfrac{4}{\sqrt{52}}S_{dg}$）及垂直的（$\dfrac{6}{\sqrt{52}}S_{dg}$），由彎矩法，取

$+\dcurvearrowright M_f = 0$，$(5^t)(12^m) + (\dfrac{6}{\sqrt{52}}S_{dg})(4^m) = 0^{t\text{-}m}$

解得$S_{dg} = -18.025^t$（壓力）

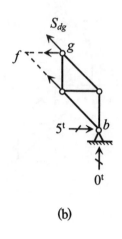

(b)

4-6　次桁架之分析觀念

在圖 4-13(a)所示之複合桁架中，簡單桁架 *defg* 謂之次桁架（secondary truss），其功能與特性如下：

(1)若次桁架 *defg* 本身無外荷重作用，則其功能如同一根連桿，而有著二力物體之特性。其分析方法如下：

　①將次桁架 *defg* 分離出來，並在原桁架中以桿件 *de* 代替次桁架 *defg*，如圖 4-13(b)所示。

　②取 *m* − *m* 切斷面左側（或右側）桁架為自由體，由 $\Sigma M_c = 0$，解出 S_{de}。

　③S_{de} 求得後，即可由節點法解出其餘各桿件之內力。

(2)若次桁架 *defg* 本身有外載重作用，則其功能不但如同連桿，同時亦將所承受之外載重傳至兩端之節點上。其分析方法如下：

　①將次桁架 *defg* 分離出來，並在原桁架中以桿件 *de* 代替次桁架 *defg*，如

圖 4-13(c)所示。並求出次桁架 *defg* 兩端節點上之反力。

②取 *m* − *m* 切斷面左側（或右側）桁架為自由體，由 $\Sigma M_c = 0$，解出 S_{de}。

③ S_{de} 求得後，即可由節點法解出其餘各桿件之內力。

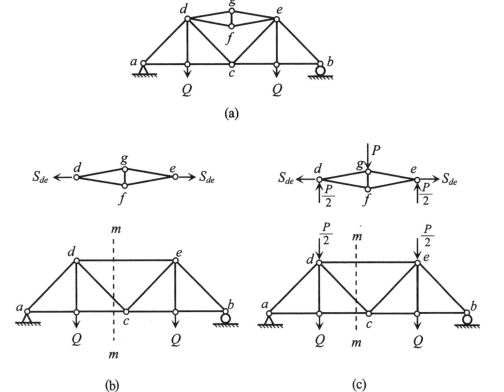

圖 4-13

（討論）

次桁架不僅可用以取代複合桁架中之連桿，亦可用以取代一般桁架中之桿件。

例題 4-17

試敘述如何分析下圖之桁架結構。

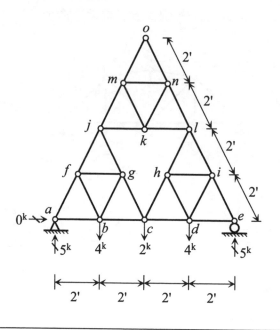

解

此桁架結構為一複合桁架。分析桿件內力時，宜採節點法並配合斷面法。次桁架 jlo 其上無荷重，因此功能如同一根連桿。現將次桁架 jlo 分離出來，並在原桁架中以 jl 桿件代替次桁架 jlo，如圖(a)所示。

在 jlo 部分中，僅有 S_{jl} 存在（因為 jlo 功同一連桿），故桿件 jm、km、kn、ln、mn、mo 及 no 均為零桿件。

在 $aelj$ 部分中，取 $n'-n'$ 切斷面左側桁架為自由體，由 $\Sigma M_c = 0$，解得 $S_{jl} = -3.46^k$。

其餘各桿件之內力，可由節點法逐一解得。

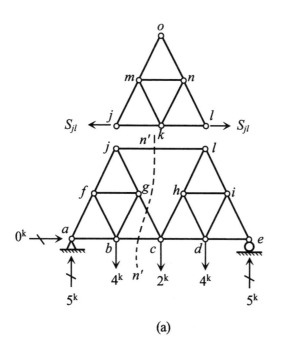

(a)

例題 4-18

試求桁架中各桿件之軸力。

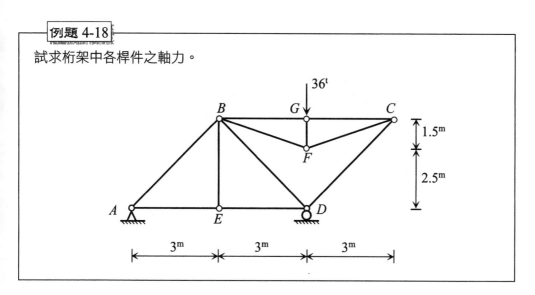

解

此為一複合桁架，其中 $BCFG$ 桁架可視為一次桁架。

(1)求解支承反力，並判斷零桿件

由 $\Sigma M_A = 0$，得 $R_D = 36^t$（↑）

由 $\Sigma F_y = 0$，得 $R_{AY} = 0^t$

由 $\Sigma F_x = 0$，得 $R_{AX} = 0^t$

而 AE 桿、AB 桿、EB 桿及 ED 桿均為零桿件。

(2)分離出次桁架 $BCFG$，並在原桁架中以桿件 BC 代替次桁架 $BCFG$，如下圖所示。

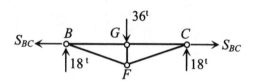

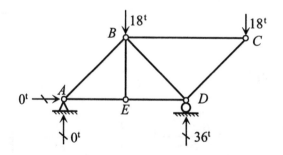

(3)在 $ABCDE$ 桁架部分，取節點 B 為自由體，由平衡方程式：

$\Sigma F_x = 0$ 及 $\Sigma F_y = 0$，解得 $S_{BD} = -22.5^t$（壓力），$S_{BC} = 13.5^t$（拉力），再取節點 C 為自由體，由 $\Sigma F_x = 0$，解得 $S_{CD} = -22.5^t$（壓力）。

(4)在 $BCFG$ 次桁架部分，由於此部分為一對稱桁架，因此當 S_{BC} 求得後，由節點法依序求解 B 點、G 點可得出：

$$S_{FG} = -36^t \text{（壓力）}$$

$$S_{BG} = S_{CG} = -22.5^t \text{（壓力）}$$

$$S_{BF} = S_{CF} = 40.25^t \text{（壓力）}$$

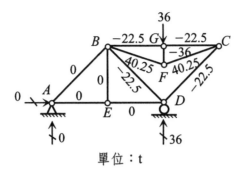

單位：t

討論

此複合桁架原為一簡單桁架（即 *ABCDE* 桁架），若以 *BCFG* 桁架取代 *BC* 桿件，則就形成複合桁架，因此本題可按一般複合桁架的解法來分析，亦可將 *BCFG* 桁架視為一次桁架來分析。

例題 4-19

試求下圖桁架中 *a* 桿及 *b* 桿之內力。

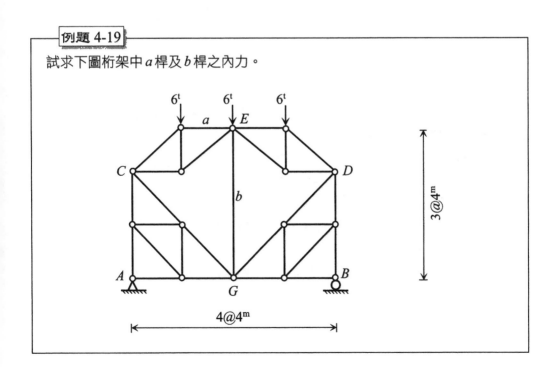

解

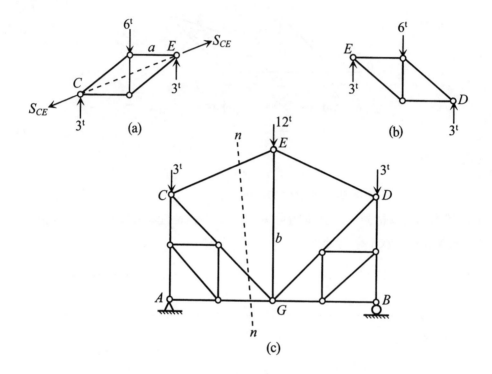

(a)

(b)

(c)

此為一複合桁架，將次桁架分離，並分別以桿件 CE 及桿件 DE 代替之，則原桁架可簡化為圖(c)所示之桁架。

(1)在圖(c)所示之桁架中

取 $n-n$ 切斷面左側桁架為自由體，由

$\Sigma M_G = 0$，解得 $S_{CE} = -2\sqrt{5}^t$（壓力）

再取 E 點為自由體，由節點法知 $S_b = -8^t$（壓力）

(2)在圖(a)所示之桁架中

已知 $S_{CE} = -2\sqrt{5}^t$，取 E 點為自由體，由節點法可知 $S_a = -5^t$（壓力）

例題 4-20

請判別此桁架,若為不穩定桁架,則請說明不穩的原因,不必進行計算分析之工作,如為穩定桁架,請求桁架中 $a \sim g$ 各桿之內力。

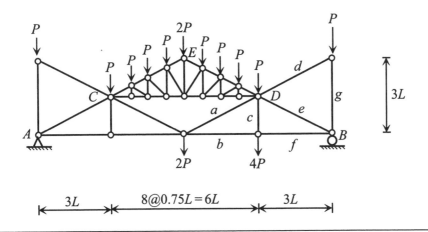

解

此為一穩定的複合桁架,其中 CDE 桁架可視為次桁架,將次桁架分離後,原桁架可簡化為圖(a)所示之簡單桁架。

由節點法,依次取 1 點,B 點,2 點,D 點為自由體即可解得

$S_a = 0$,$S_b = S_f = 18P$,$S_c = 4P$,$S_d = 0$,$S_e = -20.12P$,$S_g = -P$

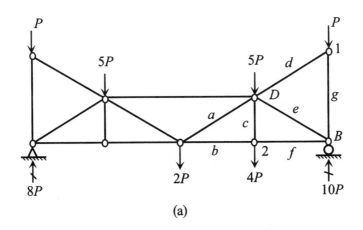

(a)

4-7 副桁架之分析觀念

桁架結構可於主桁架（main truss）中再加入副桁架（subdivided truss），以加強其功能。

圖4-14(a)所示之桁架可視為由主桁架（圖4-14(b)）與副桁架（圖4-14(c)）相疊加而成，其中主桁架為一簡單桁架，而副桁架為兩個相同之簡單桁架。

原桁架之桿件內力，可由主桁架之桿件內力與副桁架之桿件內力相疊加而得，但須注意主、副桁架上外力之配置。

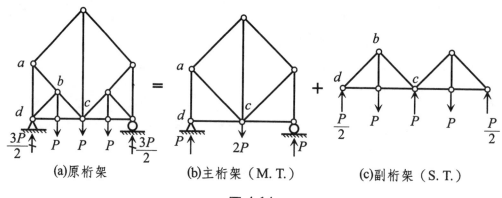

| (a)原桁架 | (b)主桁架（M. T.） | (c)副桁架（S. T.） |

圖 4-14

一般分析原則可整理如下：

(1)若所求桿件純為副桁架上之桿件時，則其內力由副桁架中分析求得，其方法為：將副桁架分離出來，並決定其上之荷重，當求得兩端節點上之反力後，即可由副桁架中解出欲求桿件之內力，如 *bd* 桿。

(2)若所求桿件純為主桁架上之桿件時，則其內力由主桁架中分析求得，其方法為：決定主桁架上之荷重，再解出欲求桿件之內力，如 *ab* 桿。

(3)若所求桿件同時為主桁架與副桁架上之桿件時，則其內力需由主桁架與副桁架之分析結果相疊加而得，如 *bc* 桿。

討論

若原桁架去除零桿件後，可由節點法或斷面法完成分析時，則應用之，否則可依上述之原則來進行分析。

例題 4-21

如圖所示桁架，試求 a、b 桿內力。

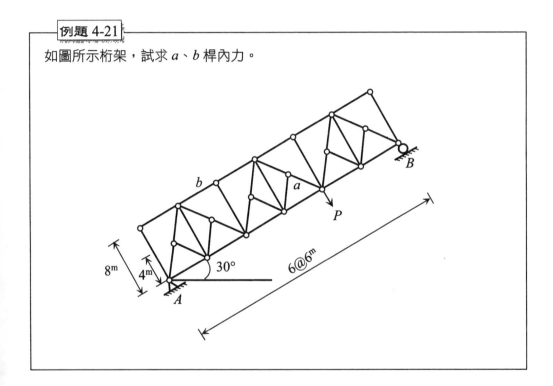

解

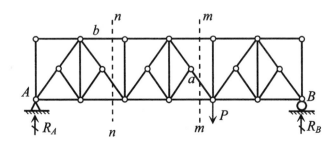

將整個結構順時針旋轉 $30°$，將不影響到結果。首先，求解支承反力：

$+\uparrow \Sigma F_y = 0$; $R_A + R_B - P = 0$

$+\curvearrowright \Sigma M_A = 0$; $(R_B)(36^m) - (P)(24^m) = 0$

聯立解得：

$$R_A = \frac{P}{3} \ (\uparrow) \ ; \ R_B = \frac{2}{3}P \ (\uparrow)$$

此桁架結構包含有主桁架與副桁架。

解法㈠：將主桁架與副桁架分離，如圖(a)及圖(b)所示

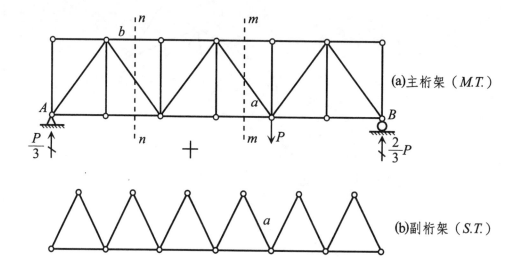

(a)主桁架（$M.T.$）

(b)副桁架（$S.T.$）

由分離後的主桁架與副桁架可知，主桁架為一上下弦桿平行的N式桁架，載重P僅作用在主桁架上，而副桁架上無載重，因此

$$S_a = S_{a(M.T.)} + S_{a(S.T.)} = S_{a(M.T.)} + 0 = S_{a(M.T.)}$$

$$S_b = S_{b(M.T.)}$$

故僅需分析主桁架即可。

於主桁架中，取$m-m$切斷面右側之桁架為自由體，如圖(c)所示

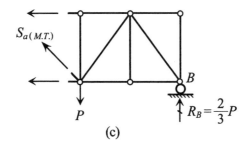

(c)

由剪力法，取

$$+\uparrow \Sigma F_y = 0 \text{ , } (\frac{4}{5}S_{a(M.T.)}) + \frac{2}{3}P - P = 0$$

解得$S_{a(M.T.)} = \frac{5}{12}P = S_a$（拉力）

另外，於主桁架中取 $n-n$ 切斷面左側之桁架結構為自由體，如圖(d)所示

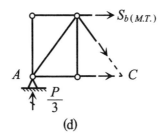

(d)

由彎矩法，取

$$+\curvearrowright \Sigma M_c = 0 \text{ ; } -(S_{b(M.T.)})(8^m) - (\frac{P}{3})(12^m) = 0$$

解得$S_{b(M.T.)} = -\frac{P}{2} = S_b$（壓力）

解法㈡：本題亦可直接由斷面法來分析

取 $m-m$ 切斷面右側之桁架為自由體，如圖(e)所示

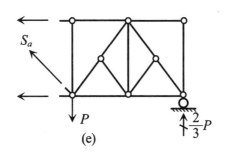

(e)

由剪力法，取

$$+\uparrow\Sigma F_y=0 \; ; \; (\frac{4}{5}S_a)+\frac{2}{3}P-P=0$$

解得 $S_a=\frac{5}{12}P$ （拉力）

再取 $n-n$ 切斷面左側之桁架為自由體，如圖(e)所示

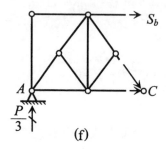

(f)

由彎矩法，取

$$+\circlearrowleft\Sigma M_c=0 \; ; \; -(S_b)(8^m)-(\frac{P}{3})(12^m)=0$$

解得 $S_b=-\frac{P}{2}$ （壓力）

例題 4-22

試分析下圖桁架結構中 cj 桿、dj 桿及 ej 桿之內力。

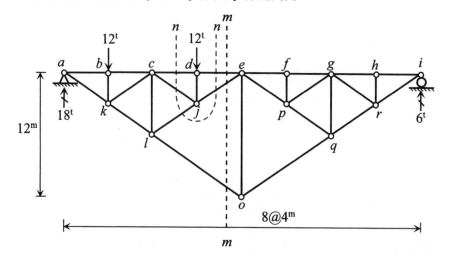

解

此複合桁架包含主桁架與副桁架，但所求之桿件內力恰可由一般之節點法或斷面法求得：

⑴判斷零桿件

　ep 桿、pq 桿、fp 桿、pg 桿、gq 桿、gr 桿、hr 桿均為零桿件。

⑵求解支承反力

　由 $\Sigma M_a = 0$，得 $R_i = 6^t$（↑）

　由 $\Sigma F_y = 0$，得 $R_a = 18^t$（↑）

⑶完成各桿件之內力分析

　取 $m-m$ 切斷面右側之桁架為自由體，如圖(a)所示

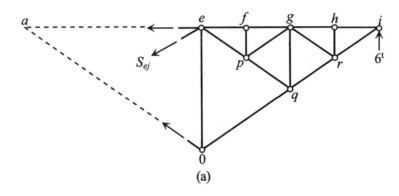

(a)

將 S_{ej} 在 e 點分解成垂直的（$\frac{3}{5}S_{ej}$）及水平的（$\frac{4}{5}S_{ej}$）

由彎矩法，取：

$$+\circlearrowleft \Sigma M_a = 0 \text{ ; } (6^t)(32^m) - (\frac{3}{5}S_{ej})(16^m) = 0^{t-m}$$

解得 $S_{ej} = 20^t$（拉力）

再由 $n-n$ 切斷面得自由體，如圖(b)所示

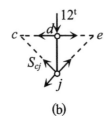

(b)

將S_{cj}在 c 點分解成垂直的（$\frac{3}{5}S_{cj}$）及水平的（$\frac{4}{5}S_{cj}$）

由彎矩法，取：

$$+\,\vec{\jmath}\,\Sigma M_e = 0\;;\;(12^t)(4^m) - (\tfrac{3}{5}S_{cj})(8^m) = 0^{t\text{-}m}$$

解得 $S_{cj} = 10^t$（拉力）

最後由節點法，取 d 點為自由體，由

$\Sigma F_y = 0$，得$S_{dj} = -12^t$（壓力）

（討論）

　　本題亦可由分離主桁架與副桁架之觀念來進行分析。

4-8　複雜桁架之分析

　　不屬簡單桁架或複合桁架之靜定桁架結構稱為複雜桁架。由於複雜桁架中，每一節點上往往均含有三根未知的桿件，因此在一般情況下，無法應用節點法或斷面法直接進行分析。

　　由於每個桁架節點可列出兩個平衡方程式，因此每個複雜桁架可列出 $2j$ 個聯立方程式（j 表桁架節點數），聯立解此 $2j$ 個方程式，即可求得所有桿件之內力，但聯立解的過程過於複雜（尤其是大型桁架），往往需藉助於電子計算機。基於這個原因，本節將介紹兩種較為直接的手算法，即迴路法與代替桿件法（substitude member method）來計算複雜桁架中桿件的內力。

　　複雜桁架若無法直接判別結構的穩定性時，可應用零載重試驗法來判別其穩定性。

4-8-1　迴路法

先假設某一桿件的內力為X，再循一迴路應用節點法依序完成此迴路上各桿件內力之分析，最後再以某節點的平衡式解出X值，進而可得出各桿件之真實內力。此法亦適用於求解複雜桁架中特定桿件之內力。

4-8-2　代替桿件法

將複雜桁架中某一桿件（桿件內力設為X）拆除，而另置一桿件於其他位置，使原來的複雜桁架成為一簡單桁架或複合桁架。由於此另置之桿件並非原有之桿件（為一虛擬桿件），因此在原載重及X聯合作用下其內力值應為零，藉由此條件即可解出未知桿件內力X，進而可解得其他各桿件之內力。代替桿件法即是所謂的 HENNEBERG'S 法。用代替桿件法分析複雜桁架的關鍵是在於拆除某桿件後，所選取的代替桿件應方便於所有桿件內力的計算。

討論 1

在某些特殊情況下，複雜桁架亦可採用節點法配合斷面法來進行分析。

討論 2

由上可知，每個複雜桁架可列出 $2j$ 個聯立方程式，若此聯立方程式的係數行列式值為零，則表此複雜桁架為一幾何不穩定之結構。

例題 4-23

試用迴路法求解下圖所示複雜桁架中桿件 bc 之內力。

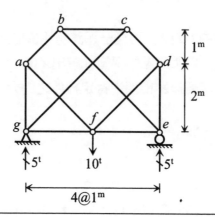

解

(1) 判斷零桿件

無零桿件

(2) 求解支承反力

結構對稱，因此 $R_{gy} = R_e = 5^t$（↕）

(3) 求解桿件 bc 之內力

先假定 gf 桿件之內力為 X，再應用節點法依次求解 g 點、c 點、b 點及 a 點上的未知桿件內力，完成 $g - c - b - a$ 迴路的分析，如下圖所示。

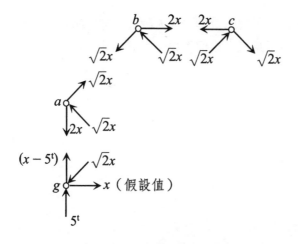

由於桁架桿件是為二力桿件，因此同一桿件中的內力值要相同，故由 ga 桿件中得：

$$(x - 5^t) = 2x$$

所以 $x = -5^t$（壓力）

最後由節點 b（或節點 c）知：

$$S_{bc} = 2x = 2(-5^t) = -10^t（壓力）$$

例題 4-24

敘述如何應用代替桿件法，來分析下圖中之複雜桁架。

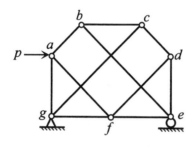

解

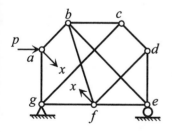

(a)原載重效應與 x 效應聯合作用（桿件內力以 S_i 表示）

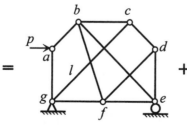

(b)原載重效應（桿件內力以 S_i' 表示）

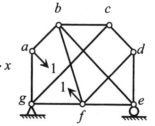

(c) x 效應（在單位力作用下，桿件內力以 ξ_i 表示）

將原桁架中之af桿件拆除，並以未知的桿件內力x代替之，現另置一bf桿件，使原桁架成為穩定的簡單桁架（如圖(a)所示），而此簡單桁架可視為由原載重效應與x效應聯合作用。

由於bf桿件並非原有之桁架桿件（為一虛擬桿件），因此其內力S_{bf}必須為零，由疊加原理可知：

$$S_{bf}=S'_{bf}+x\xi_{bf}=0$$

故　$x=-\dfrac{S'_{bf}}{\xi_{bf}}$

當x求出後，再由節點法即可解出其他桿件之內力。

例題 4-25

於下圖所示桁架結構中，試求AD桿件、DF桿件、EG桿件及BE桿件之內力。

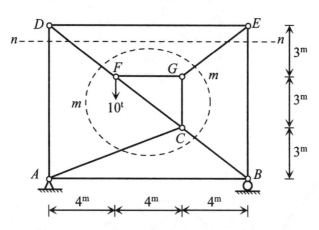

解

複雜桁架在特殊情況下，亦可採用節點法或配合斷面法來解題。

(1)判斷零桿件

　　無零桿件

(2)求解支承反力

　　本題若採用節點法並配合$m-m$切斷面及$n-n$切斷面來解題時，不必先行

求解支承反力。

(3)求解 AD 桿件、DF 桿件、EG 桿件及 BE 桿件之內力

取 m−m 切斷面內部桁架為自由體，如圖(a)所示

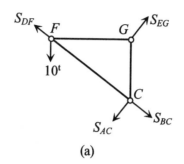

(a)

由 $\Sigma M_c = 0$；解得 $S_{EG} = 16.67^t$（張力）

再取 n−n 切斷面上部桁架為自由體，如圖(b)所示

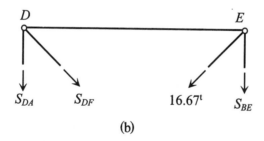

(b)

由 $\Sigma F_x = 0$；解得 $S_{DF} = 16.67^t$（張力）

再由節點 D，取 $\Sigma F_y = 0$，解得 $S_{DA} = -10^t$（壓力）

再由節點 E，取 $\Sigma F_y = 0$，解得 $S_{BE} = -10^t$（壓力）

4-9 多跨靜定桁架之分析

多跨靜定桁架往往是由基本部分與附屬部分所組成，因此力的傳遞關係與多跨靜定梁相同，即：

「作用在附屬部分的載重能使此附屬部分及相關的基本部分產生支承反力及桿件內力；而作用在基本部分的載重僅能使此基本部分產生支承反力及桿件內力」。

一般而言，對於多跨靜定桁架之分析亦是依循「**先解附屬部分再解基本部分**」的原則來進行。

例題 4-26

試解下圖所示桁架中 a、b、c、d、e 各桿件之內力

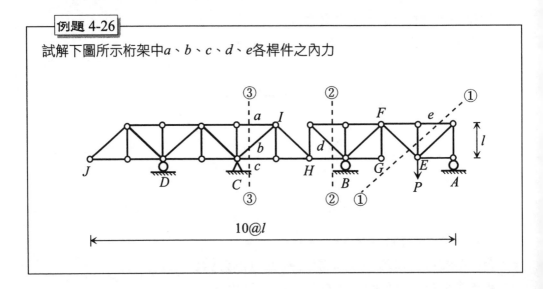

解

此為一多跨靜定桁架結構，$HCDJ$ 桁架為基本部分，而 GBH 桁架與 AEF 桁架分別為其左邊桁架之附屬部分。

(1)求Se

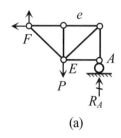

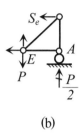

(a)　　　　　　　　　　　　　　(b)

取 AEF 桁架為自由體，如圖(a)所示，由條件方程式

$\overset{AEF}{\sum} M_F = 0$，解得$R_A = \dfrac{P}{2}$（↕）

再取①－①切斷面右側之桁架為自由體，如圖(b)所示，由彎矩法，取

$\sum M_E = 0$，解得$S_e = -\dfrac{P}{2}$（壓力）

(2)求S_d

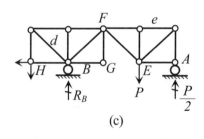

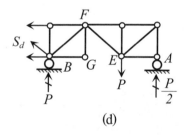

(c)　　　　　　　　　　　　　　(d)

取$AEGBH$部分為自由體，如圖(c)所示，由條件方程式

$\overset{AH}{\sum} M_H = 0$，解得$R_B = P$（↕）

再取②－②切斷面右側桁架為自由體，如圖(d)所示，由剪力法，取

$\sum F_y = 0$，解得$S_d = -\dfrac{\sqrt{2}}{2} P$（壓力）

(3)求S_a，S_b及S_c

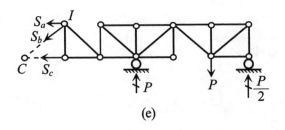

(e)

取③－③切斷面右側桁架為自由體，如圖(e)所示，由彎矩法，取

$\sum M_I = 0$，解得$S_c = \dfrac{P}{2}$（拉力）

$\sum M_C = 0$，解得$S_a = -P$（壓力）

由剪力法，取

$\sum F_y = 0$，解得$S_b = \dfrac{\sqrt{2}}{2}P$（拉力）

討論

　　由此例題可明顯看出，附屬部分受到載重作用時，附屬部分及相關基本部分均會受力。

例題 4-27

下圖所示為一多跨桁架，試求各支承反力及a、b、c、d、e桿件之內力。

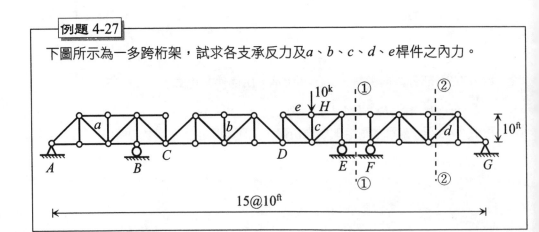

解

此桁架之組成分析如下：

ABC 桁架及 FG 桁架均為基本部分，DE 桁架為 FG 桁架之附屬部分，而 CD 桁架為 ABC 桁架及 $DEFG$ 桁架之共同附屬部分。

(1)由於 DE 桁架為 FG 桁架之附屬部分，因此當載重 10^k 作用在 DE 桁架時，僅 DE 桁架及 FG 桁架受力，而 ABC 桁架及 CD 桁架均不受力，由此可知

$$R_{AX} = R_{Ay} = R_B = 0^k$$

且 $S_a = S_b = 0^k$

(2)取 DE 桁架為自由體，如圖(a)所示

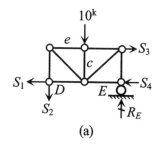

(a)

由於 CD 桁架不受力，由此可知 $S_1 = S_2 = 0^k$

另外再由零桿件的判別方法可判斷出 $S_e = 0^k$

此外，由 $\Sigma F_y = 0$，可解得 $R_E = 10^k$（$\updownarrow$）

由 $\Sigma M_E = 0$，可解得 $S_3 = 10^k$（$\rightarrow$）

由 $\Sigma F_X = 0$，可解得 $S_4 = 10^k$（$\leftarrow$）

(3)取節點 H 為自由體，由 $\Sigma F_y = 0$，可解得 $S_c = -10^k$（壓力）

(4)取①－①切斷面右側桁架為自由體，如圖(b)所示

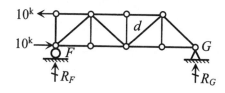

(b)

由 $\Sigma M_F = 0$，解得 $R_G = -2.5^{\text{k}}$（↕）

由 $\Sigma F_y = 0$，解得 $R_F = 2.5^{\text{k}}$（↕）

(5)取②－②切斷面右側桁架為自由體，如圖(c)所示

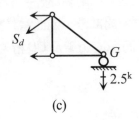

(c)

由 $\Sigma F_y = 0$，解得 $S_d = -3.54^{\text{k}}$（壓力）

4-10　對稱桁架與反對稱桁架之分析

　　對於對稱的桁架結構而言，其桿件內力呈對稱分佈（亦即所有位置對稱之桿件，其內力等值同號）；另外，對於反對稱的桁架結構而言，其桿件內力呈反對稱分佈（亦即所有位置對稱之桿件，其內力等值異號）。

　　依據上述之原則來進行計算分析，可具有以下的特點：

(1)對於對稱桁架而言，可僅分析半邊結構，因為所有位置對稱之桿件，其內力必等值同號。由此特性亦可研判出更多的零桿件。

(2)對於反對稱桁架而言，亦可僅分析半邊結構，因為所有位置對稱之桿件，其內力必等值異號。由此特性可知，與對稱軸重合或正交的桿件必為零桿件。

(3)對於幾何對稱的桁架而言，若承受非對稱亦非反對稱之荷載作用時（稱為偏對稱桁架），可利用疊加原理將此桁架化成對稱桁架與反對稱桁架來分析。

討論

　　一桁架若去掉某些桿件後可成為幾何對稱的結構時，可將這些桿件去除，並以適當的支承反力來替代，此時亦可將結構化成對稱桁架與反對稱桁架之疊加。

例題 4-28

試求下圖桁架中，LK，LD，CD，KD等桿件之內力。

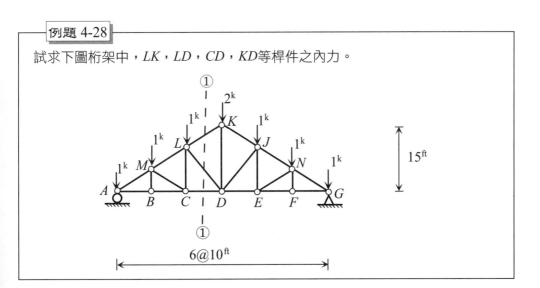

解

　　此為一對稱桁架，因此$R_A = R_{GY} = 4^k$；$R_{GX} = 0^k$

(1)取①－①切斷面左側桁架為自由體，如圖(a)所示

　　由$\Sigma M_D = 0$，解得$S_{LK} = -2\sqrt{5}^k$（壓力）

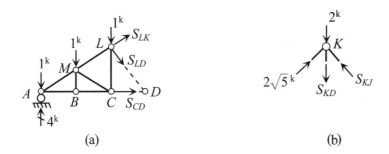

　　　　　　　(a)　　　　　　　　　　　　　　　(b)

（為了方便計算，可將S_{LK}在K點分解成垂直及水平的分力）

再由$\Sigma F_y = 0$，解得$S_{LD} = -\sqrt{2}^{\,k}$（壓力）

再由$\Sigma M_L = 0$，解得$S_{CD} = 5^k$（拉力）

(2)取節點K為自由體，如圖(b)所示，由對稱性可知

$S_{KJ} = S_{LK} = -2\sqrt{5}^{\,k}$（壓力）

再由$\Sigma F_y = 0$，解得$S_{KD} = 2^k$（拉力）

例題 4-29

試求下圖所示桁架中a桿之桿力。

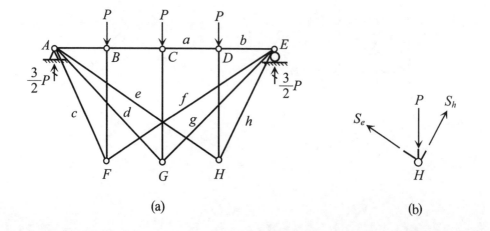

(a)　　　　　　　　　　　(b)

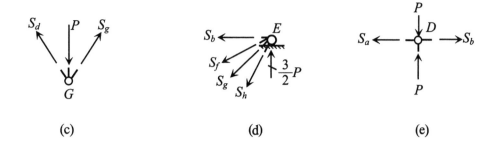

(c)　　　　　　　　　　(d)　　　　　　　　　　(e)

(1)判斷零桿件

　　此桁架無零桿件

(2)求解支承反力

　　此為一對稱桁架，$R_{Ay} = R_E = \dfrac{3}{2}P$（↥）

　　各節點編號、桿件編號如圖(a)的所示

(3)求解S_a

　　①取 H 點為自由體，如圖(b)所示，由

$$\overset{+}{\to} \Sigma F_X = 0 \text{ , } \frac{1}{\sqrt{5}}S_h - \frac{3}{\sqrt{13}}S_e = 0 \tag{①}$$

$$+\uparrow \Sigma F_y = 0 \text{ , } \frac{2}{\sqrt{5}}S_h + \frac{2}{\sqrt{13}}S_e - p = 0 \tag{②}$$

　　聯立①②式解得$S_h = \dfrac{3\sqrt{5}}{8}P$（拉力），$S_e = \dfrac{\sqrt{13}}{8}P$（拉力）

　　②取 G 點為自由體，如圖(c)所示，由

$$+\uparrow \Sigma F_y = 0 \text{ , } \frac{1}{\sqrt{2}}S_d + \frac{1}{\sqrt{2}}S_g - P = 0 \tag{③}$$

　　由對稱性可知$S_d = S_g = \dfrac{\sqrt{2}}{2}P$（拉力）

　　③取 E 點為自由體，如圖(d)所示

　　由對稱性可知 $S_f = S_e = \dfrac{\sqrt{13}}{8}p$（拉力）

　　此時S_h，S_g，S_f均為已知，故由

$$\overset{+}{\to} \Sigma F_X = 0 \text{ , } -\left(\frac{\sqrt{13}}{8}P \times \frac{3}{\sqrt{13}} + \frac{\sqrt{2}}{2}P \times \frac{1}{\sqrt{2}} + \frac{3\sqrt{5}}{8}P \times \frac{1}{\sqrt{5}} + S_b \right) = 0 \tag{④}$$

　　解得$S_b = -\dfrac{5}{4}P$（壓力）

④取 D 點為自由體，如圖(e)所示

$$\overset{+}{\rightarrow} \Sigma F_X = 0 , \quad -S_a + S_b = 0$$　　　　　⑤

解得 $S_a = -\dfrac{5}{4}P$（壓力）

討論

此題所取節點自由體順序如下：

①由 H 點平衡，解出 S_h，S_e

②由 G 點平衡，解出 $S_d = S_g$

③由 E 點平衡，解出 S_b

④由 D 點平衡，解出欲求之 S_a

例題 4-30

試求下圖所示桁架各桿件之內力。

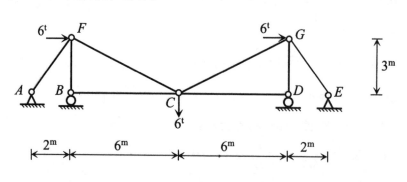

解

原桁架為一偏對稱桁架，可化為對稱桁架（如圖(a)所示）與反對稱桁架（如圖(b)所示）之疊加，而最後計算結果示於圖(c)中。

BC 桿及 CD 桿均為零桿件。

(1)在圖(a)所示之對稱桁架中，由於桿件內力呈對稱分佈，因此各對稱佈設之桿件內力必為等值同號。取節點 C 為自由體，可解得

$S_{CF} = S_{CG} = 6.71^t$ （拉力）

$S_{AF} = S_{EG} = 10.82^t$ （拉力）

$S_{BF} = S_{DG} = -12^t$ （壓力）

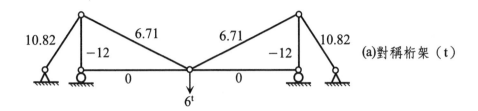

(a)對稱桁架（t）

+

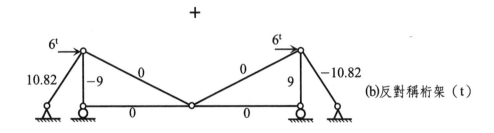

(b)反對稱桁架（t）

‖

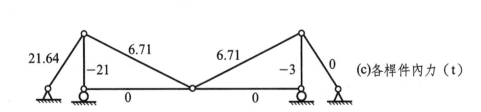

(c)各桿件內力（t）

(2)在圖(b)所示之反對稱桁架中，由於桿件內力呈反對稱分佈，因此各對稱佈設之桿件內力必為等值異號。取節點 C 為自由體，由於 S_{CF} 與 S_{CG} 為等值異號，因此若滿足 C 點力的平衡，則必 $S_{CF} = -S_{CG} = 0^t$ （由此可知，利用對稱性或反對稱性可研判出更多的零桿件）。

而其餘桿件內力為

$S_{AF} = -S_{EG} = 10.82^t$

$S_{BF} = -S_{DG} = -9^t$

(3)將圖(a)與圖(b)所示之各桿件的內力相疊加，即為各桿件之實際內力，如圖(c)所示。

例題 4-31

在下圖所示的桁架中，試求桿件 a 的內力。

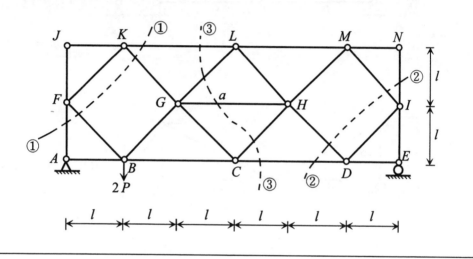

解

原桁架為一偏對稱桁架，但利用節點法或斷面法即可解出桿件 a 之內力 S_a，由於節點法計算量大，故採用斷面法求解 S_a。

對斷面法而言，雖然每次所切斷的桿件個數不受限制，但在所切斷的桿件中，仍須限制最多僅三根桿件的內力為未知，因此若由③—③切斷面來求解 S_a 時，需將 S_{KL} 與 S_{CD} 先行解出。

(1)判斷零桿件

　　FJ 桿、JK 桿、IN 桿、MN 桿、DE 桿均為零桿件

(2)求解支承反力

　　$\Sigma M_A = 0$，解得 $R_E = \dfrac{P}{3}$　（↑）

　　$\Sigma F_Y = 0$，解得 $R_{AY} = \dfrac{5}{3}P$　（↑）

$\Sigma F_X = 0$，解得$R_{AX} = 0$

(3)求解S_{KL}

　　取節點A為自由體　由$\Sigma F_Y = 0$，得$S_{AF} = -\dfrac{5}{3}P$（壓力）

　　再取①—①切斷面上側桁架為自由體，並採$X' - Y'$座標系，如圖(a)所示

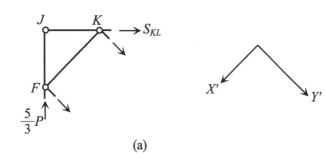

(a)

　　由$\Sigma F_{X'} = 0$，解得$S_{KL} = -\dfrac{5}{3}P$（壓力）

(4)求解S_{CD}

　　取②—②切斷面下側桁架為自由體，如圖(b)所示，並採$X' - Y'$座標系

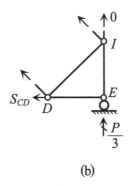

(b)

　　由$\Sigma F_{X'} = 0$，解得$S_{CD} = \dfrac{P}{3}$（拉力）

(5)求解S_a

　　取③—③切斷面右側桁架為自由體，並採$X'' - Y''$座標系，如圖(c)所示

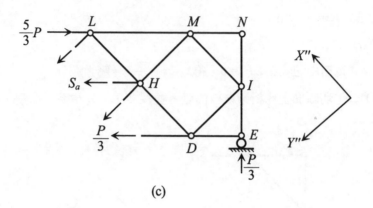

(c)

由 $\Sigma F_{X''} = 0$，解得 $S_a = P$（拉力）

例題 4-32

於下圖所示桁架結構中，試求 bc 桿件與 df 桿件之內力。

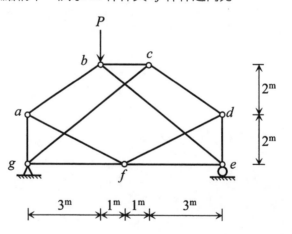

解

此複雜桁架為一偏對稱結構，在分析時可利用疊加原理，將此桁架化成對稱結構與反對稱結構，如圖(a)所示。

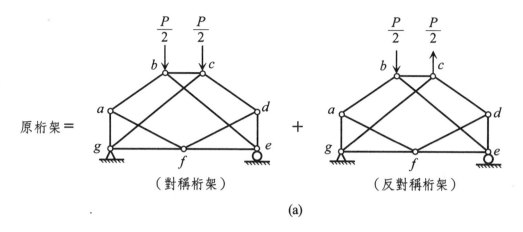

原桁架 =（對稱桁架）+（反對稱桁架）

(a)

(1)對稱桁架之分析（桿件內力以 S' 表示）

　　首先取位於對稱軸上的 f 節點為自由體，如圖(b)所示

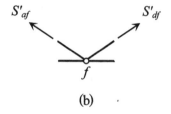

(b)

　　由對稱性與平衡方程式 $\Sigma F_y = 0$，可知 $S'_{af} = S'_{df} = 0$，繼而可判斷出 ag 桿、ab 桿、cd 桿、de 桿均為零桿件，接著再由節點法依次求解 g 點及 c 點，即可解得 $S'_{bc} = \dfrac{5}{8}P$。

(2)反對稱桁架之分析（桿件內力以 S'' 表示）

　　由反對稱性與平衡方程式 $\Sigma F_x = 0$，得知與對稱軸正交的 bc 桿件之內力 $S''_{bc} = 0$。接著再由節點法依次求解 c 點及 d 點，即可解得 $S''_{df} = -\dfrac{15\sqrt{5}}{88}P$。

最後由疊加原理（疊加對稱效應與反對稱效應）可得出：

$$S_{bc} = S'_{bc} + S''_{bc} = \frac{5}{8}P + 0 = \frac{5}{8}P$$

$$S_{df} = S'_{df} + S''_{df} = 0 + \left(-\frac{15\sqrt{5}}{88}P\right) = -\frac{15\sqrt{5}}{88}P$$

討論

本題亦可直接由迴路法或代替桿件法來求解 S_{bc} 及 S_{df}。

4-11 各式常見桁架之比較與合理外形之選擇

各式常見的桁架可分類為梁式桁架（結合了梁與桁架之特點）與拱式桁架（結合了拱與桁架之特點），現分別就其性能做一說明和比較。

4-11-1 梁式桁架

圖 4-15(a)、(b)、(c)顯示了三種常見的梁式桁架在均佈載重（圖中已用等效節點載重代替此均佈荷載）作用下各桿件受力的情形，現就相關性做一比較：

(1)圖 4-15(a)所示為一上下弦桿平行的 N 式桁架，其上下弦桿中的內力較其他兩種桁架來的小且分佈不均勻，而腹桿中的內力在靠近兩端節點處較大，愈靠近跨徑中央則愈小。

　　這種桁架的優點是節點形式相似，各型桿件長度固定，因而便於製作。缺點為各弦桿如採用不同斷面尺寸則接合困難，如採用同一斷面尺寸則較浪費材料。

(2)圖 4-15(b)所示為一上弦桿呈折線狀的 N 式桁架（外形與梁結構的彎矩圖相似），其中各下弦桿中的內力完全相同，而各上弦桿中的內力也十分接近，且各腹桿中的內力也很小。

　　這種桁架的主要優點是桿件內力分佈較均勻，因而在材料使用上最為節省。缺點是上弦桿呈折線狀排列，因此節點形式不同，故需注意接頭的裝置。

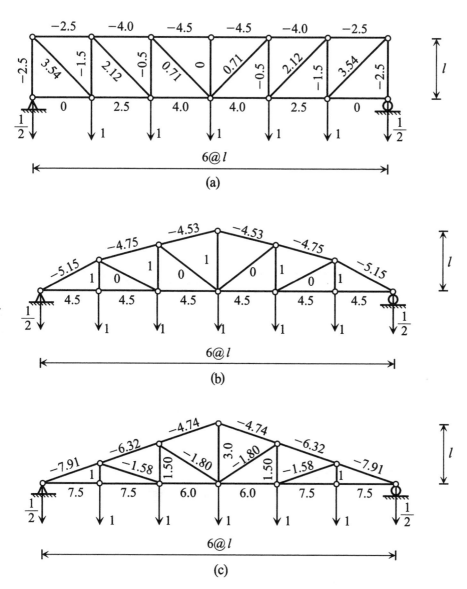

圖 4-15　〔參考自黃志平等編著「結構力學」圖 5-15，
　　　　　人民交通出版社（中國），1998。〕

　　由於此種桁架在材料上最為節省，因此常被應用在大跨度橋梁及大跨
度屋架上。

(3)圖4-15(c)所示為一三角形的桁架，各弦桿中的內力均很大，且分佈也不均勻，其中靠近兩端的弦桿其內力為最大。腹桿中的內力則是愈靠近跨徑中央則愈大。對於此種三角形的桁架而言，如各弦桿均採用相同的斷面尺寸，則會造成材料上的浪費，另外，由於兩端節點處上下弦桿之間的夾角較小，因此在製作上也較為困難，但是此種桁架的外形較符合屋頂構造的需求，故在跨徑較小的屋架結構中常被採用。

從受力角度來看，梁式桁架結構的外形應與梁結構的彎矩圖相似，如此則上下弦桿所受之內力會較均勻，且各腹桿中的內力也會較小，故較為合理。

圖4-16及圖4-17所示即為梁式桁架結構外形的選擇與梁結構彎矩圖的關係。

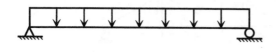

(a)承受均佈荷載之簡支梁

(b)將均佈載重轉換成等值節點載重

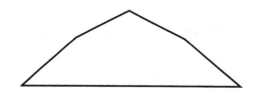

(c)彎矩圖

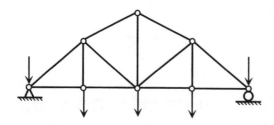

(d)選取之梁式桁架結構的外形
（與梁結構的彎矩圖形相似）

圖 4-16

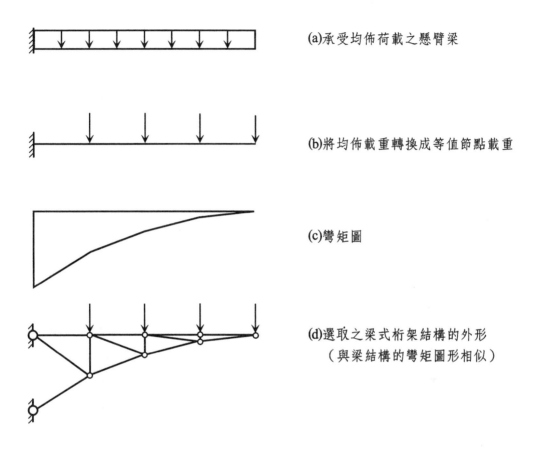

(a)承受均佈荷載之懸臂梁

(b)將均佈載重轉換成等值節點載重

(c)彎矩圖

(d)選取之梁式桁架結構的外形
（與梁結構的彎矩圖形相似）

圖 4-17

4-11-2 拱式桁架

　　拱式桁架由於支承可承受水平推力，因此弦桿中的內力較梁式桁架弦桿中的內力小，且各桿件主要是承受壓力。

　　拱式桁架是結合了拱與桁架的特點，因此能有更大的跨度也更輕便美觀，適用於大跨徑的橋梁結構（如圖 4-18 所示）或房屋結構（如圖 4-19 所示）。

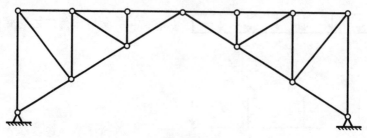

圖 4-18

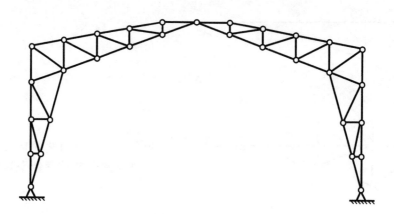

圖 4-19

第五章

平面靜定剛架與組合結構之分析

　　剛架可定義為由若干梁、柱桿件以剛性或非剛性節點連接而成的結構系統，由於剛性節點可以承受彎矩，因而剛架結構主要的斷面內力為彎矩，次要的斷面內力為剪力及軸向力，故剛架結構亦屬撓曲結構的一種。

　　本章所討論之剛架，係假設荷載可作用於剛架任何位置，且當剛架受力而引起彈性變形時，連接於剛性節點之各桿端並無相對變位，亦即各桿端皆隨剛性節點作等量之平移（translation）及旋轉（rotation），因而在剛性節點處，各桿件之間的夾角始終保持不變。

　　所謂組合結構，係指一結構系統中除撓曲桿件（如梁或剛架桿件）外，尚包含若干僅受軸向力之二力桿件謂之。對於二力桿件而言，外力係假設作用在節點上；但對撓曲結構而言，則無此限制。在分析組合結構時，需先求出二力桿件中的軸向力，再將其作用於撓曲桿件上，最後再進行撓曲桿件之分析。

5-1　平面剛架結構的種類

　　常見的平面靜定剛架依其組成方式可分為以下三種類型：

一、簡支式靜定剛架

　　剛架所具有的兩個支承，一為鉸支承一為輥支承時，此剛架稱為簡支式靜定剛架，如圖 5-1 所示。在圖 5-1 所示的各簡支式靜定剛架中，鉸支承與輥支承處桿件斷面中的彎矩值為零。

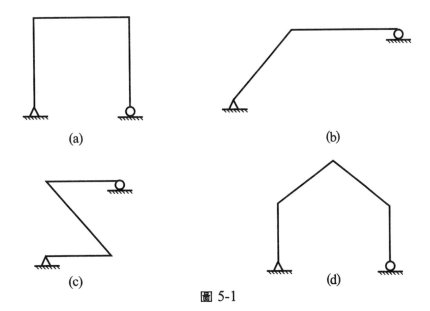

(a)

(b)

(c)

(d)

圖 5-1

二、懸臂式靜定剛架

　　剛架一端為固定支承，其他端為自由端時，此剛架稱為懸臂式靜定剛架，如圖 5-2 所示。在懸臂式靜定剛架中，自由端不受載重之部分，其剪力值與彎矩值均為零；且若某桿件與載重作用線平行時，則該桿件之剪力值為零而彎矩值為定值。

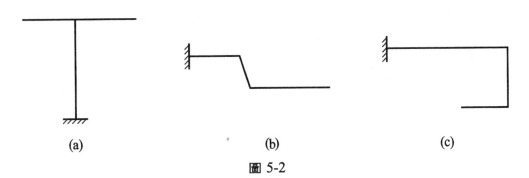

(a)

(b)

(c)

圖 5-2

三、鉸接式靜定剛架

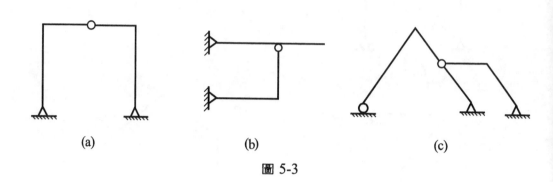

(a)　　　　　　　　(b)　　　　　　　　(c)

圖 5-3

凡含有鉸接續的靜定剛架稱為鉸接式靜定剛架，如圖 5-3 所示。在鉸接續處若無外加力矩作用，則斷面彎矩值為零。

討論 1

所謂三鉸式剛架，是指剛架的兩支承點皆為鉸支承，而中間另有鉸接續，如圖 5-3(a)所示。由此定義可知，三鉸式剛架屬於鉸接式靜定剛架的一種。

圖 5-4(a)所示為一三鉸式剛架，其中 BC 部分為一「二力物體」，因此支承反力 R_B 的作用線必通過 B，C 兩點。此外，在外力 P 的作用下，此剛架需滿足「三力物體」的平衡條件（亦即三力若平衡，則此三力必共點），因此支承反力 R_A 之作用線必通過 R_B 與外力 P 的交點。

圖 5-4(b)所示為 AC 部分與 BC 部分之受力情形。

由於支承反力 R_A、R_B 與外力 P 共點，因此可繪出一閉合三角形，如圖 5-4(c)所示，由此閉合三角形可得到 R_A、R_B 與外力 P 之間有關係為

$$\frac{R_A}{\sin\theta_2} = \frac{R_B}{\sin\theta_1} = \frac{P}{\sin(180 - \theta_1 - \theta_2)} \tag{5.1}$$

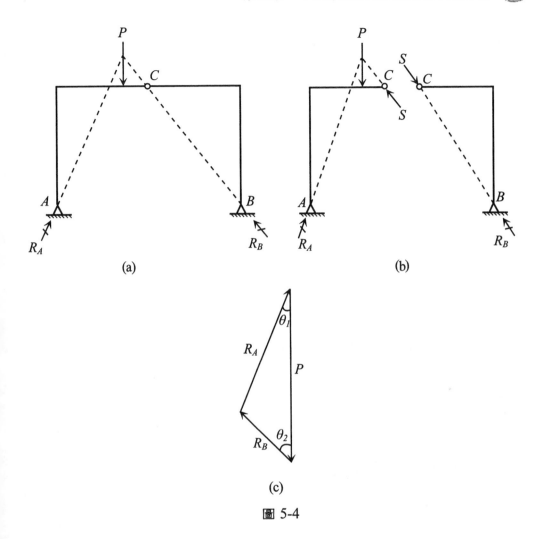

圖 5-4

討論 2

　剛架結構與桁架結構之區別

	剛　架	桁　架
節點形式	一部分或全部節點為剛性節點	節點全部為鉸接（樞接）
載重位置	載重可作用在節點或桿件上	載重僅作用在節點上
內力形式	斷面內力主要為彎矩，次要為剪力及軸向力	斷面內力主要為軸向力

5-2　靜定剛架之軸力圖、剪力圖及彎矩圖的繪製原則

　　由於梁和剛架均為撓曲結構，因此靜定梁之繪圖原則，可適用於靜定剛架結構。

5-2-1　符號規定

　(1)軸向力

　　　拉力（張力）為正；壓力為負。

　(2)剪力（同靜定梁）

　　　能使桿件產生順時針旋轉趨向的剪力定為正剪力；反之則為負剪力。

　(3)彎矩（同靜定梁）

　　　由於彎矩箭頭所指方向即為桿件之受壓側，因此各桿件之彎矩圖均繪於受壓側。

5-2-2　彎矩圖標示線

　　梁的彎矩圖是繪於梁的受壓側，而剛架的彎矩圖是繪於各桿件的受壓側。由於剛架不全是水平桿件，因此需藉由標示線的輔助才能正確的繪出彎矩圖。（軸力圖與剪力圖亦需依循彎矩圖標示線繪出）。標示線可以虛線來表示，其繪法如下：

(1)水平梁之標示線繪於梁之下方，如圖 5-5(a)、(b)所示。

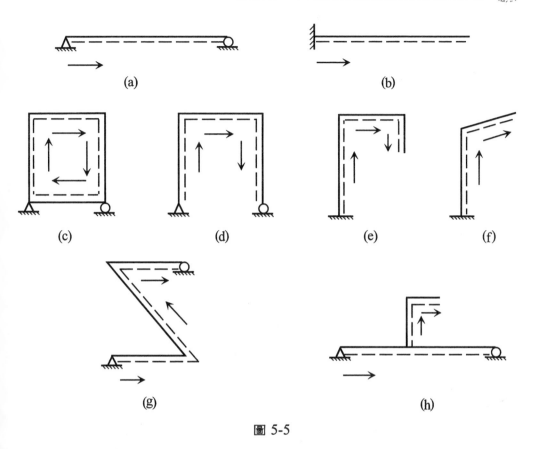

圖 5-5

(2)幾何形狀為閉合（或近似閉合）之剛架，標示線應繪於閉合圖形之內側，如
　　圖 5-5(c)、(d)、(e)、(f)所示。

(3)其他形式之剛架，如圖 5-5(g)所示，應在最靠近地面之梁下方繪標示線，然
　　後依標示線不能截斷桿件之原則，繼續繞著其餘桿件繪製標示線。圖 5-5(h)
　　所示，即為前兩種情形之組合。

　　　標示線所在之側可視為桿件之底緣（如同梁之底緣）；標示線之另一側可
視為桿件的頂緣（如同梁之頂緣）。標示於圖 5-5 中之箭頭方向即為各桿件在
繪製內力圖時所依循之方向（例如「→」表桿件之內力圖係由左向右繪）。

5-2-3　靜定剛架內力圖之繪製原則

　　以桿件的軸心線為基本座標軸，藉由載重與各桿端內力間之關係，並配合標示線的位置，即可繪出靜定剛架各內力圖。

(1)軸力圖：正值（即拉力）繪在標示線之另一側；負值（即壓力）繪在標示線同側。

(2)剪力圖：各桿件之剪力圖，繪法同梁結構。正剪力將繪在標示線另一側，而負剪力將繪在標示線同側。

(3)彎矩圖：各桿件之彎矩圖，繪法同梁結構。使標示線另一側受壓之彎矩為正彎矩，因而正彎矩繪於標示線另一側；反之，使標示線所在側受壓之彎矩為負彎矩，因而負彎矩繪於標示線同側。

　　由上可知，繪製剛架結構內力圖的原則為：「**內力為正值，則內力圖繪在標示線另一側；內力為負值，則內力圖繪在標示線同側**」。

　　當各桿件之內力圖繪出後，即得整體剛架之內力圖。

（討論）

　　由於「**在桿件兩端處，彎矩箭頭所指方向即為桿件兩端之彎矩座標方向**」，因此剛架結構彎矩圖的繪製，除了藉由標示線的輔助外，亦可藉由桿端彎矩的大小及箭頭方向來確定桿件兩端彎矩的座標值。當桿件兩端彎矩的座標值確定後，由組合法（見第三章 3-4 節）可知：

(1)桿件兩端點之間無載重作用時，以直線連接兩端彎矩的座標值，即為該桿件之彎矩圖。

(2)桿件兩端點之間有集中載重作用時，在集中載重作用點處，桿件之彎矩圖呈閉合折線。

(3)桿件兩端點之間有均佈載重（或均變載重）作用時，該桿件之彎矩圖呈二次（或三次）拋物線。

其餘詳見圖 3-3。

5-3　靜定剛架之個別桿件分析法

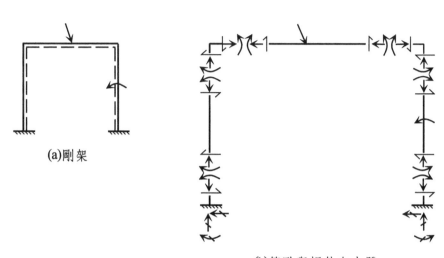

(a)剛架

(b)節點與桿件自由體

圖 5-6　剛架結構

　　此法係將剛架視為由各自獨立的桿件在節點處連結而成的結構，如圖 5-6(a)
所示，而各桿件之內力包括軸向力、剪力和彎矩。其中吾人較關心者為彎矩，
因為彎矩常為剛架設計時之主要考量因素。

　　首先應計算各支承反力，再將各節點與各桿件分離成獨立之自由體，如圖
5-6(b)所示。利用平衡方程式，即可求出各桿端之內力。當桿端內力求得後，
再將所有作用在桿件上之力，分解成垂直於桿軸（即斷面之切線方向）與切於
桿軸（即斷面之法線方向）之分力，最後再以桿件的軸心線為基本座標軸，利
用載重與各桿端內力間之關係，並配合標示線的位置，即可繪出各桿件之內力
圖，進而得到剛架各總內力圖。

討論 1

　　當桿端內力求得後，可將各桿件視為簡支梁，此時桿端剪力視為簡支梁的支承
　　反力；桿端彎矩視為外力而與原載重共同作用在簡支梁上，最後可依第三章 3-3

節所述的面積法繪出各桿件之剪力圖與彎矩圖，或由 3-4 節所述的組合法直接繪出彎矩圖。

（討論 2）

當桿端內力求得後，桿件上任意斷面之剪力或彎矩亦可由面積法或力的平衡關係求得。

現以圖 5-7(a)所示之剛架結構為例，說明如何以個別桿件分析法來分析剛架結構中的軸向力、剪力及彎矩。

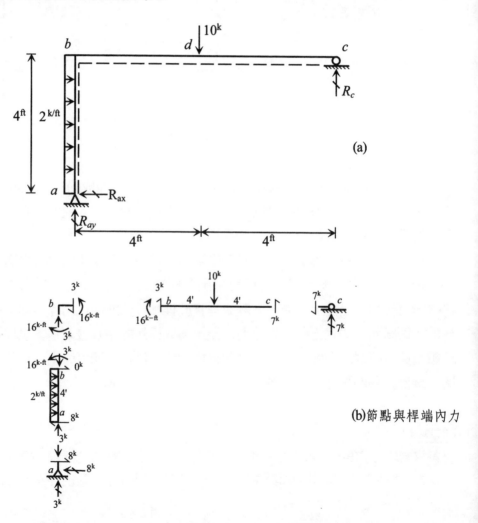

(a)

(b)節點與桿端內力

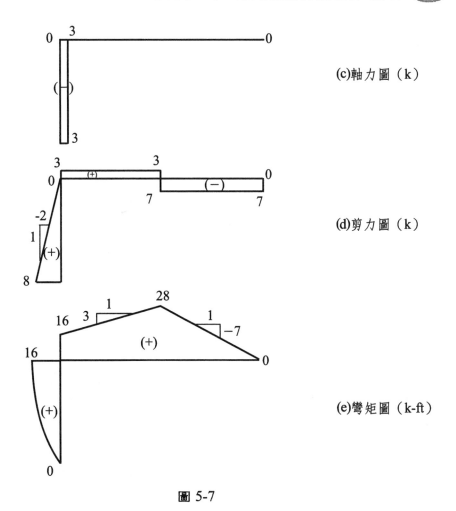

(c)軸力圖（k）

(d)剪力圖（k）

(e)彎矩圖（k-ft）

圖 5-7

第一步：求解支承反力

取整個剛架為自由體，由靜力平衡方程式：

$$\Sigma F_x = 0，得 \quad R_{ax} = 8^k（\leftarrow）$$

$$\Sigma M_a = 0，得 \quad R_c = 7^k（\updownarrow）$$

$$\Sigma F_y = 0，得 \quad R_{ay} = 3^k（\updownarrow）$$

第二步：計算各桿端之內力

將各節點與各桿件分離成獨立的自由體，如圖 5-7(b)所示。由 a 點自由體

及 c 點自由體的平衡條件，可分別得出 ab 桿件在 a 端之內力及 bc 桿件在 c 端之內力；接著

(1)取桿件 ab 為自由體

外力與 a 端之內力均為已知，由靜力平衡方程式可求得 b 端之內力：由 $\Sigma F_x = 0$，得水平剪力 $=0^k$；由 $\Sigma F_y = 0$，得軸向力 $=-3^k$（壓力）；由 $\Sigma M_b = 0$，得彎矩 $=16^{k\text{-ft}}$（ ㇁ ）

(2)取桿件 bc 為自由體

外力與 c 端之內力均為已知，由靜力平衡方程式可求得 b 端之內力：由 $\Sigma F_x = 0$，得軸向力 $=0^k$；由 $\Sigma F_y = 0$，得垂直剪力 $=3^k$；由 $\Sigma M_b = 0$，得彎矩 $=16^{k\text{-ft}}$（ ㇀ ）

(3)取節點 b 為自由體

可檢核內力之平衡（即 b 點上之力亦須滿足靜力平衡方程式）。

以上各節點與各桿端之內力，標示於圖 5-7(b)之中。

第三步：繪軸力圖、剪力圖與彎矩圖

當各桿端內力求得後，可依據「**內力為正值則圖形繪在標示線另一側；內力為負值則圖形繪在標示線同側**」的原則來繪製軸力圖、剪力圖及彎矩圖。

(1)繪軸力圖

ab 桿件承受壓力（3^k），因此軸力圖繪在標示線同側；bc 桿件無軸向力作用，因此軸力值為零。剛架之軸力圖如圖 5-7(c)所示。

(2)繪剪力圖

如同梁結構剪力圖的繪法，當標示線訂出後，ab 桿件剪力圖的繪製原則為：「**力向左則剪力圖向左繪；力向右則剪力圖向右繪**」。而 bc 桿件剪力圖的繪製原則為：「**力向上則剪力圖向上繪；力向下則剪力圖向下繪**」。由此即可繪出剛架之剪力圖（如圖 5-7(d)所示）。

(3)繪彎矩圖

對 ab 桿件而言，標示線在桿件的右側。由於 b 端的彎矩（$16^{k\text{-ft}}$）將使標示線另一側受壓，因此 b 端的彎矩將為正值。另外，a 端的彎矩值為零。故彎矩圖將繪在 ab 桿件之左側（因為正彎矩繪於標示線另一側）。

　　對 bc 桿件而言，標示線在桿件的下方。由於 b 端的彎矩（$16^{k\text{-}ft}$）將使標示線另一側受壓，因此 b 端的彎矩將為正值。另外，d 點處的彎矩值可由面積法求得：

$$M_d = M_b + （b, d\text{ 間剪力圖面積}）$$
$$= （+16^{k\text{-}ft}）+ （3^k）(4^{ft})$$
$$= +28^{k\text{-}ft}$$

　　由於正彎矩繪在標示線另一側，因而可知彎矩圖將繪在 bc 桿件之上方。剛架的彎矩圖如圖 5-7(e)所示。

　　由此例題可明確看出：「在桿件兩端處，彎矩箭頭所指方向即為桿件兩端之彎矩座標方向」。

（討論 1）

　　由於剛架結構各桿件均可視同梁，因此在繪剛架結構之彎矩圖時，除可應用第三章 3-3 節所述的面積法外，亦可應用第三章 3-4 節所述的組合法來繪出其彎矩圖。現以圖 5-7(a)所示的剛架為例來說明組合法的應用：當剛架各桿件之桿端彎矩經由個別桿件分析法求得後（如圖 5-7(b)所示），可將 ab 桿件及 bc 桿件視為簡支梁，先繪出由桿端彎矩所產生的彎矩圖（以虛線表示），再以此虛線為基準軸，疊加上由載重所產生的彎矩圖（常見的彎矩圖形列在表 3-2 中），即可得到 ab 桿件及 bc 桿件之彎矩圖，如圖 5-8 所示。（結果與圖 5-7(e)完全相同）

（討論 2）

　　剛架若僅需繪其彎矩圖時，除可應用組合法直接繪出彎矩圖外，亦可藉由平衡關係先求出各彎矩變化點上的彎矩值，然後再應用載重與彎矩之關係繪出彎矩圖。但唯需注意的是，剪力由正變化到負或由負變化到正，在剪力為零之處會產生局部的彎矩極值。

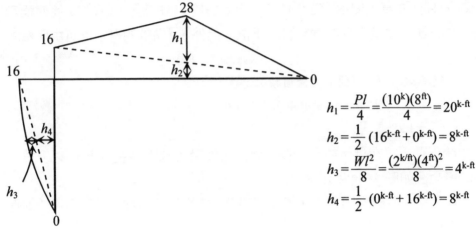

$$h_1 = \frac{Pl}{4} = \frac{(10^k)(8^{ft})}{4} = 20^{\text{k-ft}}$$

$$h_2 = \frac{1}{2}(16^{\text{k-ft}} + 0^{\text{k-ft}}) = 8^{\text{k-ft}}$$

$$h_3 = \frac{Wl^2}{8} = \frac{(2^{\text{k/ft}})(4^{ft})^2}{8} = 4^{\text{k-ft}}$$

$$h_4 = \frac{1}{2}(0^{\text{k-ft}} + 16^{\text{k-ft}}) = 8^{\text{k-ft}}$$

單位：k-ft

圖 5-8

討論 3

由以上的分析結果可看出，當兩根桿件剛接於一點時，若該點未受到外加力矩作用，則該點兩側之彎矩圖必大小相同且同側。

例題 5-1

剛架尺寸與所受荷重如下圖所示。

(1)求 a、e 支承反力。

(2)畫彎矩圖並標註彎矩值大小。

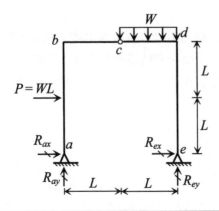

解

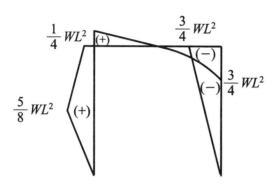

(a)彎矩圖

(1)求解支承反力

取整個剛架為自由體，建立靜力平衡方程式：

$$\xrightarrow{+} \Sigma F_x = 0 \text{，} WL + R_{ax} + R_{ex} = 0 \tag{1}$$

$$+\uparrow \Sigma F_y = 0 \text{，} R_{ay} + R_{ey} - (W)(L) = 0 \tag{2}$$

$$+ \circlearrowright \Sigma M_e = 0 \text{，} (W)(L)(\frac{L}{2}) - (R_{ay})(2L) - (WL)(L) = 0 \tag{3}$$

再取 abc 為自由體，如圖(b)所示，建立條件方程式：

$$+ \circlearrowright \overset{abc}{\Sigma} M_c = 0 \text{；} (R_{ax})(2L) + (WL)(L) - (R_{ay})(L) = 0 \tag{4}$$

聯立解(1)、(2)、(3)、(4)式得：

$$R_{ax} = \frac{5}{8} WL \text{（}\leftrightarrow\text{）；} R_{ay} = \frac{1}{4} WL \text{（}\updownarrow\text{），} R_{ex} = \frac{3}{8} WL \text{（}\leftrightarrow\text{），} R_{ey} = \frac{5}{4} WL \text{（}\updownarrow\text{）}$$

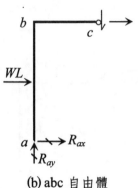

(b) abc 自由體

(2)計算各桿端之內力

取各節點與各桿件為獨立之自由體，利用靜力平衡方程式，即可得出各桿件之桿端內力：

由 a 點自由體及 e 點自由體的平衡條件，可分別得出 ab 桿在 a 端之內力及 de 桿件在 e 端之內力。經由 ab 桿件自由體及 de 桿件自由體的平衡條件，可分別得出 ab 桿件在 b 端之內力及 de 桿件在 d 端之內力。最後再由 b 點自由體及 d 點自由體的平衡條件，即可得出 bcd 桿件分別在 b 端及 d 端之內力。各桿端內力示於圖(c)中。

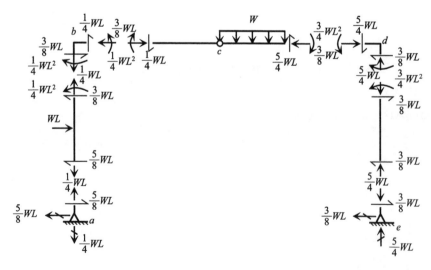

(c)節點與桿端內力

(3)繪彎矩圖

　　當各桿端之內力求出後，藉由載重與各桿端內力間之關係，應用面積法或組合法，並配合標示線的位置，即可繪出彎矩圖，如圖(a)所示。

例題 5-2

試分析下圖所示結構，求支承 A、E 反力並繪製彎矩圖。

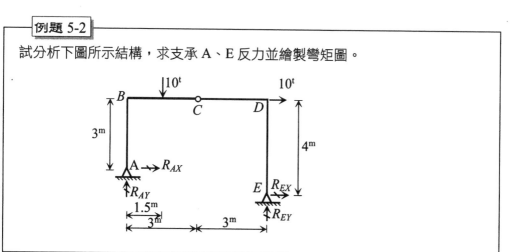

解

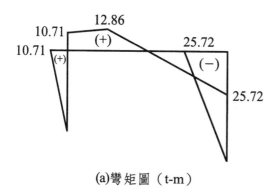

(a)彎矩圖（t-m）

(1)求解支承反力

　　取整個剛架為自由體，建立靜力平衡方程式：

$\xrightarrow{+} \Sigma F_x = 0$，$R_{AX} + R_{EX} + 10^t = 0^t$ (1)

$+ \uparrow \Sigma F_y = 0$，$R_{AY} + R_{EY} - 10^t = 0^t$ (2)

$+ \circlearrowright \Sigma M_A = 0$，$(R_{EY})(6^m) + (R_{EX})(1^m) - (10^t)(1.5^m) - (10^t)(3^m) = 0^{t \cdot m}$ (3)

再取桿件 CDE 為自由體，如圖(b)所示，建立條件方程式：

$+ \circlearrowright \overset{CDE}{\Sigma} M_c = 0$；$(R_{EX})(4^m) + (R_{EY})(3^m) = 0^{t \cdot m}$ (4)

聯立解(1)，(2)，(3)，(4)式得：

$R_{AX} = 3.57^t$（←）；$R_{AY} = 1.43^t$（↕），$R_{EX} = 6.43^t$（←），$R_{EY} = 8.57^t$（↕）

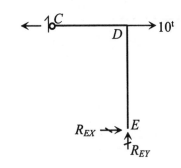

(b) CDE 自由體

(2)計算各桿端之內力

取各節點與各桿件為獨立之自由體，利用靜力平衡方程式，即可得出各桿件之桿端內力，如圖(c)所示。

(3)繪彎矩圖

當各桿端之內力求出後，藉由載重與各桿端內力間之關係，應用面積法或組合法，並配合標示線的位置，即可繪出彎矩圖，如圖(a)所示。

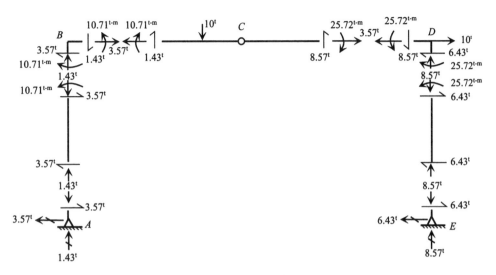

(c)節點與桿端內力

例題 5-3

試求下圖所示結構之支承反力及彎矩圖。

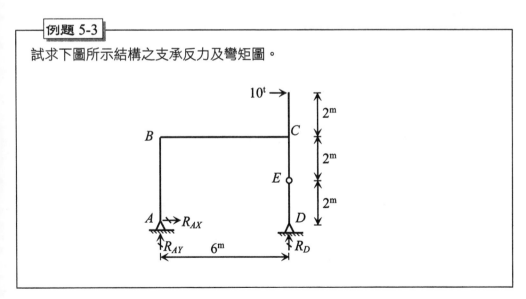

解

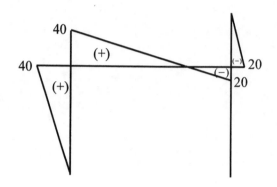

(a)彎矩圖（t-m）

(1)求解支承反力

因為 DE 段為二力物體，所以支承反力 R_D 之作用線必通過 D、E 二點，故 R_D 之作用方向可確定。由靜力平衡方程式：

$\xrightarrow{+} \Sigma F_x = 0$，$R_{AX} + 10^t = 0^t$

$+\uparrow \Sigma F_y = 0$，$R_{AY} + R_D = 0^t$

$+\circlearrowright \Sigma M_A = 0$，$(R_D)(6^m) - (10^t)(6^m) = 0^{t\text{-}m}$

聯立解得：

$R_{AX} = 10^t$（←）；$R_{AY} = 10^t$（↕），$R_D = 10^t$（↕）

(2)計算各桿端之內力

取各節點與各桿件為獨立之自由體，利用靜力平衡方程式，即可得出各桿件之桿端內力，如圖(b)所示。

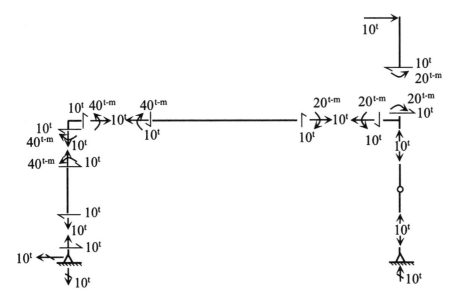

(b)節點與桿端內力

(3)繪彎矩圖

　　當各桿端之內力求出後，即可繪出彎矩圖，如圖(a)所示。

例題 5-4

試分析此靜定剛架之軸力圖、剪力圖及彎矩圖。

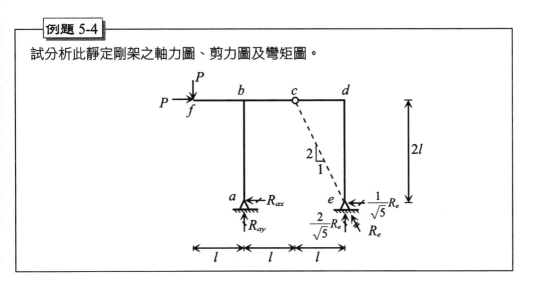

解

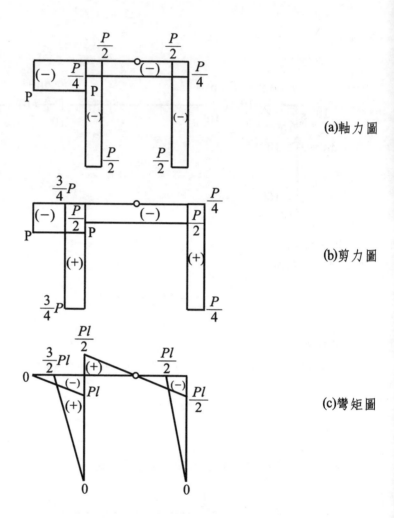

(a)軸力圖

(b)剪力圖

(c)彎矩圖

(1)求解支承反力

因為 cde 段為二力物體，所以支承反力 R_e 之作用線必通過 c、e 二點，故 R_e 之作用方向可確定。現將 R_e 分解成水平的 $\dfrac{1}{\sqrt{5}}R_e$ 及垂直的 $\dfrac{2}{\sqrt{5}}R_e$，由靜力平衡方程式：

$$\rightarrow \Sigma F_x = 0，P - R_{ax} - \frac{1}{\sqrt{5}}R_e = 0$$

$$\uparrow \Sigma F_y = 0，-P + R_{ay} + \frac{2}{\sqrt{5}}R_e = 0$$

$$\circlearrowleft \Sigma M_a = 0 \, , \; -(P)(2l) + (P)(l) + (\frac{2}{\sqrt{5}}R_e)(2l) = 0$$

聯立解得：

$$R_{ax} = \frac{3}{4}P \; (\leftarrow) \; ; \; R_{ay} = \frac{P}{2} \; (\updownarrow) \; ; \; R_e = \frac{\sqrt{5}}{4}P \; (\nearrow)$$

⑵計算各桿端之內力

　　取各節點與各桿件為獨立之自由體，利用靜力平衡方程式，即可得出各桿件之桿端內力，如圖(d)所示。

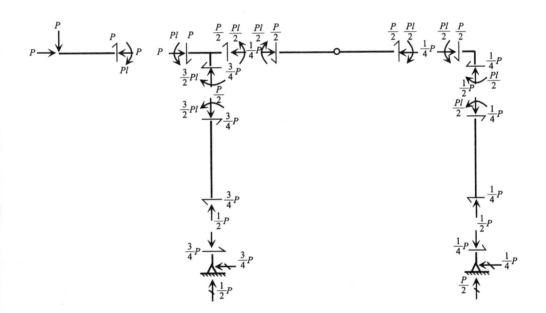

(d)節點與桿端內力

⑶繪軸力圖、剪力圖及彎矩圖

　　當桿端內力求得後，即可繪出各內力圖，如圖(a)、圖(b)及圖(c)所示。

例題 5-5

試分析此靜定剛架之軸力圖、剪力圖及彎矩圖。

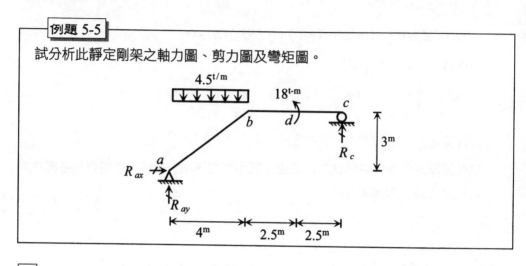

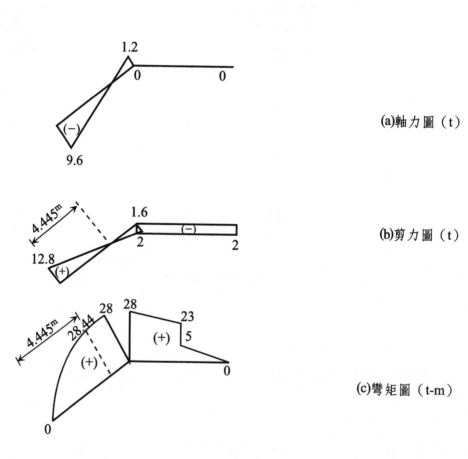

(a)軸力圖（t）

(b)剪力圖（t）

(c)彎矩圖（t-m）

⑴求解支承反力

　　取整個剛架為自由體，由靜力平衡方程式：

　　　$\rightarrow \Sigma F_x = 0$，$R_{ax} = 0^t$

　　　$\circlearrowright \Sigma M_a = 0$，$(R_c)(9^m) + (18^{t\text{-}m}) - (4.5^{t/m})(4^m)(\dfrac{4^m}{2}) = 0^{t\text{-}m}$

　　　$\uparrow \Sigma F_y = 0$，$R_c + R_{ay} - (4.5^{t/m})(4^m) = 0^t$

　　聯立解得：

　　　$R_{ax} = 0^t$，$R_{ay} = 16^t$（↕），$R_c = 2^t$（↕）

⑵計算各桿端之內力

　　取各節點與各桿件為獨立之自由體，利用靜力平衡方程式，求解各桿端之內
　　力。

　　對斜桿件 ab 而言，必須將作用在桿件上之諸力，分解成垂直於桿軸（即斷
　　面之切線方向）與切於桿軸（即斷面之法線方向）方向之分力。（若作用於
　　斜桿件上之力為均佈（或均變）載重，則載重之強度亦應作相對之轉換）。

　　現由平衡方程式，求解各桿件之桿端內力：

　①ab 桿件之桿端內力：

　　取 ab 桿件為自由體，如圖⑶所示。

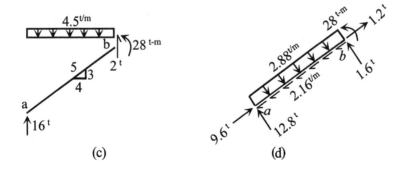

(c) (d)

　　外力與 a 端之內力均為已知，故可由靜力平衡方程式：

　　$\Sigma F_x = 0$；$\Sigma F_y = 0$；$\Sigma M_b = 0$

得出 b 端之內力：

水平力=0^t；垂直力=2^t（↑）；彎矩=$28^{t\text{-}m}$（↶）

由於 ab 桿為一斜桿，所以須將桿件上之諸力分解成為垂直於桿軸之分力

與切向於桿軸之分力：（見圖(d)）

(a)對於作用在 a 端上之力：

垂直於桿軸之分力（即剪力）=$(16^t)(\dfrac{4}{5})=12.8^t$

切於桿軸之分力（即軸向力）=$(16^t)(\dfrac{3}{5})=9.6^t$

(b)對於作用在 b 端上之力：（彎矩不必分解）

垂直於桿軸之分力（即剪力）=$(2^t)(\dfrac{4}{5})=1.6^t$

切於桿軸之分力（即軸向力）=$(2^t)(\dfrac{3}{5})=1.2^t$

(c)對於作用在 ab 桿件上之均佈載重：

作用在 ab 桿件上之均佈載重的合力=$(4.5^{t/m})(4^m)=18^t$

垂直作用於桿軸之合力=$(18^t)(\dfrac{4}{5})=14.4^t$

切於桿軸之合力=$(18^t)(\dfrac{3}{5})=10.8^t$

故作用於 ab 桿件上均佈載重之強度可轉換為：

垂直於桿軸之均佈載重強度=$\dfrac{14.4^t}{5^m}=2.88^{\,t/m}$

切於桿軸之均佈載重強度=$\dfrac{10.8^t}{5^m}=2.16^{\,t/m}$

② bc 桿件之桿端內力

取 bc 桿件為自由體，如圖(f)所示。

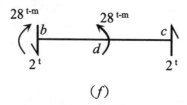

(f)

外力與 c 端之內力均為已知，故可由靜力平衡方程式：

$\Sigma F_x = 0$；$\Sigma F_y = 0$；$\Sigma M_b = 0$

得出 b 端之內力：

水平力 $= 0^t$；垂直力 $= 2^t$（↓）；彎矩 $= 28^{t\text{-}m}$（↺）

③取節點 b 為自由體，如圖(g)所示，可檢核內力之平衡：

在節點 b，滿足靜力平衡方程式：

$\Sigma F_x = 0$；$\Sigma F_y = 0$；$\Sigma M = 0$

故平衡。

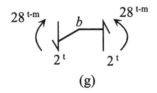

(g)

(3)繪軸力圖、剪力圖及彎矩圖

當桿端內力求得後，即可繪出各內力圖，如圖(a)、圖(b)及圖(c)所示。

例題 5-6

繪下圖所示結構之軸力圖、剪力圖及彎矩圖。

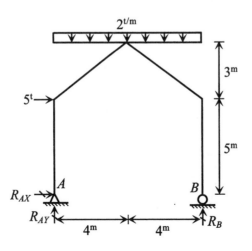

解

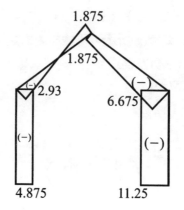

(a)軸力圖（t）

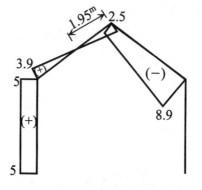

(b)剪力圖（t）

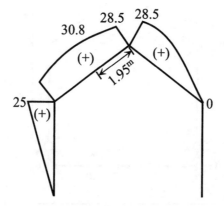

(c)彎矩圖（t-m）

(1)求解支承反力

　　取整個剛架為自由體，由靜力平衡方程式：

　　　$\rightarrow \Sigma F_X = 0$，$R_{AX} + 5^t = 0^t$

　　　$+ \circlearrowright \Sigma M_A = 0$，$(R_B)(8^m) - (5^t)(5^m) - (2^{t/m})(8^m)(\frac{8^m}{2}) = 0^{t\text{-}m}$

　　　$+ \uparrow \Sigma F_Y = 0$，$R_{AY} + R_B - (2^{t/m})(8^m) = 0^t$

　　聯立解得：

　　　$R_{AX} = 5^t$（←），$R_{AY} = 4.875^t$（↕），$R_B = 11.125^t$（↕）

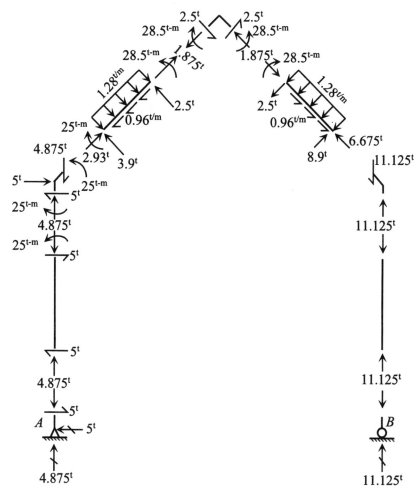

(d)節點及桿端內力

(2)計算各桿端之內力

　　取各節點與各桿件為獨立之自由體，利用靜力平衡方程式，即可得出各桿件

之桿端內力，如圖(d)所示。

(3)繪軸力圖、剪力圖及彎矩圖

　　當桿端內力求得後，即可繪出各內力圖，如圖(a)、圖(b)及圖(c)所示。

例題 5-7

下圖所示為一剛架結構，試繪 *DCFGE* 部分的彎矩圖。

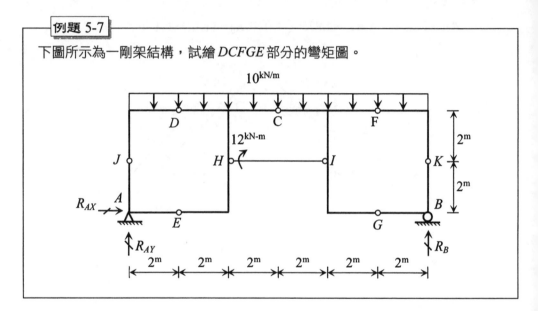

解

(1)求解支承反力

　　取整個剛架為自由體，由三個靜力平衡方程式：

$$\Sigma F_X = 0 ;\ 得 R_{AX} = 0^{kN}$$

$$\Sigma M_B = 0 ;\ 得 R_{AY} = 59^{kN}（\uparrow）$$

$$\Sigma F_Y = 0 ;\ 得 R_B = 61^{kN}（\uparrow）$$

(2)計算 *D、E、F、G、H* 及 *I* 各鉸接續處之內力

　　由於僅需繪出 *DCFGE* 部分（基本部分）的彎矩圖，因此可將原結構分離成

*AJDE、DCFGE、BGFK及HI*四個部分，如圖(a)所示。

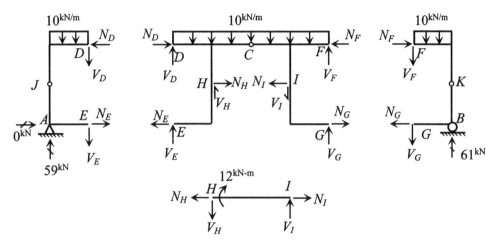

(a)*AJDE、DCFGE、BGFK及 HI* 自由體

在 *AJDE* 自由體中：

①由 *AJDE* 自由體，取

$$\overset{AJDE}{\Sigma}\ M_E = 0 \ ; \ 得 N_D = 24.5^{\text{kN}}$$

$$\overset{AJDE}{\Sigma}\ F_X = 0 \ ; \ 得 N_E = 24.5^{\text{kN}}$$

②由 *AEJ* 自由體，取

$$\overset{AEJ}{\Sigma}\ M_J = 0 \ ; \ 得 V_E = 24.5^{\text{kN}}$$

③由 *DJ* 自由體，取

$$\overset{DJ}{\Sigma} M_J = 0 \ ; \ 得 V_D = 14.5^{\text{kN}}$$

在 *BGFK* 自由體中：

分別由 *BGFK、BGK* 及 *FK* 自由體，可得

$$N_F = 25.5^{\text{kN}}$$

$$N_G = 25.5^{\text{kN}}$$

$$V_G = 25.5^{\text{kN}}$$

$$V_F = 15.5^{\text{kN}}$$

在 HI 自由體中：由 HI 自由體，取

$$\overset{HI}{\Sigma} M_H = 0 \text{；得} V_I = 3^{kN}$$

$$\overset{HI}{\Sigma} F_Y = 0 \text{；得} V_H = 3^{kN}$$

在 $DCFGE$ 自由體中：由 $CDEH$ 自由體，取

$$\overset{CDEH}{\Sigma} M_c = 0 \text{；得} N_H = 90^{kN}$$

$$\overset{CDEH}{\Sigma} F_X = 0 \text{；得} N_I = 90^{kN}$$

(3)計算 $DCFGE$ 各桿端之內力

　　各桿端之內力如圖(b)所示。

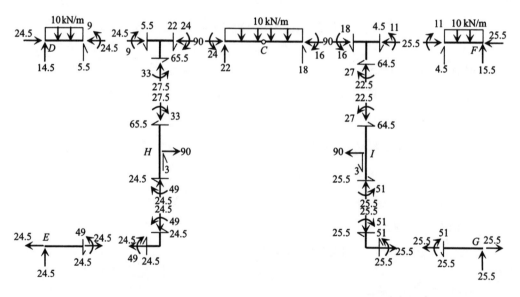

單位：軸向力（kN）、剪力（kN）、彎矩（kN-m）

(b)各桿端之內力

(4)繪 *DCFGE* 彎矩圖

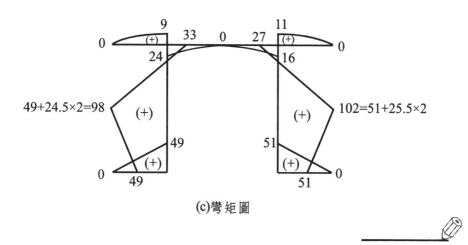

(c)彎矩圖

例題 5-8

下圖所示圓弧形撓曲結構，受徑向均佈載重作用，試求任意斷面α處的軸向力、剪力和彎矩方程式。

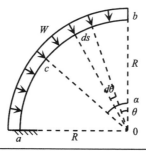

解

圓弧結構可採極座標法求解，而座標原點取在 *b* 點。

現取 *bc* 段為自由體，如下圖所示。

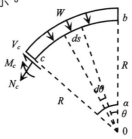

微段 ds（$=Rd\theta$）上的均佈載重對斷面 c 上所引起的軸向力、剪力和彎矩分別為：

$$dN_C = -WRd\theta \times \sin(\alpha-\theta)$$
$$dV_C = WRd\theta \times \cos(\alpha-\theta)$$
$$dM_C = -WRd\theta \times R\sin(\alpha-\theta)$$

將以上各式由零至 α 範圍內積分，得

$$N_C = \int_0^\alpha dN_C = -\int_0^\alpha WR\sin(\alpha-\theta)d\theta = -WR(1-\cos\alpha)$$
$$V_C = \int_0^\alpha dV_C = \int_0^\alpha WR\cos(\alpha-\theta)d\theta = WR\sin\alpha$$
$$M_C = \int_0^\alpha dM_C = -\int_0^\alpha WR^2\sin(\alpha-\theta)d\theta = WR^2(1-\cos\alpha)$$

例題 5-9

試繪下圖所示剛架之剪力圖與彎矩圖

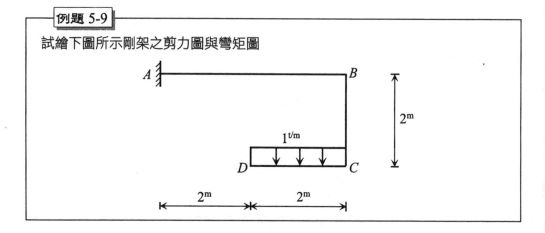

解

此剛架之彎矩標示線如圖(a)所示；各桿件之受力如圖(b)所示（不必先算支承反力）；剪力圖如圖(c)所示；彎矩圖如圖(d)所示。

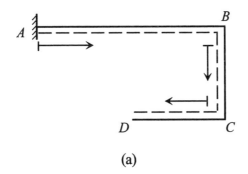

(a)

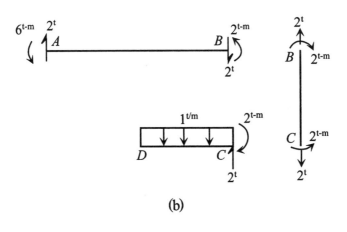

(b)

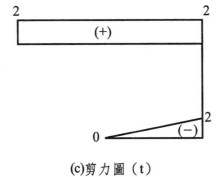

(c)剪力圖（t）

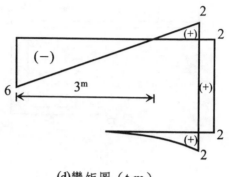

(d)彎矩圖（t-m）

討論

由此剛架可清楚看出懸臂式靜定剛架的內力特性，例如，均佈載重合力作用線與 AB 桿件（為非載重桿件）的相交點，其彎矩值為零；BC 桿件與載重平行，因此 BC 桿件之剪力為零，而彎矩為定值。

例題 5-10

試繪下圖所示剛架之內力圖。

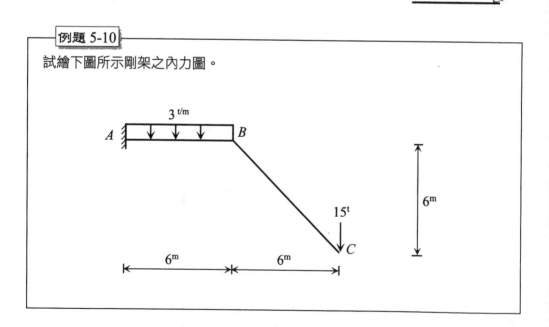

解

將各力分解成垂直於桿軸及切於桿軸之分力。各桿件受力如圖(a)所示；軸力圖
如圖(b)所示；剪力圖如圖(c)所示；彎矩圖如圖(d)所示。

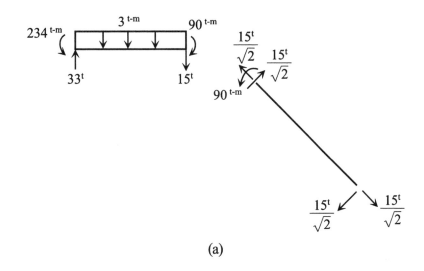

(a)

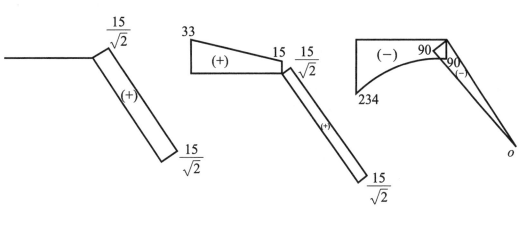

(b)軸力圖（t）　　　(c)剪力圖（t）　　　(d)彎矩圖（t-m）

例題 5-11

設有如下圖所示之結構，試作 *ABC* 桿件之軸力圖、剪力圖及彎矩圖。

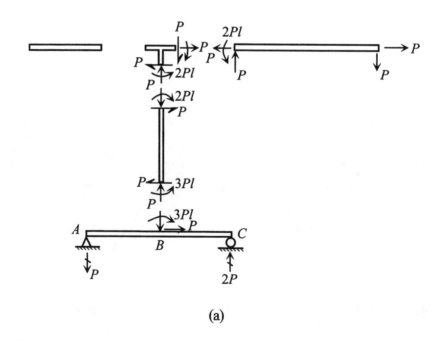

解

各桿件受力圖如圖(a)所示；軸力圖如圖(b)所示；剪力圖如圖(c)所示；彎矩圖如圖(d)所示

(a)

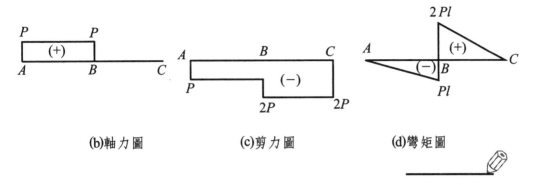

(b)軸力圖　　　　(c)剪力圖　　　　(d)彎矩圖

例題 5-12

試繪下圖所示剛架結構之彎矩圖。在圖中 A 點為導向支承，E 點為輥支承，F 點為連桿支承。（虛線所示為彎矩標示線）

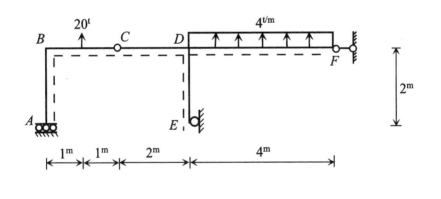

解

首先解出各支承反力，$M_A = 52^{\text{t-m}}$（ ），$R_{AY} = 36^{\text{t}}$（ ），$R_E = 32^{\text{t}}$（←），$R_F = 32^{\text{t}}$（→）

各桿件受力圖如圖(a)所示，彎矩圖如圖(b)所示，其中 BC 桿件及 DF 桿件之彎矩圖可由組合法得出，分別如圖(c)及圖(d)所示。

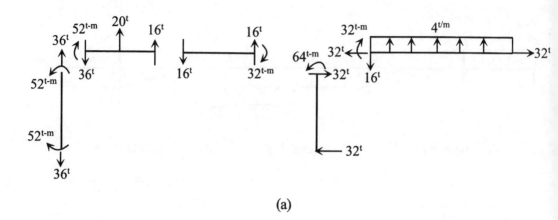

(a)

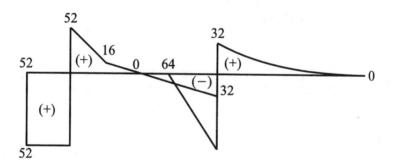

(b)彎矩圖（t-m）

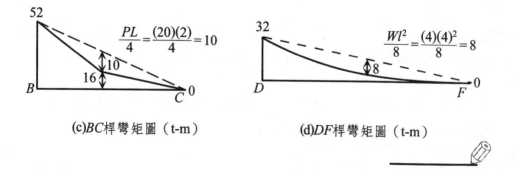

(c)BC桿彎矩圖（t-m）

(d)DF桿彎矩圖（t-m）

例題 5-13

試繪下圖所示剛架結構之彎矩圖。（虛線表彎矩圖標示線）

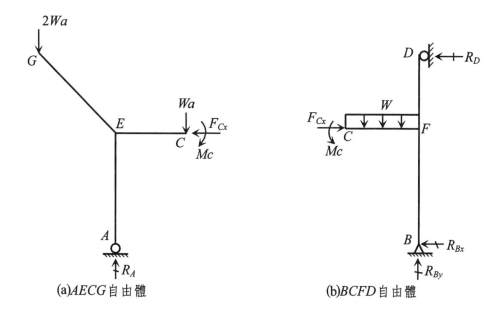

解

1. 求解支承反力

(a)AECG自由體　　　　　(b)BCFD自由體

$BCFD$為基本部分，$AECG$為其附屬部分。

先取$AECG$為自由體，如圖(a)所示，由

　$\Sigma F_x = 0$，得$F_{Cx} = 0$

　$\Sigma M_A = 0$，得$M_C = Wa^2$（$\curvearrowright$）

　$\Sigma F_y = 0$，得$R_A = 3Wa$（$\updownarrow$）

將F_{Cx}及M_C反向作用於$BCFD$，如圖(b)所示，由

　$\Sigma F_y = 0$，得$R_{By} = Wa$（$\updownarrow$）

　$\Sigma M_B = 0$，得$R_D = -\dfrac{3}{5}Wa$（$\leftrightarrow$）

　$\Sigma F_x = 0$，得$R_{Bx} = \dfrac{3}{5}Wa$（$\leftarrow$）

2.繪彎矩圖

　求得各桿端彎矩後，即可繪出彎矩圖，如圖(c)所示。

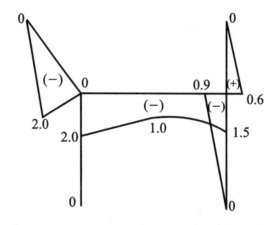

(c)彎矩圖（Wa^2）

5-4　靜定組合結構之分析

在一結構中，除撓曲結構（如梁或剛架）外，尚包含若干僅受軸向力之二力桿件時，此結構稱為組合結構。組合結構可以充分發揮撓曲結構與桁架結構各自的優點，因此具有以下的特性：

(1)採用力學性能不同的材料來建造，可充分發揮各材料之強度。

(2)材料節省、重量輕、施工方便。

(3)可減小撓曲結構各桿件中之彎矩，因此能承受較大之荷重。

以下是靜定組合結構的一般分析步驟：

(1)求出各支承反力

(2)計算二力桿件之內力

(3)依據荷載、支承反力及二力桿件之內力，求出撓曲結構中之軸向力、剪力及彎矩（繪製軸向力圖、剪力圖及彎矩圖）

討論

在兩端均為鉸接而中間無其他節點或載重的直桿件是為二力桿件（僅有軸向力），凡不符合此條件之桿件則為撓曲桿件（含彎矩、剪力及軸向力）。

例題 5-14

圖示組合結構中，cde 為一整體桿件，試作該桿件之剪力圖與彎矩圖。（結構之自身重量不計）

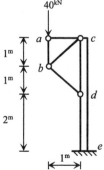

解

此為一穩定且靜定之組合結構，欲作 cde 桿件之剪力圖與彎矩圖，就必須先解得二力桿件 ac、bc 及 bd 之內力。

(1)求解支承反力

取整體結構為自由體，由：

$\Sigma F_X = 0$；得 $R_{ex} = 0^{kN}$

$\Sigma F_Y = 0$；得 $R_{ey} = 40^{kN}$（↑）

$\Sigma M_e = 0$；得 $M_e = 40^{kN\text{-}m}$（↻）

(2)計算二力桿件之內力

由節點法依次求解 a 點及 b 點，即可得出

$S_{ac} = 0^{kN}$

$S_{bc} = 20\sqrt{2}^{kN}$（拉力）

$S_{bd} = -20\sqrt{2}^{kN}$（壓力）

(3)繪 cde 桿件之剪力圖與彎矩圖

由 S_{ac}、S_{bc}、S_{bd} 及支承反力 R_{ex}、R_{ey}、M_e 即可繪出 cde 桿件之載重圖（如圖(a)所示），同時可將 S_{bc} 及 S_{bd} 分解為切於 cde 桿軸之分力與垂直於 cde 桿軸之分力（如圖(b)所示）。最後載重、剪力與彎矩之關係，即可繪出 cde 桿件之剪力圖（如圖(c)所示）及彎矩圖（如圖(d)所示）。

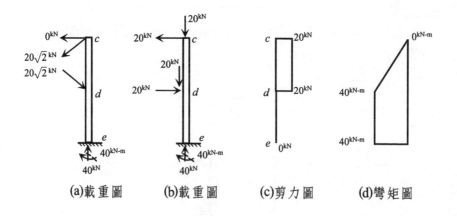

(a)載重圖　　(b)載重圖　　(c)剪力圖　　(d)彎矩圖

例題 5-15

於下圖所示之組合結構中，試求二力桿件之內力及繪撓曲桿件之彎矩圖。

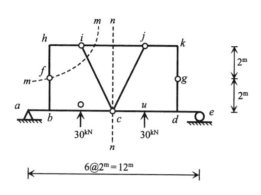

解

二力桿件為一直線形桿件，兩端均為鉸接，且中間無其他節點或載重；而撓曲桿件上的荷載，可作用在桿件任意位置上。依據此一原則，即可判定桿件 ci、cj 及 ij 為二力桿件，而其餘桿件均為撓曲桿件。

此組合結構為一對稱結構，所有位置對稱之桿件其內力亦必對稱，因此可採用半邊結構來進行分析。

(1) 求解支承反力

取整體結構為自由體，由：

$$\Sigma M_a = 0 ; 得 R_e = 30^{kN} \ (\updownarrow)$$

再由對稱性可知，$R_{ay} = 30^{kN} \ (\updownarrow)$ ；$R_{ax} = 0^{kN}$

(2) 求解二力桿件之內力

取 $n{-}n$ 切斷面左側結構為自由體，如圖(a)所示，

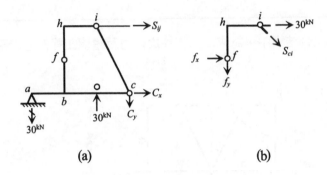

(a)　　　　　　　　　　　　(b)

由 $\Sigma M_c = 0$，得 $S_{ij} = +30^{kN}$（拉力）

再取 $m-m$ 切斷面上側之結構為自由體，如圖(b)所示，

由 $\Sigma M_f = 0$，得 $S_{ci} = -10\sqrt{5}^{\ kN}$（壓力）

再由對稱性可知 $S_{cj} = S_{ci} = -10\sqrt{5}$（壓力）

(3)繪撓曲桿件之彎矩圖

當支承反力及二力桿件之內力求得後，可依個別桿件分析法配合對稱觀念（即僅分析 *abcfhi* 部分之彎矩圖，而 *cdegjk* 部分之彎矩圖與之對稱），即可完成彎矩圖之分析（如圖(c)所示）。

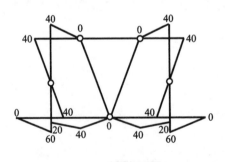

單位：kN-m

(c)彎矩圖

討論

在繪彎矩圖時，若能掌握若干控制斷面上的彎矩值，則可簡化撓曲結構彎矩圖的繪製。現以 *abcfhi* 部分為例：

(1) $M_{ab} = 0^{kN\text{-}m}$（簡支承）

$(2) M_{fb} = M_{fh} = M_{ih} = M_{cb} = 0^{\text{kN-m}}$　（鉸接續）

$(3) M_{hf} = (f_x)(2^{\text{m}}) = (20^{\text{kN}})(2^{\text{m}}) = 40^{\text{kN-m}}$

$(4) M_{ba} = (R_{ay})(2^{\text{m}}) = (30^{\text{kN}})(2^{\text{m}}) = 60^{\text{kN-m}}$

$(5) M_{bf} = (f_x)(2^{\text{m}}) = (20^{\text{kN}})(2^{\text{m}}) = 40^{\text{kN-m}}$

$(6) M_{hi} = M_{hf} = 40^{\text{kN-m}}$　（因為 h 上無外加力矩，所以 $M_{hi} = M_{hf}$）

當掌握以上各控制斷面上的彎矩值時，則可輕易繪出相關的彎矩圖。

例題 5-16

下圖所示桁架 $abcde$ 與剛架 cfg 鉸接於 c 點，a 為鉸支承，桁架各桿件之剛度(rigidity)均為 EA，剛架各構件的剛度均為 EI。桿件 dc 及 be 均受張力 P，試求桁架各桿件之內力；剛架之彎矩、剪力及軸力，並繪圖表示。

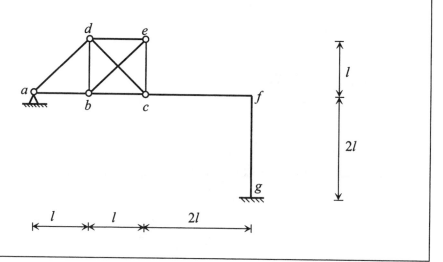

解

此為一組合結構，其中剛架 cfg 為基本部分，而桁架 $abcde$ 為其附屬部分。

1. 靜不定度數之判定

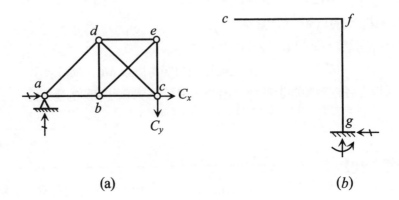

(a)   (b)

對桁架部分而言（如圖(a)所示）

$N_1 = (b+r) - 2j = (8+4) - 2 \times 5 = 2$

對剛架部分而言（如圖(b)所示）

$N_2 = (3b+r) - (3j+c) = (3 \times 2 + 3) - (3 \times 3 + 0) = 0$

故此結構之靜不定度數$N = N_1 + N_2 = 2 + 0 = 2$

但是由於桿件dc及be之內力為已知，因而此結構可視同一靜定結構來分析。

2. 求各桿件內力

由節點法可解得所有桁架桿件之內力（如圖(c)所示）及$C_x = C_y = 0$

由於在c點處$C_x = C_y = 0$，故知剛架cfg不受力，因此剛架之各內力均為零。

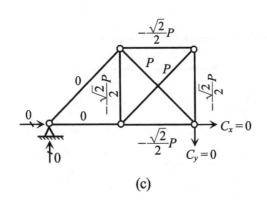

(c)

5-5　靜定組合結構在力學分析上之優點

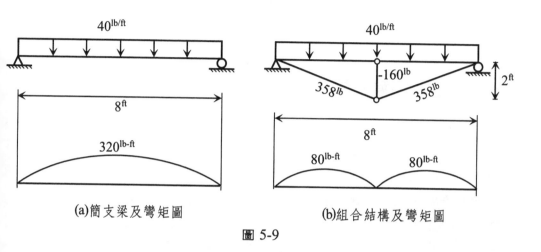

(a)簡支梁及彎矩圖　　　　　(b)組合結構及彎矩圖

圖 5-9

　　圖 5-9(a)所示為一簡支梁結構，其上承受$40^{lb/ft}$之均佈載重，其$M_{max} = 320^{lb\text{-}ft}$，現將此梁改為靜定組合結構，如圖 5-9(b)所示，則梁桿件中的$M_{max} = 80^{lb\text{-}ft}$。經適當的分析設計後可知，採用圖 5-9(b)的組合結構較採用圖 5-9(a)的簡支梁結構大約可省下 30%的材料〔摘自雷鍾和等編著「結構力學解疑」，清華大學出版社（中國），1995。〕，因此採用組合結構，不但可減小梁中的彎矩值，並且更能充分發揮材料強度並節省材料。

（討論）

　　與簡支梁相比，組合結構桿件多、節點多，因此在製造上比較麻煩，此點宜注意。

5-6 各式靜定結構之比較

現從受力角度及構造與施工角度,對梁、剛架、三鉸拱、桁架及組合結構作一比較。

一、從受力角度來看

二力桿件中只存有軸向力,因此二力桿件處於無彎矩狀態。在無彎矩狀態下,桿件中的正應力呈均勻分佈,所以可充分地發揮材料強度;相對的,撓曲桿件處於有彎矩狀態,彎矩在撓曲桿件中產生的正應力呈非均勻分佈,在中立軸附近為最小,因此無法充分地利用材料強度。由此觀點來看,為了充分發揮材料強度,最好在設計時,應儘量減小桿件中的彎矩值。

以下就各式靜定結構,說明在相同跨度和相同荷載的條件下,不同形式的結構,有著不同的受力反應:

(1)簡支梁和簡支剛架中,桿件會具有較大的彎矩。

(2)外伸梁、多跨靜定梁、三鉸剛架和組合結構中,撓曲桿件的彎矩較小。

(3)桁架及具有合理拱軸線的三鉸拱,其桿件不具彎矩。

因此,在實際工程之中,簡支梁多用於小跨徑的結構中,而簡支剛架較少應用;外伸梁、多跨靜定梁、三鉸剛架和組合結構則多用於跨徑較大的結構之中;對於更大的跨徑,則多採用桁架結構或具有合理拱軸線的拱結構。所以從受力角度來看,不同形式的結構,有著不同的適用範圍。

二、從構造與施工角度來看

簡支梁雖具有彎矩較大的缺點,但其構造簡單、施工方便,因此在工程之

中，仍被廣泛地應用；桁架及三鉸拱結構雖具有合理的受力狀態，但桁架的桿件較多、節點比較複雜，而三鉸拱拱軸線為曲線，且基礎須具備承受推力的能力，這些情況都增加了製造和施工的困難。因此結構形式的選擇，除了應從受力的角度來看，亦需從多方面來進行分析和比較。

第六章

靜定結構的影響線

>>>>>>>>

在前面幾章中討論了各類靜定結構的桿件內力（軸向力或剪力或彎矩）及支承反力在固定載重作用下的分析和計算方法。所謂固定載重，係指大小、方向及作用位置是固定不變的載重，如結構的自重或固定設備的重量等。但是一般在工程上的結構，尤其是公路和鐵路工程上的結構除了承受固定載重外，尚需承受作用位置會改變的活載重或移動載重的作用，例如，橋梁要承受行駛的汽車、火車等載重。

在活載重或移動載重作用下，結構的桿件內力或支承反力均將隨著載重位置的改變而產生變化，因此在結構設計時，必須求出在活載重或移動載重作用下結構的桿件內力及支承反力的最大值以為設計之依據。顯然的，要求出某一桿件內力或某一支承反力的最大值，必須先確定產生這一最大值的載重位置，此一載重位置稱為**最不利載重位置**。在實際工程中所遇到的活載重或移動載重的種類很多，要直接研討這些載重對結構某一力素（如某桿件斷面中的軸向力、剪力及彎矩或某支承反力等）的變化規律，將是一件十分複雜的事情。由於活載重或移動載重經常是由很多個間距不變的垂直集中載重或垂直均佈載重所組成的，因此為了分析上的方便，可先針對僅有一個單位集中載重在結構上移動的情況，研究某一力素的變化規律，然後再推廣至所有載重的情形。在單位移動載重作用下，結構某一力素與載重位置之關係圖形謂之該力素的**影響線**（influence line，簡寫為 I. L.）。一旦結構某一力素的影響線繪出後，即可顯示出活載重或移動載重的最不利載重位置及該力素的最大值。

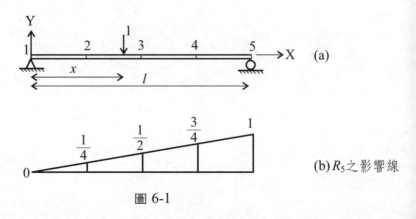

圖 6-1

現以圖 6-1(a)所示的簡支梁為例，來研究支承反力 R_5 的影響線。設 1 點為座標原點，橫座標 X 為垂直單位集中載重的作用位置，縱座標 Y 表示相應的支承反力 R_5 之大小，並設支承反力向上為正。

當垂直單位集中載重作用在距 1 點 x 距離時，由靜力平衡條件 $\Sigma M_1 = 0$，知

$$R_5 = (1)(\frac{x}{l}) = \frac{x}{l} \qquad 0 \le x \le l \tag{1}$$

上式即為支承反力 R_5 的影響線方程式，其所對應的圖形即為 R_5 的影響線。由於此方程式是 x 的一次函數，因此 R_5 的影響線將為一條直線，故僅需定出任意兩個點上的 R_5 值，例如

當 $x = 0$ 時，由(1)式知，$R_5 = 0$

當 $x = l$ 時，由(1)式知，$R_5 = 1$

即可得到支承反力 R_5 的影響線，如圖 6-1(b)所示。

由影響線的意義可知，此影響線表明了垂直單位集中載重在梁上移動時，支承反力 R_5 的變化規律，即當垂直單位集中載重分別移動至 1, 2, 3, 4 及 5 點時，支承反力 R_5 的數值大小分別對應為 $0, \frac{1}{4}, \frac{1}{2}, \frac{3}{4}$ 及 1。由以上的分析可知，最不利載重位置在 5 點，因為當垂直單位集中載重作用在第 5 點上時會產生支承反力 R_5 的最大值（即 $R_5 = 1$）。

在繪製影響線時，各力素之符號規定如下：

(1)支承反力：與單位集中載重反向為正；與單位集中載重同向為負。

(2)軸向力：張力為正；壓力為負。

(3)剪力：使桿件產生順時針旋轉趨向的剪力定為正剪力；反之則為負剪力。

(4)彎矩：使桿件產生凹面向上之變形（即上緣受壓下緣受拉）的彎矩定為正彎矩；反之則為負彎矩。

由於單位載重為一無因次之外力，因此各影響線值的單位分別為：

(1)支承反力、軸向力及剪力影響線值之單位：無。

(2)彎矩影響線值之單位：同距離之單位。

6-1　靜定梁結構之影響線

　　由靜力平衡關係繪製影響線較為費時，若利用 **Müller-Breslau** 原理即可迅速繪出靜定梁結構的影響線，現將此原理敘述如下：

　　「結構某力素之影響線，乃是去除該力素方向上之束制（但其他束制保持不變），並於該力素之正方向上產生一單位之變形量，因此所形成結構之彈性變形線即為該力素的影響線，而各點之變位值即為該力素之影響線值」。

　　在此原理中，所謂該力素之正方向係指正向支承反力或正向斷面內力（如正剪力或正彎矩）之方向。

（討論）

　　對於靜定梁結構而言，去除一個束制就會成為不穩定結構，其變形如同剛體運動一般，因此影響線均為直線或折線段。

6-1-1　單跨靜定梁結構之影響線

　　現以簡支梁為例，說明如何應用 Müller-Breslau 原理繪出單跨靜定梁結構各力素的影響線。

（一）支承反力影響的繪製

　　現以圖 6-2(a)所示的簡支梁為例，說明如何應用 Müller-Breslau 原理定出支承反力 R_B 的影響線：

　　首先於支承 B 處去除 R_B 方向上的束制（即移去該輥支承，如圖 6-2(b)所示）使該處無法抵抗 R_B 方向之力，然後以正向的 R_B（向上）作用於該處，使該處沿 R_B 方向產生一微小的虛位移 δ_y，如圖 6-2(b)所示，此時垂直單位集中載重作用處之虛位移可設為 $\delta_y{}'$。

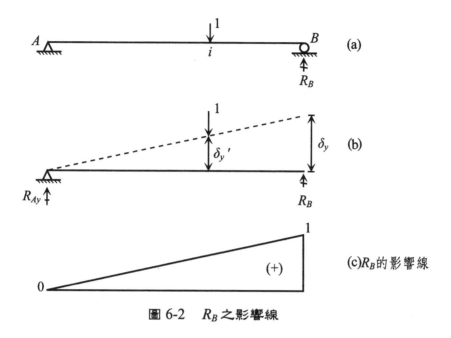

圖 6-2　R_B 之影響線

　　由虛功原理知，R_B 作了正功 $(R_B)(\delta_y)$；垂直單位集中載重作了負功 $(-1)(\delta_y')$；而 R_{Ay} 沒作功（因為支承 A 處在 R_{Ay} 方向無位移產生），因此虛功 δW 為

$$\delta W = (R_B)(\delta_y) + (-1)(\delta_y') + (R_{Ay})(0) = 0$$

若令虛位移 $\delta_y = 1$，則得

$$R_B = \delta_y' \tag{6.1}$$

（6.1）式表示，當 $\delta_y = 1$ 時，垂直單位集中載重處的虛位移量 (δ_y') 即為對應的 R_B 影響線值，換句話說，若令圖 6-2(b)中 $\delta_y = 1$，則簡支梁的彈性變形線即為支承反力 R_B 之影響線，如圖 6-2(c)所示。由此可得出單跨靜定梁結構支承反力影響線的繪製原則：

　　「先去除該支承反力方向上之束制（但其他束制保持不變），並在該支承反力之正方向上產生一單位位移，此時梁之彈性變形線即為該支承反力的影響線」。

（討論）

支承反力影響線之繪製要訣：

「順著該支承反力的正方向作一單位之位移」，依據此要訣即可迅速繪得該支承反力的影響線。記憶方式如圖 6-3 所示。

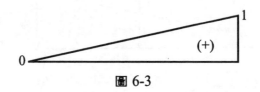

圖 6-3

由符號規定可知，所謂支承反力的正方向，係指與單位集中載重相反的方向謂之。

(二)斷面剪力影響線的繪製

現以圖 6-4(a)所示的簡支梁為例，說明如何應用Müller-Breslau原理繪出 C 點處斷面剪力 V_c 的影響線：

首先於斷面 C 處去除 V_c 方向上的束制（即將斷面 C 改為導向接續，如圖 6-4(b)所示），使此斷面能抵抗軸向力與彎矩，但不能抵抗垂直剪力，然後以一對正剪力 V_c（能使桿件產生順時針旋轉趨向的剪力稱為正剪力）作用於導向接續的左右兩側，使該處沿 V_c 方向產生一微小相對虛位移 δ_y，如圖 6-4(b)所示，此時變形後的 AC 段將平行 CB 段（以符合導向接續之特性），而垂直單位集中載重作用處的虛位移可設為 $\delta_y{}'$。

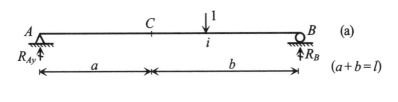

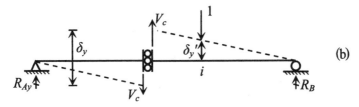

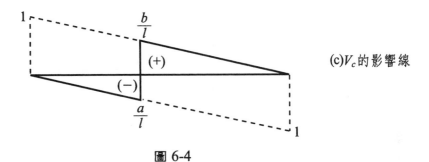

圖 6-4

　　由虛功原理知，V_c 作正功 $(V_c)(\delta_y)$；垂直單位集中載重作了負功 $(-1)(\delta_y')$；而 R_{Ay} 與 R_B 沒作功，因此虛功 δW 為

$$\delta W = (V_c)(\delta_y) + (-1)(\delta_y') + (R_{Ay})(0) + (R_B)(0) = 0$$

若令相對虛位移 $\delta_y = 1$，則得

$$V_c = \delta_y' \tag{6.2}$$

（6.2）式表示，當 $\delta_y = 1$ 時，垂直單位集中載重處的虛位移量 (δ_y') 即為對應的 V_c 影響線值，換句話說，若令圖 6-4(b)中的 $\delta_y = 1$，則簡支梁的彈性變形線即為斷面剪力 V_c 之影響線，如圖 6-4(c)所示。

　　由以上的分析，可得單跨靜定梁結構斷面剪力影響線的繪製原則：「**去除該斷面之剪力束制（但其他束制保持不變），並使該斷面左右兩側於正剪力方**

向上產生一單位之相對位移（但切口處無相對轉角），此時梁之彈性變形線即為該斷面之剪力影響線」。

(討論)

斷面剪力影響線之繪製要訣：

「將欲求剪力影響線之斷面切開，右邊上提 $\dfrac{b}{l}$ 之位移，左邊下拉 $\dfrac{a}{l}$ 之位移」，依據此要訣即可迅速繪得該斷面之剪力影響線。記憶方式如圖 6-5 所示。

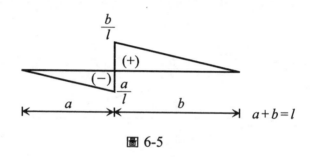

圖 6-5

導向接續為非剛性接續的一種，由其持性可知，剪力影響線必呈平行錯開的兩段直線，而導向接續處即為其分段點，其中平行錯開之大小為 $(\dfrac{a}{l}+\dfrac{b}{l})=1$。

(三)斷面彎矩的影響線

現以圖 6-6(a)所示的簡支梁為例，說明如何應用 Müller-Breslau 原理繪出 C 點處斷面彎矩 M_c 的影響線：

首先於斷面 C 處去除 M_c 方向上的束制（即將斷面 C 改為鉸接續，如圖 6-6(b)所示），使此斷面能抵抗軸向力與剪力，但不能抵抗彎矩，然後以一對正彎矩 M_c（能使桿件產生凹面向上之變形的彎矩稱為正彎矩）作用於鉸接續的左右兩側，使該處沿 M_c 方向產生一微小的相對虛轉角 $\delta\theta$，如圖 6-6(c)所示，而垂直單位集中載重作用處的虛位移可設為 δ_y'。

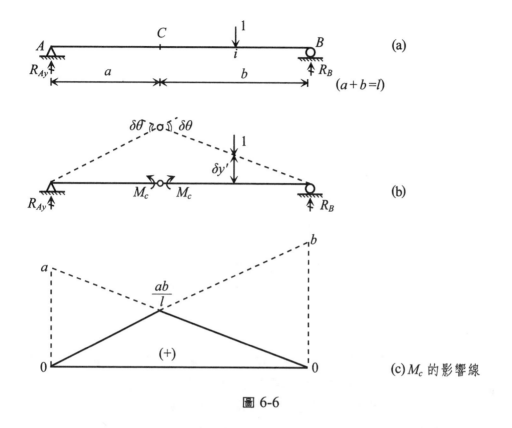

圖 6-6

由虛功原理知，M_c 作正功$(M_c)(\delta_\theta)$；垂直單位集中載重作負功$(-1)$$(\delta_y')$；而 R_{Ay} 及 R_B 沒作功，因此虛功δW 為

$$\delta W = (M_c)(\delta_\theta) + (-1)(\delta_y') + (R_{Ay})(0) + (R_{By})(0) = 0$$

若令相對虛轉角 $\delta\theta = 1$，則得

$$M_c = \delta_y' \tag{6.3}$$

（6.3）式表示，當 $\delta\theta = 1$ 時，垂直單位集中載重處的虛位移量(δ_y')即為對應的 M_c 影響線值，換句話說，若令圖 6-6(b)中的 $\delta\theta = 1$，則簡支梁的彈性變形線即為斷面彎矩 M_c 之影響線，如圖 6-6(c)所示。由以上的分析，可得單跨靜定梁結構斷面彎矩影響線的繪製原則：「**去除該斷面之彎矩束制（但其他束制保持不變），並使該斷面左右兩側於正彎矩方向上產生一單位之相對轉角，此時梁之**

彈性變形線即為該斷面之彎矩影響線」。

討論 1

有關單位相對轉角之討論

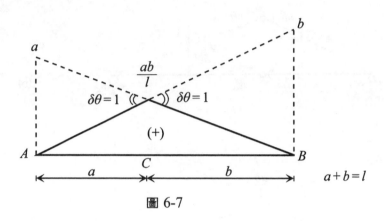

圖 6-7

於圖 6-6(a)所示的簡支梁中，在求斷面彎矩 M_c 的影響線時，須令 $\delta\theta=1$，此處所謂 $\delta\theta=1$ 不是指 $\delta\theta=1$ 弧度，而是應滿足以下兩條件：（見圖 6-7）

(1)對於AC段之影響線而言，其延長線於B點處之縱座標值$=(b)(\delta\theta)=b$

(2)對於CB段之影響線而言，其延長線於A點處之縱座標值$=(a)(\delta\theta)=a$

據此，由比例關係可得知，C點處之縱座標值為 $\dfrac{ab}{l}$。

討論 2

斷面彎矩影響線之繪製要訣：

「將欲求彎矩影響線之斷面切開，上提 $\dfrac{ab}{l}$ 之位移」，依據此要訣即可迅速繪得該斷面之彎矩影響線。記憶方式如圖 6-8 所示。

鉸接續為非剛性接續的一種，因此彎矩影響線必呈兩段斜率不同的相連直線，而鉸接續處為其分段點。

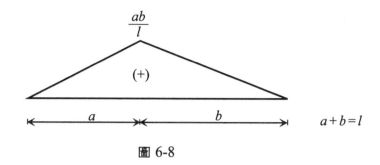

圖 6-8

由於任何影響線的繪製均和梁的變形以及束制條件有關，因此依據以上各種情形可推知，**當相關束制去除後，在單位集中載重作用方向上仍有完全束制的點（即無位移之點），其各影響線值必為零，因而此點在影響線上可視為一「固定點」。**

在某些靜定梁結構的影響線中，將會因束制關係而出現「固定段」的情況。由於變形受到約束，因此**在固定段中各影響線值亦必為零。**在繪製各類結構的影響線時，若能先行決定出各固定點或固定段，則可加速各影響線的繪製。

依據以上的分析，在繪製靜定梁結構影響線時應掌握以下幾個重點：

重點1 由束制條件決定固定點與固定段，其所對應之各影響線值均為零。

重點2 若求支承反力影響線，則順著該支承反力的正方向作一單位之位移；若求斷面剪力影響線，則在該斷面處右邊上提 $\dfrac{b}{l}$ 之位移，左邊下拉 $\dfrac{a}{l}$ 之位移，形成平行錯開一單位之二直線段；若求斷面彎矩影響線，則在該斷面處上提 $\dfrac{ab}{l}$ 之位移，形成相連之二直線段。當影響線繪出後，各控制點上的數值可由比例關係求得。

重點3 若由上述重點不易直接求得影響線時，則可藉由彈性變形線的繪出來輔助影響線的求得。唯需注意的是，當相關束制去除後，非剛性接續處將為影響線的分段點。

重點4 靜定結構的影響線是由直線段所組成，對於任一直線段而言，若能定出不同兩點之縱座標值（即影響線值），則此直線段即可定出，由此可知，若能先行確定固定點或固定段，則有助於影響線的繪製。

例題 6-1

於下圖所示的梁結構中，試繪$R_b, R_d, V_c, M_c, V_e, M_e, V_{b左}, M_b, V_{b右}$之影響線。

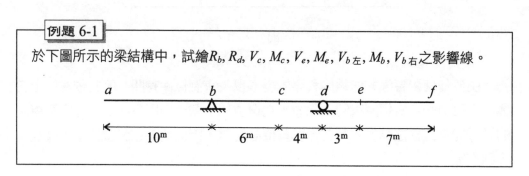

解

(1) R_b 之影響線：

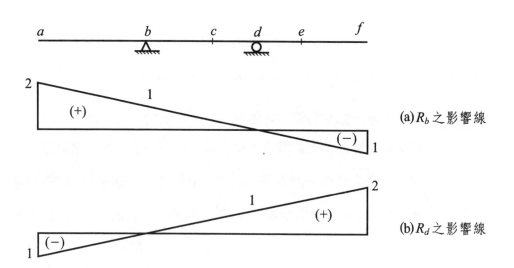

(a) R_b 之影響線

(b) R_d 之影響線

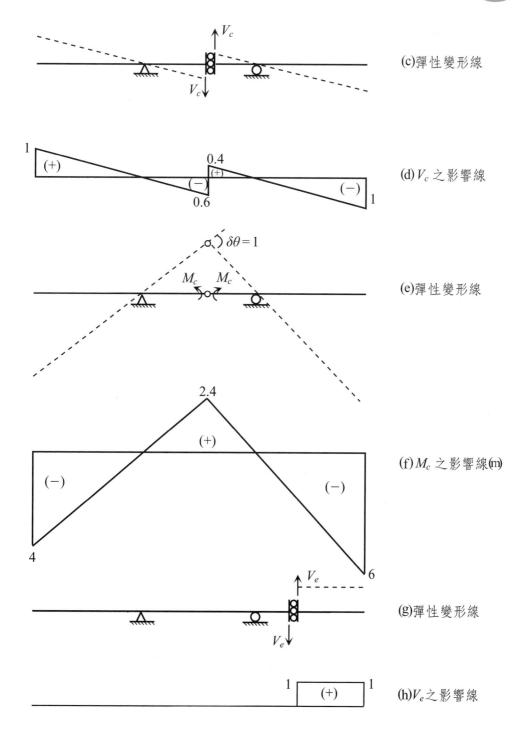

(c)彈性變形線

(d)V_c 之影響線

(e)彈性變形線

(f)M_c 之影響線(m)

(g)彈性變形線

(h)V_e 之影響線

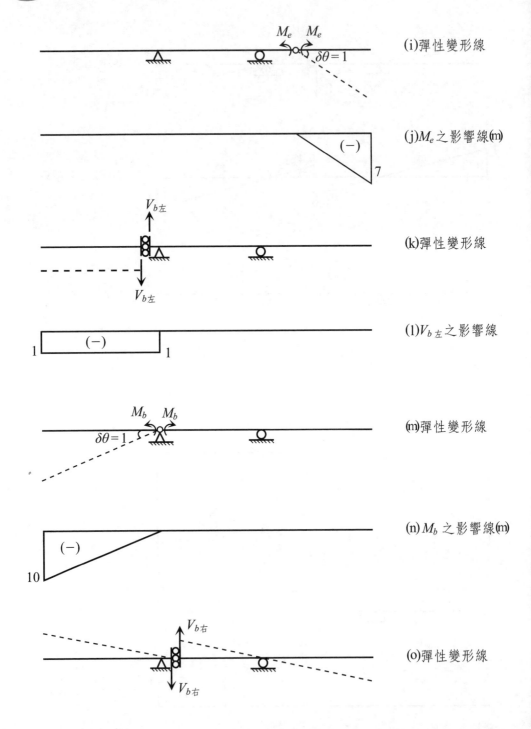

(i)彈性變形線

(j)M_e 之影響線(m)

(k)彈性變形線

(l)$V_{b左}$ 之影響線

(m)彈性變形線

(n)M_b 之影響線(m)

(o)彈性變形線

(p)$V_{b右}$之影響線

(1) R_b 之影響線：

　　b點上提 1，d點為固定點（影響值為零），圖形為一段直線，a點及f點的數值可由比例關係求得。

(2) R_d 之影響線：

　　d點上提 1，b點為固定點，圖形為一段直線，a點及f點的數值可由比例關係求得。

(3) V_c 之影響線：

　　在c點處右邊上提 $\dfrac{b}{l} = \dfrac{4^m}{10^m} = 0.4$，左邊下拉 $\dfrac{a}{l} = \dfrac{6^m}{10^m} = 0.6$，$b$點及$d$點均為固定點，圖形為平行錯開之二直線段，彈性變形線如圖(c)所示，影響線如圖(d)所示。

(4) M_c 之影響線：

　　在c點處上提 $\dfrac{ab}{l} = \dfrac{(6^m)(4^m)}{10^m} = 2.4^m$，$b$點及$d$點均為固定點，圖形為相連之二直線段，彈性變形線如圖(e)所示，影響線如圖(f)所示。

(5) V_e 之影響線：

　　b點及d點均為固定點，由圖(g)之彈性變形線可看出ae段為一固定段，因此在V_e作用下ae段將保持不變，而ef段將順著V_e方向向上平移一單位，保持ef段平行ae段。影響線如圖(g)所示。

(6) M_e 之影響線：

　　b點及d點均為固定點，ae段為一固定段（如圖(i)所示），因此在M_e作用下ae段將保持不變，而ef段將順著M_e方向轉動一單位（$\delta\theta = 1$），此時f點處之縱座標的絕對值大小$= (7^m)(\delta\theta) = 7^m$。影響線如圖(j)所示

(7) $V_{b左}$ 之影響線：

　　將b點左側改為導向接續，並以正剪力$V_{b左}$作用於導向接續之兩側，如圖(k)所示，由於bf段為固定段，因此bf段將保持不變，而ab段將順著$V_{b左}$之方向向下平移一單位，保持ab段平行bf段。影響線如圖(l)所示。

(8) M_b 之影響線：

　　將 b 點改以鉸接續，並以正彎矩 M_b 作用於鉸接續之兩側，如圖(m)所示，由於 b 點仍受鉸支承之約束，因此 bf 段仍為一固定段，在 M_b 作用下，bf 段將保持不變，而 ab 段將順著 M_b 方向轉動一單位（ $\delta\theta = 1$ ），此時 a 點處之縱座標的絕對值大小＝ $(10^m)(\delta\theta) = 10^m$，如圖(n)所示。

(9) $V_{b右}$ 之影響線：

　　將 b 點右側改為導向接續，並以正剪力 $V_{b右}$ 作用於導向接續之兩側，如圖(o)所示，此時 b 點及 d 點均為固定點。在正剪力 $V_{b右}$ 之作用下，$V_{b右}$ 之影響線為平行錯開之二直線段，如圖(p)所示。

(討論 1)

　　現以 R_b 的影響線（如圖(a)所示）為例，來說明若干影響線之觀念：

由圖(a)可知，當垂直單位集中載重作用在 a 點時，$R_b = +2$（正表 R_b 作用向上）；作用在 b 點時，$R_b = +1$；作用在 d 點時 $R_b = 0$；作用在 f 點時，$R_b = -1$（負表 R_b 作用向下），由此可知，當垂直單位集中載重作用在 a 點時，R_b 的值為最大（ $= +2$ ）。另外，由圖(a)可看出，垂直單位集中載重作用在 ad 段上時，R_b 的影響線值為正，這表示 R_b 作用向上；作用在 df 段上時，R_b 的影響線值為負，這表示 R_b 作用向下。

同理可分析其他力素的影響線。

(討論 2)

　　藉由彈性變形線的繪出，可更清晰地瞭解影響線之形狀，而有助於影響線的繪製。

例題 6-2

於下圖所示靜定梁結構中，試繪 R_a, $V_{a右}$, M_a, V_c 及 M_c 之影響線。

$$a \quad\quad\quad\quad c \quad\quad\quad\quad b$$

4ᵐ　　　　　6ᵐ　　　　$l = 4^m + 6^m = 10^m$

解

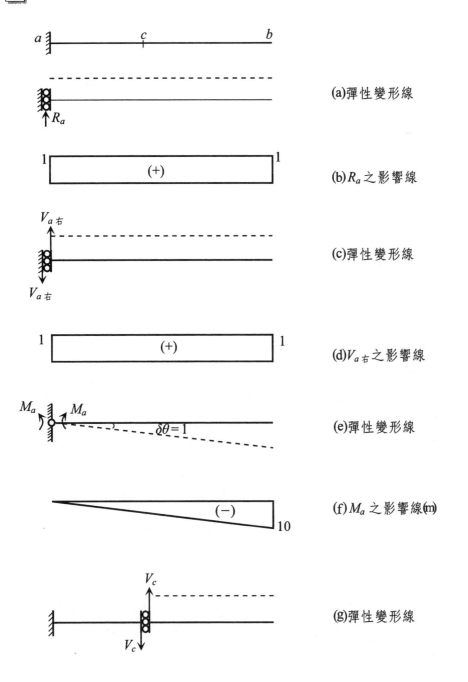

(a)彈性變形線

(b)R_a 之影響線

(c)彈性變形線

(d)$V_{a右}$ 之影響線

(e)彈性變形線

(f)M_a 之影響線(m)

(g)彈性變形線

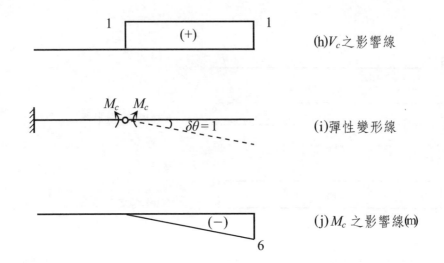

(h)V_c之影響線

(i)彈性變形線

(j)M_c之影響線(m)

(1)R_a之影響線：

　　a端原為固定端，去除R_a方向之約束後，成為一個僅可以抵抗水平支承反力與彎矩的導向支承，於此處沿R_a正方向上提一單位後的彈性變形線如圖(a)所示，影響線如圖(b)所示。

(2)$V_{a右}$之影響線：

　　將a點右側改為導向接續，並以正剪力$V_{a右}$作用於導向接續之兩側，由於導向接續之左側（即a端）為固定端，不會隨$V_{a右}$移動，因此ab段將順著$V_{a右}$之方向向上平移一單位，彈性變形線如圖(c)所示，影響線如圖(d)所示。

(3)M_a之影響線：

　　a端原為固定端，去除M_a所對應之約束後，如同一個鉸支承，僅可抵抗水平支承反力及垂直支承反力，由於鉸支承之左側為固定，因此不會受M_a影響，但ab段將順著M_a方向轉動一單位（$\delta\theta=1$），如圖(e)所示，此時b點處之縱座標的絕對值大小$=(10^m)(\delta\theta)=10^m$，而影響線如圖(f)所示。

(4)V_c之影響線：

　　ac段為固定段，因此在V_c作用下ac段將保持不變，而cb段將順著V_c方向向上平移一單位，並保持cb段平行ac段，彈性變形線如圖(g)所示，而影響線如圖(h)所示。

(5) M_c 之影響線：

　　ac 段為固定段，因此在 M_c 作用下 ac 段將保持不變，而 cb 段將順著 M_c 方向
轉動一單位（$\delta\theta = 1$），此時 b 點處之縱座標的絕對值大小 $=(6^m)(\delta\theta)=6^m$。
彈性變形線如圖(i)所示，影響線如圖(j)所示。

6-1-2　多跨靜定梁結構之影響線

　　結構中凡本身即能獨立維持穩定的部分稱為基本部分，而需要依靠基本部
分的支撐才能保持穩定的部分稱為附屬部分。在圖 6-9(a)所示的兩跨靜定梁結
構中，AC 段即為基本部分而 CE 段為其附屬部分。

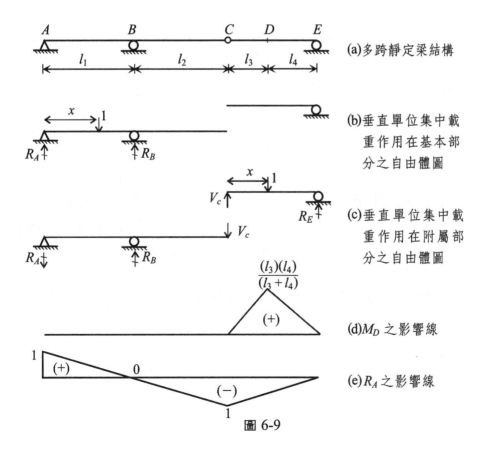

(a) 多跨靜定梁結構

(b) 垂直單位集中載重作用在基本部分之自由體圖

(c) 垂直單位集中載重作用在附屬部分之自由體圖

(d) M_D 之影響線

(e) R_A 之影響線

圖 6-9

　　多跨靜定梁結構是由基本部分與附屬部分所共同組成，由於附屬部分的穩定須由基本部分來承擔，因此從受力角度來看，作用在附屬部分的載重能使附屬部分及相關的基本部分產生內力。但是對於作用在基本部分的載重而言，由於基本部分本身即可獨立維持穩定，而不須藉由附屬部分來承擔穩定，因此作用在基本部分的載重僅使基本部分產生內力而附屬部分將不受力。這些受力觀念可應用在多跨靜定梁結構各影響線的繪製中，現以圖 6-9(a)所示之兩跨靜定梁為例，說明 M_D 影響線及 R_A 影響線的繪製觀念。

1. M_D 影響線之繪製觀念（斷面 D 位於附屬部分）

　　當垂直單位集中載重作用在 AC 段（即基本部分）時，由於 CE 段（即附屬部分）不受力（如圖 6-9(b)所示），因此斷面 D 處的彎矩值 $M_D = 0$，此即表示 AC 段的 M_D 影響線值為零，換言之，在此情況下的 AC 段可視為一固定段（見圖 6-9(d)中 AC 段之影響線）。

　　當垂直單位集中載重作用在 CE 段（即附屬部分）時，由圖 6-9(c)可看出 AC 段及 CE 段均會受力，而 CE 段的受力狀況如同一簡支梁，因此 CE 段的 M_D 影響線可按單跨靜定梁結構的彎矩影響線繪製法繪出，亦即將 D 點處影響線縱座標上提 $\dfrac{ab}{l} = \dfrac{(l_3)(l_4)}{(l_3+l_4)}$（見圖 6-9(d)中 CE 段之影響線）。

2. R_A 影響線的繪製觀念（支承 A 位於基本部分）

　　當垂直單位集中載重作用在 AC 段（即基本部分）時，由於 CE 段（即附屬部分）不受力，故可暫不計 CE 段。由於 AC 段的受力狀況如同一單跨靜定懸伸梁（見圖 6-9(b)），因此 AC 段的 R_A 影響線可按單跨靜定梁結構的支承反力影響線繪製法繪出，亦即將 A 點處影響線縱座標上提 1 單位，而 B 點為固定點（見圖 6-9(e)中 AC 段之影響線）。

　　當垂直單位集中載重作用在 CE 段（即附屬部分）時，由於支承 A 屬於基本部分而不屬於附屬部分，因此可證得 CE 段所對應的 R_A 影響線圖形為一直線段：

　　於圖 6-9(c)中，取 CE 段為自由體，可求得 $V_c = \dfrac{(l_3+l_4)-x}{l_3+l_4}$，再取 AC 段為自由體，可求得 $R_A = -\left(\dfrac{(l_3+l_4)-x}{l_3+l_4}\right)\left(\dfrac{l_2}{l_1}\right)$。

由於上式為 x 的一次函數,所以可證得 CE 段所對應的 R_A 影響線圖形為一直線段。假若知道此直線段上任意兩點之縱座標值,即可繪出 CE 段所對應的 R_A 影響線。如今 E 點為固定點,其縱座標值為零,而 C 點處的縱座標值可由圖 6-9(e) 中 AC 段之影響線得出,因此由 C、E 兩點的縱座標值即可確定出 CE 段的 R_A 影響線(見圖 6-9(e) 中 CE 段之影響線)。

至於其他各力素的影響線,均可依上述分析方法繪出。

綜合以上的分析,可得到以下兩點結論:

(1)欲求影響線的力素位於附屬部分時,基本部分可視為一固定段,其影響線值為零,而附屬部分的影響線可按相應之單跨靜定梁結構的影響線繪製法繪出。

(2)欲求影響線的力素位於基本部分時,基本部分的影響線可按相應之單跨靜定梁結構的影響線繪製法繪出,而附屬部分僅需知道任意二點的縱座標,再以直線貫連,即可完成影響線的繪製。

以單跨靜定梁結構的影響線繪製法為基礎,掌握固定點及固定段,並結合上述兩點結論,多跨靜定梁結構的各影響線即可迅速繪出。一般而言,**應先繪出基本部分的影響線後,再繪附屬部分的影響線。**

(討論)

多跨靜定梁結構的影響線是由直線段所組成,而非剛性接續處即為影響線的分段點。

例題 6-3

於下圖所示兩跨靜定梁中,試繪 R_A, R_C, R_E, V_B 及 M_B 的影響線。

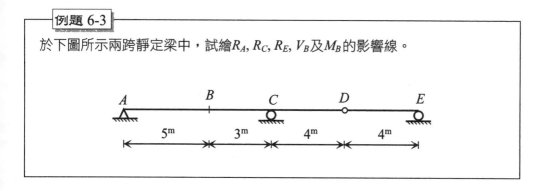

解

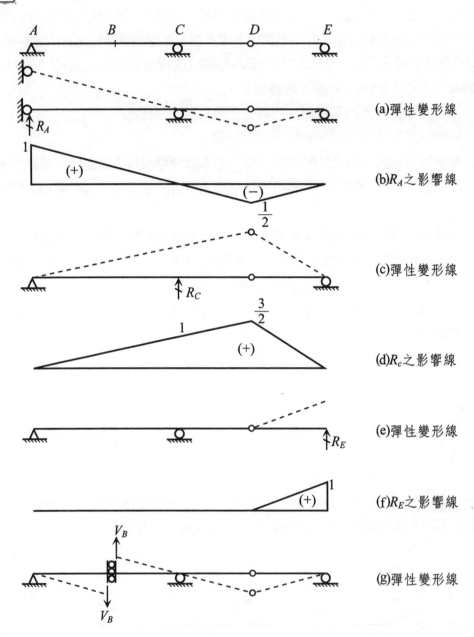

(a)彈性變形線

(b)R_A之影響線

(c)彈性變形線

(d)R_c之影響線

(e)彈性變形線

(f)R_E之影響線

(g)彈性變形線

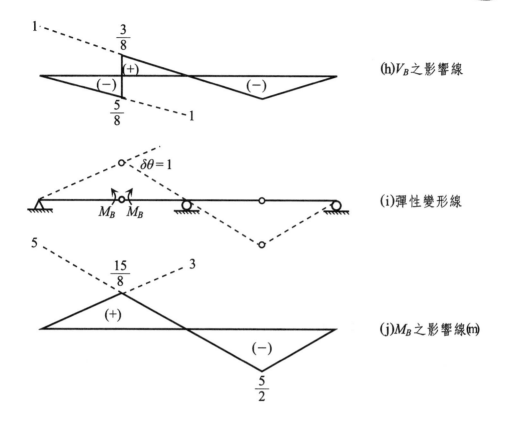

(h)V_B之影響線

(i)彈性變形線

(j)M_B之影響線(m)

AD 段為基本部分，而 DE 段為其附屬部分

(1) R_A 之影響線：

欲求影響線之力素 R_A 位於基本部分。在 AD 段中，A 點上提 1，而 C 點為固定點，圖形為一直線段；在 DE 段中，D 點的縱座標值由比例關係得知為 $(-\frac{1}{2})$，而 E 點為固定點，圖形亦為一直線段。支承 A 去除垂直束制後，改為一橫向的輥支承，如圖(a)所示。

(2) R_c 之影響線：

欲求影響線之力素 R_c 位於基本部分。在 AD 段中，A 點為固定點，而 C 點上提 1，圖形為一直線段；在 DE 段中，D 點的縱座標值由比例關係得知為 $\frac{3}{2}$，而 E 點為固定點，圖形亦為一直線段。

(3) R_E 之影響線：

欲求影響線之力素 R_E 位於附屬部分，因此 AD 段為一固定段（即垂直單位集中載重在 AD 段移動時，$R_E = 0$）；在 DE 段中，D 點之縱座標值為零，而 E 點上提 1，圖形亦為一直線段。

(4) V_B 之影響線：

欲求影響線之力素 V_B 位於基本部分，在 AD 段中，B 點處右邊上提 $\dfrac{b}{l} = \dfrac{3^m}{8^m} = \dfrac{3}{8}$，左邊下拉 $\dfrac{a}{l} = \dfrac{5^m}{8^m} = \dfrac{5}{8}$，而 A 點及 C 點均為固定點，圖形為平行錯開之二直線段；在 DE 段中，D 點之縱座標值由比例關係得知為 $(-\dfrac{1}{2})$，而 E 點為固定點，圖形為一直線段。

(5) M_B 之影響線：

欲求影響線之力素 M_B 位於基本部分。在 AD 段中，B 點處上提 $\dfrac{ab}{l} = \dfrac{(5^m)(3^m)}{8^m}$ $= \dfrac{15^m}{8}$，而 A 點及 C 點均為固定點，圖形為相連的二直線段；在 DE 段中，D 點之縱座標值由比例關係得知為 $(-\dfrac{5}{2})$，而 E 點為固定點，圖形為一直線段。

例題 6-4

於下圖所示兩跨靜定梁中，試繪 R_A, R_C, R_E, V_B 及 M_B 的影響線。

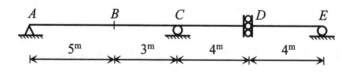

解

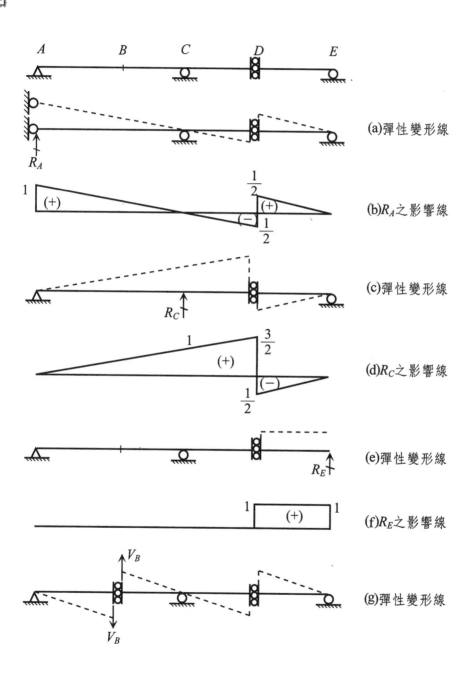

(a)彈性變形線

(b)R_A之影響線

(c)彈性變形線

(d)R_C之影響線

(e)彈性變形線

(f)R_E之影響線

(g)彈性變形線

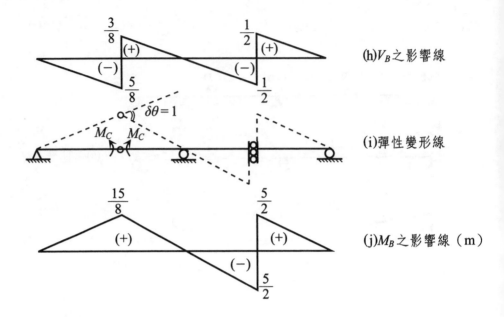

(h)V_B之影響線

(i)彈性變形線

(j)M_B之影響線（m）

AD 段為基本部分，而 DE 段為其附屬部分，現僅就R_A, R_E, V_B及M_B之影響線加以說明，而R_C之影響線見圖(d)。

(1) R_A之影響線：

欲求影響線之力素 R_A 位於基本部分。在 AD 段中，A 點上提 1，而 C 點為固定點，圖形為一直線段，其中 D 點的縱座標值由比例關係得知為$(-\frac{1}{2})$；在 DE 段中，E 點為固定點，由於 D 點為導向接續，因此 AD 段與 DE 段為平行錯開之二直線段。

(2) R_E之影響線：

欲求影響線之力素 R_E 位於附屬部分，因此 AD 段為一固定段，其中 D 點的縱座標值為零；在 DE 段中，E 點上提 1，但是 D 點為導向接續，因此 AD 段與 DE 段為平行錯開之二直線段。

(3) V_B之影響線：

欲求影響線之力素 V_B 位於基本部分。在 AD 段中，B 點處右邊上提 $\dfrac{b}{l}=\dfrac{3^m}{8^m}=\dfrac{3}{8}$，左邊下拉 $\dfrac{a}{l}=\dfrac{5^m}{8^m}=\dfrac{5}{8}$，而 A 點及 C 點均為固定點，圖形為平行錯開之二直

線段，其中 D 點之縱座標值由比例關係得知為$(-\frac{1}{2})$；在 DE 段中，E 點為固定點，由於 D 點為導向接續，因此 BD 段與 DE 段為平行錯開之二直線段。

(4) M_B 之影響線：

欲求影響線之力素 M_B 位於基本部分。在 AD 段中，B 點處上提 $\dfrac{ab}{l} = \dfrac{(5^{\text{m}})(3^{\text{m}})}{8^{\text{m}}} = \dfrac{15^{\text{m}}}{8}$，而 A 點及 C 點均為固定點，圖形為相連的二直線段，其中 D 點的縱座標值由比例關係得知為$(-\frac{5}{2})$；在 DE 段中，E 點為固定點，由於 D 點為導向接續，因此 BD 段及 DE 段為平行錯開之二直線段。

例題 6-5

於下圖所示靜定梁中，試繪 R_E, V_A, M_A, V_B, M_B, V_D 及 M_D 之影響線。

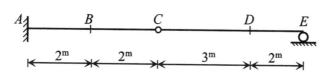

解

AC 段為基本部分，而 CE 段為其附屬部分。

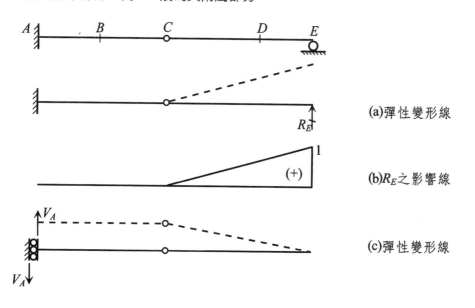

(a)彈性變形線

(b)R_E之影響線

(c)彈性變形線

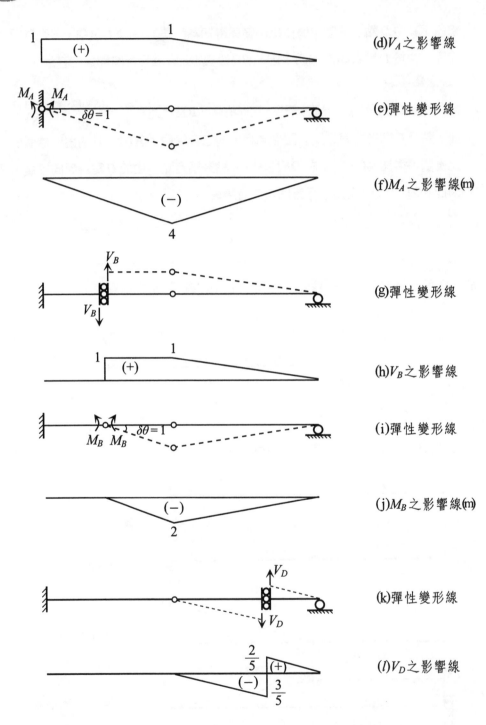

(d)V_A 之影響線

(e)彈性變形線

(f)M_A 之影響線(m)

(g)彈性變形線

(h)V_B 之影響線

(i)彈性變形線

(j)M_B 之影響線(m)

(k)彈性變形線

(l)V_D 之影響線

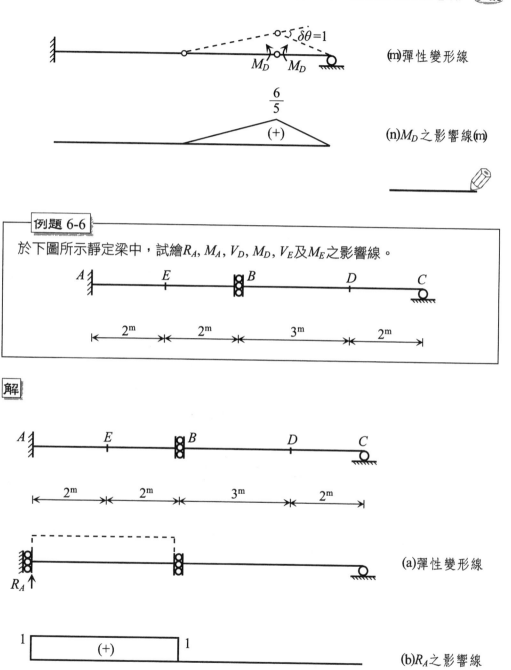

(m)彈性變形線

$$\frac{6}{5}$$

(+)

(n)M_D 之影響線(m)

例題 6-6

於下圖所示靜定梁中，試繪R_A, M_A, V_D, M_D, V_E 及M_E之影響線。

2ᵐ　2ᵐ　3ᵐ　2ᵐ

解

(a)彈性變形線

R_A

1　1

(+)

(b)R_A之影響線

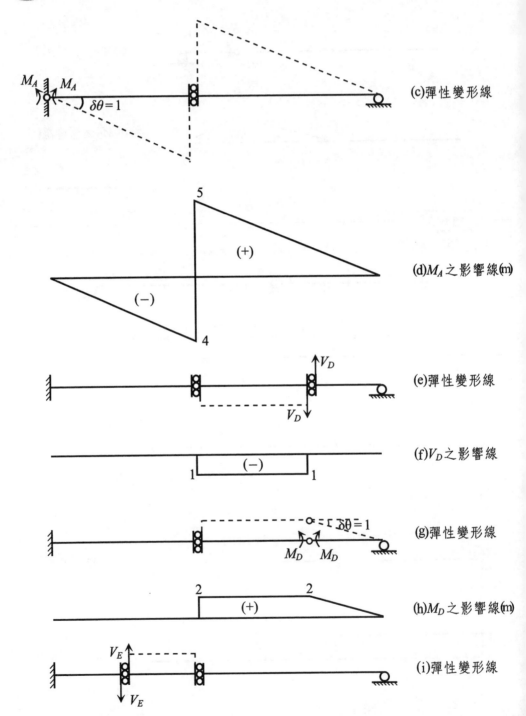

(c)彈性變形線

(d)M_A 之影響線(m)

(e)彈性變形線

(f)V_D 之影響線

(g)彈性變形線

(h)M_D 之影響線(m)

(i)彈性變形線

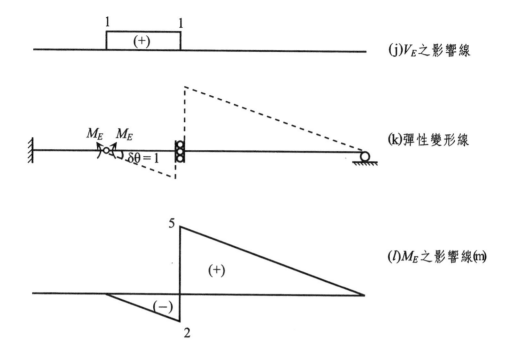

(j)V_E之影響線

(k)彈性變形線

(l)M_E之影響線(m)

AB 段為基本部分，BC 段為其附屬部分 。不論是導向支承或導向接續均具有抗彎能力。現僅就R_A, V_D, M_D, V_E之影響線加以說明，其餘影響線見各圖。

(1)R_A, V_D, V_E之影響線：

由於導向支承或導向接續具有抗彎能力，所以在各作用力的作用下，各段僅會產生相對的平移，因此各段均保持平行。

(2)M_D之影響線：

欲求影響線之力素M_D位於附屬部分，因此 AB 段為固定段。在圖(g)所示的彈性變形線中，D 點在作用力M_D的作用下，應上提 $\dfrac{ab}{l} = \dfrac{(3^m)(2^m)}{(5^m)} = \dfrac{6^m}{5}$，但是 B 點為一導向接續具有抗彎能力，因此 AB 段與 BD 段應保持平行，所以 D 點的縱座標值不再是 $\dfrac{6^m}{5}$，而應該是$(2^m)(\delta\theta = 1) = 2^m$。

例題 6-7

下圖所示為一兩跨靜定梁結構，試繪 R_b, R_d, V_{bL}, V_{bR}, M_a 及 M_b 之影響線。

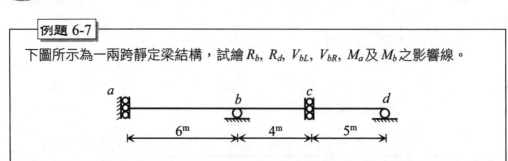

解

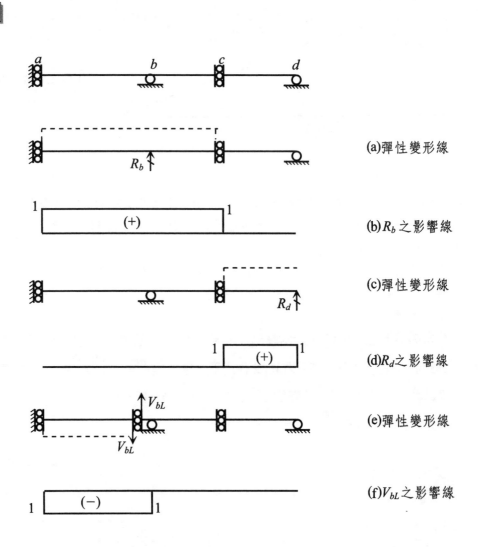

(a)彈性變形線

(b) R_b 之影響線

(c)彈性變形線

(d) R_d 之影響線

(e)彈性變形線

(f) V_{bL} 之影響線

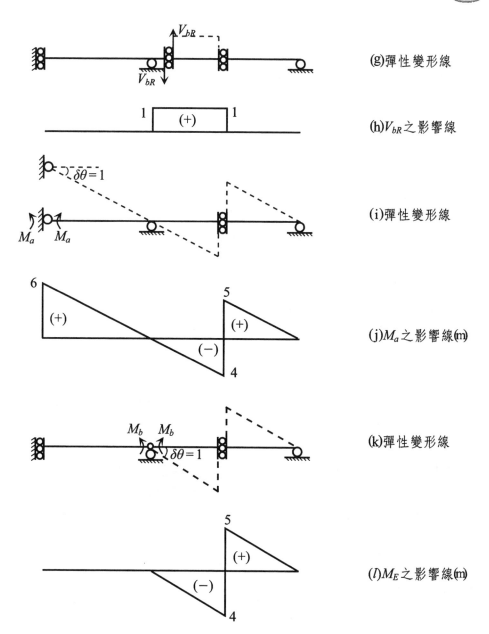

(g)彈性變形線

(h)V_{bR}之影響線

(i)彈性變形線

(j)M_a之影響線(m)

(k)彈性變形線

(l)M_E之影響線(m)

ac段為基本部分，cd段為其附屬部分。

(1)R_b之影響線：

a端為導向支承，c點為導向接續，因此在R_b作用下，ac段將向上平移。此外，對cd段而言，由於d點為固定點且cd段應保持與ac段平行（因為c點為導向接續），所以cd段將保持固定不動。

(2) R_d之影響線：

欲求影響線之力素R_d位於附屬部分，所以ac段為固定段，另外，由於c點為導向接續，因此cd段在R_d之作用下將向上平移，並保持與ac段平行。

(3) V_{bL}之影響線：

將b點左側之斷面改為導向接續（見圖(e)）。在正剪力V_{bL}之作用下，ab段將向下平移。對bd段而言，由於導向接續的關係，因此bc段與cd段均應與ab段保持平行，由於b點及d點均為固定點，因此可得知bd段將維持固定不動。

(4) V_{bR}之影響線：

將b點右側之斷面改為導向接續（見圖(g)）。ab段保持為固定段，不受正剪力V_{bR}之影響，而bc段與cd段均應與ab段保持平行，其中d點為固定點。

(5) M_a之影響線：

a端去除彎矩約束後，如同一個僅可承受水平支承反力的橫向輥支承（見圖(i)）。a點左側為固定，不受M_a影響；但a點右側會受M_a影響而產生向上之移動，移動大小＝$(6^m)(\delta\theta=1)=6^m$。

(6) M_b之影響線：

a端為導向支承可抵抗水平力及彎矩，b點有輥支承可抵抗垂直力，故ab段為一固定段，將不受M_b的影響，而bc段將順著M_b方向產生旋轉，c點處之縱座標的絕對值大小＝$(4^m)(\delta\theta=1)=4^m$。

例題 6-8

於下圖所示的多跨靜定梁中，試繪 R_c, V_E, M_E, V_H, M_H, V_J 及 M_J 的影響線。

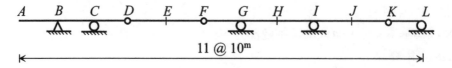

解

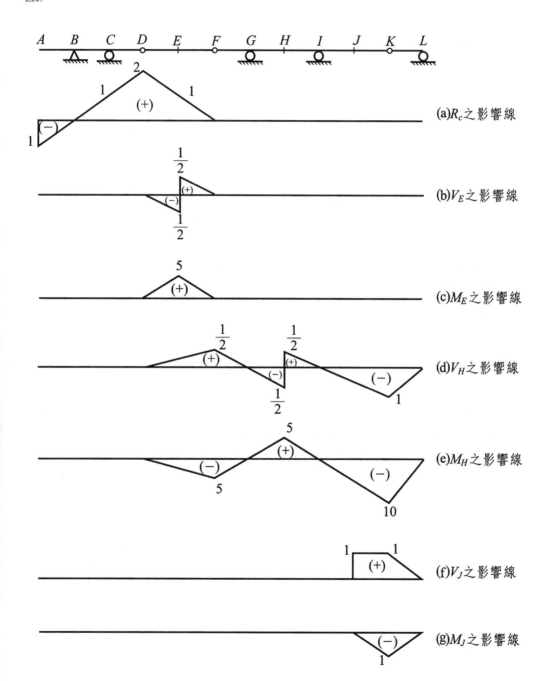

(a)R_c之影響線

(b)V_E之影響線

(c)M_E之影響線

(d)V_H之影響線

(e)M_H之影響線

(f)V_J之影響線

(g)M_J之影響線

在垂直載重作用下，AD 段及 FK 段均屬基本部分，DF 段為二者共有的附屬部分，而 KL 段為 FK 段的附屬部分。

(1) R_c 之影響線：

　　欲求影響線的力素 R_c 位於基本部分 AD 段，因此基本部分 FK 段是為固定段。另外，B 點及 L 點有支承約束是為固定點。

(2) V_E、M_E 之影響線：

　　欲求影響線的力素 V_E 及 M_E 均位於附屬部分 DF 段，因此基本部分 AD 段及 FK 段均為固定段。此外，L 點有支承約束是為固定點。

(3) V_H、M_H 之影響線：

　　欲求影響線的力素 V_H 及 M_H 均位於基本部分 FK 段，因此基本部分 AD 段是為固定段。此外，G 點、I 點及 L 點有支承約束是為固定點。

(4) V_J、M_J 之影響線：

　　欲求影響線的力素 V_J 及 M_J 位於基本部分 FK 段中的懸伸部分，由於 G 點及 I 點均為固定點，所以 FJ 段為一固定段，另外，基本部分 AD 段亦為固定段且 L 點為固定點。

例題 6-9

下圖所示之梁結構中，$DEFG$ 部分係藉由 HE 及 IF 二根連桿將其懸掛於 ACB 梁之下方，而單位載重係沿 $DEFG$ 移動。試求 R_B，V_{HL}，M_A 及 M_H 之影響線。

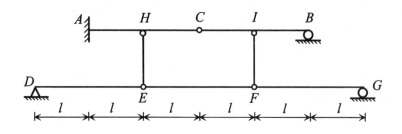

解

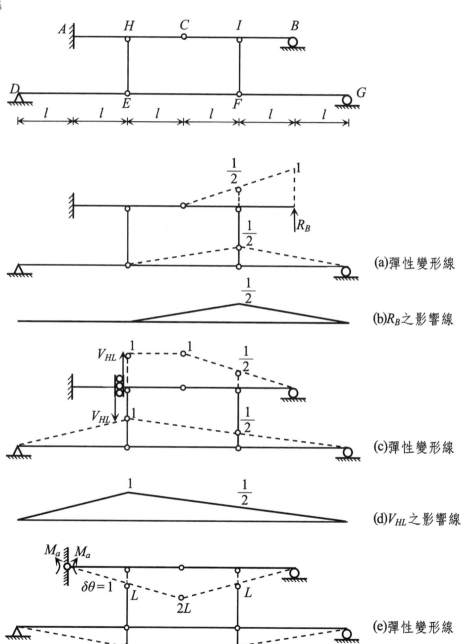

(a)彈性變形線

(b)R_B之影響線

(c)彈性變形線

(d)V_{HL}之影響線

(e)彈性變形線

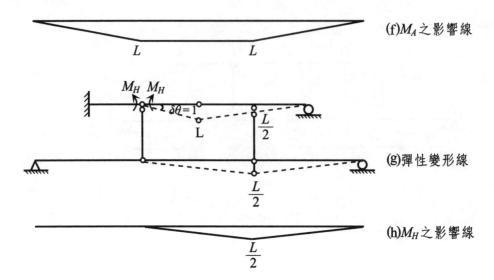

(f)M_A之影響線

(g)彈性變形線

(h)M_H之影響線

ACB梁為主要結構（其中AC段為基本部分，CB段為其附屬部分），而$DEFG$部分係藉由HE及IF二根連桿懸掛於ACB梁之下方，因此$DEFG$部分可視為ACB梁的附屬部分。

由於垂直單位集中載重是沿$DEFG$段移動，因此由影響線的意義可知，各力素的影響線係由$DEFG$段上的彈性變形線得出，亦即當ACB段在各力素作用下產生變形後，$DEFG$段亦會產生相應的變形，由$DEFG$段的彈性變形線即可得出各力素的影響線。以圖(b)的R_B影響線為例，ACB段在正向的R_B作用下將會產生變形，如圖(a)所示，此時$DEFG$段亦會產生相應的變形，由$DEFG$段的彈性變形線即可得到R_B的影響線。

討論

垂直單位集中載重沿某範圍移動，則各力素的影響線係由該範圍的彈性變形線得出。

例題 6-10

單位向下載重在連續梁 $ABCDE$ 上移動，連續梁上在 D 點處由垂直桿 DH 與桁架 FGH 相連。試求 V_B, M_B, V_{DL}, M_{DL} 及 R_F 之影響線。

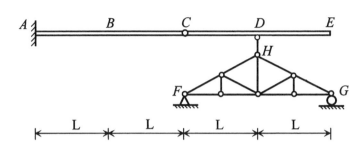

解

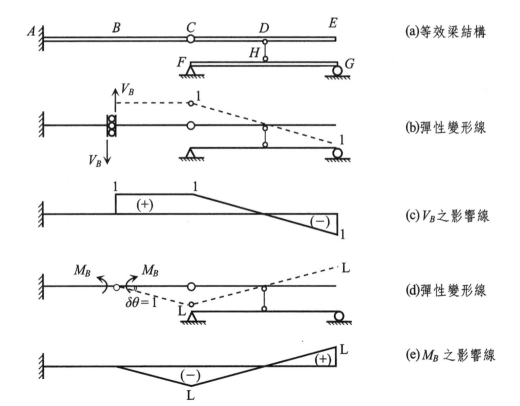

(a)等效梁結構

(b)彈性變形線

(c) V_B 之影響線

(d)彈性變形線

(e) M_B 之影響線

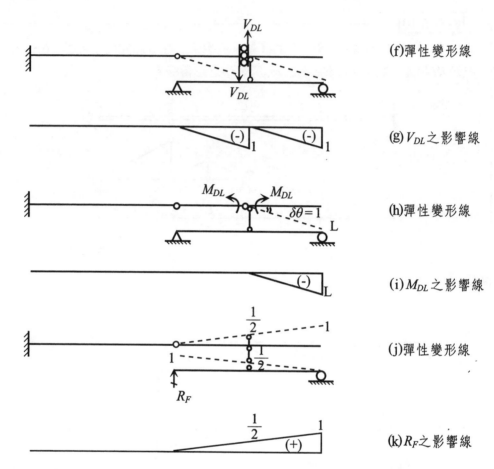

(f)彈性變形線

(g)V_{DL}之影響線

(h)彈性變形線

(i)M_{DL}之影響線

(j)彈性變形線

(k)R_F之影響線

在本題中，由於不求桁架桿件之內力影響線，因此原結構中之靜定桁架 *FGH* 可以一靜定梁 *FGH* 來代替（如圖(a)所示），以便於彈性變形線的繪製。

由於單位垂直集中載重是沿 *ABCDE* 段上移動，因此各力素的影響線係由 *ABCDE* 上的彈性變形線得出。

6-1-3　靜定重疊梁之影響線

在重疊梁系統（見圖 6-10）中，橫梁與主梁的接觸點，如 *a*、*b*、*c*、*d* 及 *e* 點，稱為**格間點**，而格間點之間稱為**格間**。載重係經由縱梁、橫梁而傳遞至主

梁,所以作用在主梁上的力恆為垂直集中力且僅作用在格間點上,由此可知,在每一格間內的剪力恆為一定值(稱為**格間剪力**)。

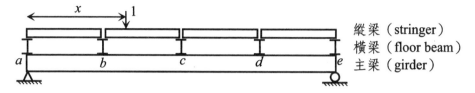

縱梁(stringer)
橫梁(floor beam)
主梁(girder)

圖 6-10　靜定重疊梁系統

對於靜定重疊梁而言,可依以下之步驟繪製各力素的影響線:

(1)將縱梁與橫梁暫時移開,依 Müller-Breslau 原理先繪出主梁上各力素的影響線(可先以虛線繪之)。

(2)在已求得之主梁各力素的影響線上定出橫梁之投影位置。

(3)將縱梁架設在橫梁之投影位置上,依每根縱梁之連續性,得出縱梁之彈性變形線,此時縱梁之彈性變形線即為重疊梁所求之影響線。

討論

由於每一縱梁之彈性變形線恆為一段直線,因此重疊梁各力素的影響線在該縱梁之跨長內定為一段直線,而影響線上各點之縱座標值大小可依照比例關係求出。

例題 6-11

如下圖所示的重疊梁結構,試繪 R_A, V_{1-2}, M_2 及 M_m 之影響線。

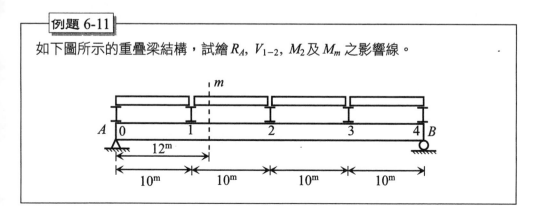

解

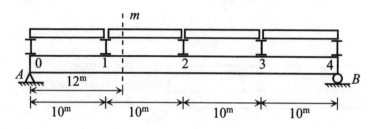

(a) R_A 之影響線

(b) V_{1-2} 之影響線

$$\frac{a'}{l}=\frac{10^m}{40^m}=\frac{1}{4}\;;\;\frac{b'}{l}=\frac{20^m}{40^m}=\frac{1}{2}$$

$$\frac{a}{l}=\frac{15^m}{40^m}=\frac{3}{8}\;;\;\frac{b}{l}=\frac{25^m}{40^m}=\frac{5}{8}$$

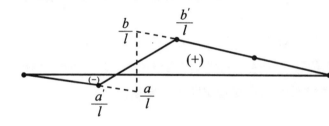

(c) M_2 之影響線（m）

$$\frac{ab}{l}=\frac{(20^m)(20^m)}{40^m}=10^m$$

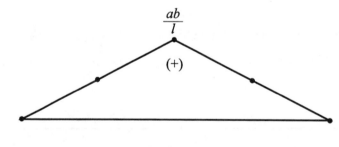

(d) M_m 之影響線（m）

$$\frac{ab}{l}=\frac{(12^m)(28^m)}{40^m}=8.4^m$$

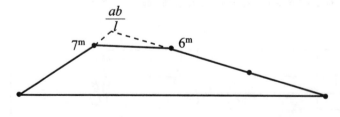

(1)將縱梁與橫梁移開,先以虛線表示出主梁各力素之影響線。

(2)在已求得之主梁各力素的影響線上定出橫梁之投影位置(如各圖中之黑點)。

(3)將縱梁架設在橫梁之投影位置上並以實線表示之,則此實線即為各力素之影響線,由於各影響線在每一縱梁之跨長內恆為一段直線,因此各點之縱座標值大小可依比例關係求出。

(討論)

V_{1-2} 係表 1-2 格間內之格間剪力,由圖(b)可知,繪製 V_{1-2} 影響線的要訣為:

「右邊上提 $\dfrac{b'}{l} = \dfrac{20^{\text{m}}}{40^{\text{m}}} = \dfrac{1}{2}$ 之位移,左邊下拉 $\dfrac{a'}{l} = \dfrac{10^{\text{m}}}{40^{\text{m}}} = \dfrac{1}{4}$ 之位移」

同理可繪出其他格間剪力之影響線。

例題 6-12

下圖所示具橋面系統之鈑梁,試繪 V_n, M_n, V_{BL} 及 M_4 之影響線。

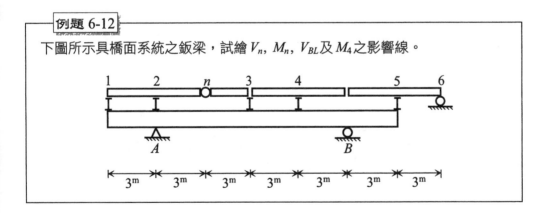

解

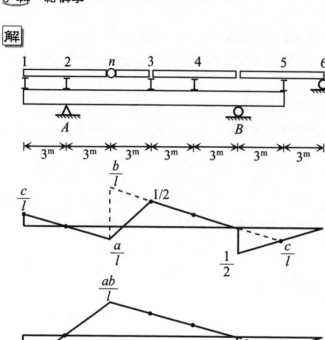

(a) V_n 之影響線

$$\frac{c}{l}=\frac{3^m}{12^m}=\frac{1}{4} \; ; \; \frac{a}{l}=\frac{3^m}{12^m}=\frac{1}{4}$$

$$\frac{b}{l}=\frac{9^m}{12^m}=\frac{3}{4}$$

(b) M_n 之影響線

$$\frac{cb}{l}=\frac{(3^m)(9^m)}{12^m}=\frac{9^m}{4} \; ; \; \frac{ab}{l}=\frac{(3^m)(9^m)}{12^m}=$$

$$\frac{ca}{l}=\frac{(3^m)(3^m)}{12^m}=\frac{3^m}{4}$$

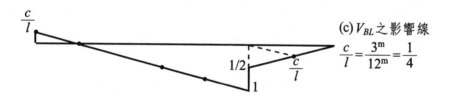

(c) V_{BL} 之影響線

$$\frac{c}{l}=\frac{3^m}{12^m}=\frac{1}{4}$$

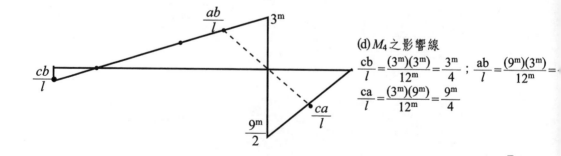

(d) M_4 之影響線

$$\frac{cb}{l}=\frac{(3^m)(3^m)}{12^m}=\frac{3^m}{4} \; ; \; \frac{ab}{l}=\frac{(9^m)(3^m)}{12^m}=$$

$$\frac{ca}{l}=\frac{(3^m)(9^m)}{12^m}=\frac{9^m}{4}$$

單位載重在上層梁上移動，試繪 R_F、V_C、M_C、V_{EL}、V_{ER}、M_E、V_{FL}、V_{FR}、M_F、V_G 及 M_G 之影響線。

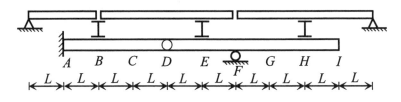

解

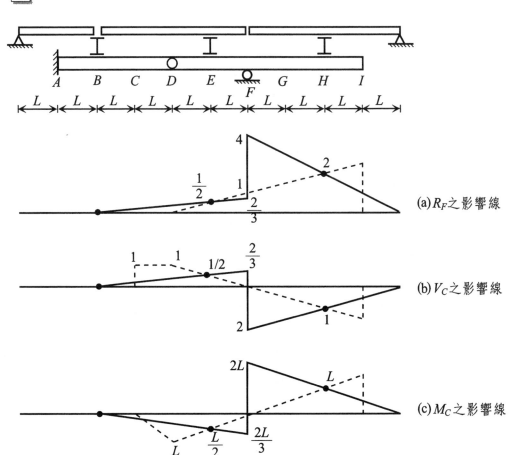

(a) R_F 之影響線

(b) V_C 之影響線

(c) M_C 之影響線

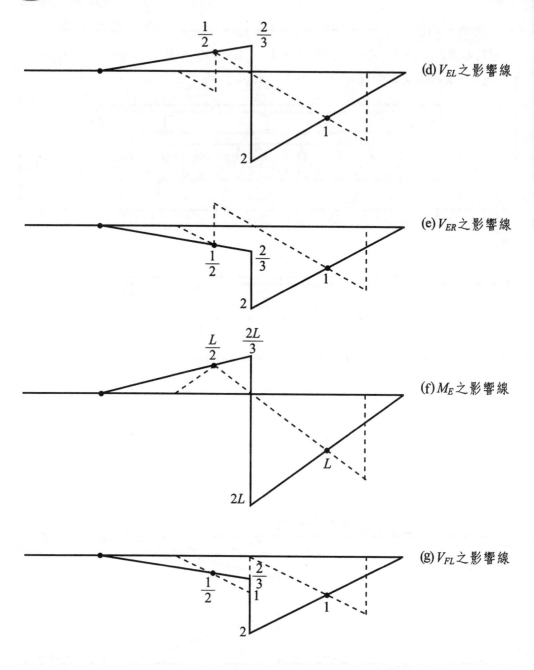

(d) V_{EL} 之影響線

(e) V_{ER} 之影響線

(f) M_E 之影響線

(g) V_{FL} 之影響線

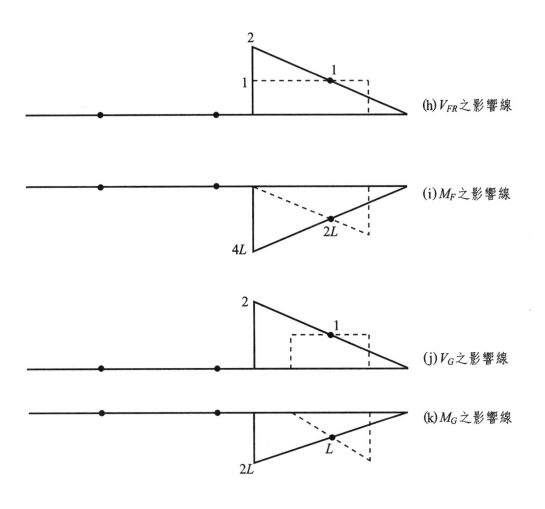

(h) V_{FR} 之影響線

(i) M_F 之影響線

(j) V_G 之影響線

(k) M_G 之影響線

6-2　靜定桁架結構之影響線

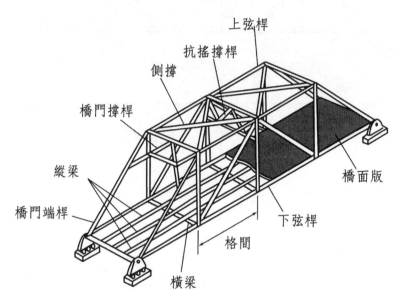

典型桁架橋樑各部分名稱〔摘自林永盛編著「基本結構理論分析」圖 2-1，
高立圖書有限公司，1994。〕

圖 6-11

　　在圖 6-11 所示的桁架結構中，橫梁之間的距離稱為**格間**（panel），橫梁
與下弦桿的接觸點亦可稱為**格間點**（panel point）。

　　活載重經由橋面版傳至縱梁，再由縱梁傳至橫梁，此時活載重無論其為集
中載重或均佈載重，傳至橫梁時皆已化為作用在橫梁上之集中載重，而此橫梁
上之載重又由橫梁之兩端傳至下弦桿之格間點上，故活載重最後皆化為作用於
格間點上之集中載重。

　　在正常架設（即縱梁皆簡支於相鄰的橫梁上且縱梁的跨長即為格間的長度
（panel length））的情況下，由於每一縱梁的彈性變形線恆為一段直線，因此
各力素在每一格間內之影響線定為一直線（即呈線性變化）。

　　梁結構主要是分析支承反力、剪力及彎矩的影響線,而桁架結構由於各桿件均為二力桿件,因此主要是分析支承反力及桿件內力(即軸向力)的影響線。現將靜定桁架結構影響線的分析方法說明如下:

(1)在分析靜定桁架支承反力的影響線時,可視整個桁架為一靜定梁結構,利用 Müller-Breslau 原理即可直接繪出支承反力的影響線。簡言之,靜定桁架結構支承反力影響線的繪製方法與靜定梁結構支承反力影響線的繪製方法相同,亦即在該支承處之影響線縱座標值為 1,而在其他支承(指垂直方向有完全約束之其他支承)處之影響線縱座標值為零。

對於型式較為複雜的多跨靜定桁架結構,應注意到固定點及固定段的判定,並儘量將桁架結構簡化。

(2)分析靜定桁架中某一桿件之內力(即軸向力)影響線時,可逐一置垂直單位集中載重於所通過的每一格間點上,然後由靜力平衡觀念以節點法或斷面法(包含剪力法及彎矩法)分別求出該桿件之內力值,而此內力值即為該垂直單位集中載重作用處之影響線縱座標值,若將各格間點的影響線縱座標值以直線相連,即形成該桿件之內力影響線。

由於桿件內力之影響線可由支承反力之影響線來表示,因此分析時常先求出各支承反力之影響線。

弦桿(包括上弦桿與下弦桿)主要是承擔相當於梁中的彎矩應力,因此除了特殊情況外,弦桿的內力影響線與梁的彎矩影響線相似,分析時多採彎矩法。腹桿主要是承擔相當於梁中的剪切應力,因此除了特殊情況外,腹桿的內力影響線與重疊梁的格間剪力影響線相似,分析時多採剪力法。

討論 1

　　依載重通過的形式,桁架結構可分為上承結構(即載重是在上弦桿移動,如圖 6-12(a)所示)及下承結構(即載重是在下弦桿移動,如圖 6-12(b)所示)兩種。

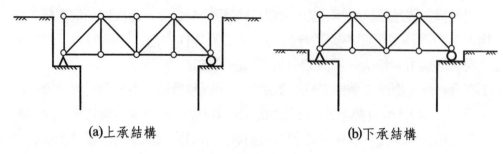

(a)上承結構   (b)下承結構

圖 6-12

討論 2

桿件內力定義拉應力為正，壓應力為負。

討論 3

對於某些特定形式的桁架結構，常可利用梁的理論來迅速分析其各力素的影響線，稱為**似梁分析法**。一般來說常見的形式有以下三種：

形式Ⅰ：對於 N 式或 K 式桁架，欲求其上、下弦桿之內力影響線時，可將原桁架化為一等值的梁結構，此時上、下弦桿之內力影響線即可由此梁結構相應的彎矩影響線得到，至於為梁中何點之彎矩，將依自由體所取的力矩中心而定，其要訣為：

「在相應的力矩中心點向上提 $\dfrac{ab}{lH}$ 之值即得下弦桿之內力影響線；在

相應的力矩中心點下拉 $\dfrac{ab}{lH}$ 之值即得上弦桿之內力影響線」。其中 H

表桁架高度。

現以圖 6-13(a)所示的 N 式桁架為例，說明如何應用似梁分析法來求 BC 桿件及 GH 桿件之內力影響線。假設垂直單位集中載重在 AE 間移動。

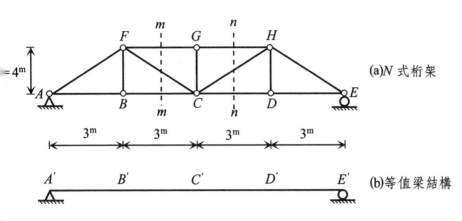

(a)N 式桁架

(b)等值梁結構

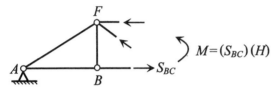

(c)自由體圖，正向的 M
使BC桿件產生拉應力

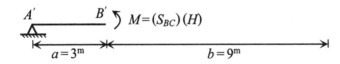

(d)等值梁自由體圖$a=3^m$，
$b=9^m$

(e)S_{BC}之影響線
$\dfrac{ab}{lH}=\dfrac{9}{16}$

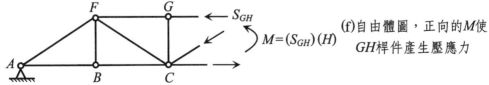

(f)自由體圖，正向的M使
GH桿件產生壓應力

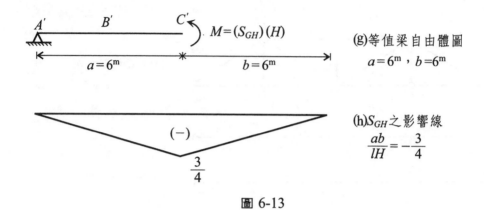

(g)等值梁自由體圖
$a=6^m$，$b=6^m$

(h)S_{GH}之影響線
$$\frac{ab}{lH}=-\frac{3}{4}$$

圖 6-13

將 N 式桁架化為一等值的梁結構，如圖 6-13(b)所示。在原桁架中取 $m-m$ 切斷面之左側桁架為自由體，如圖 6-13(c)所示，應用桁架中上、下弦桿主要是承擔相當於梁中彎矩應力的觀念，以 F 點為力矩中心，則可得出相當於等值梁中 B' 斷面上的彎矩：

$$M=(S_{BC})(H)$$

此式即表示出，原桁架（以 F 點為力矩中心）可承擔相當於梁中的彎矩效應與等值梁在 B' 斷面上的彎矩效應（見圖 6-13(d)）相同，所以二者之影響線縱座標值有者如下之關係：

$$(S_{BC})(H)=\frac{ab}{l}，\quad \text{其中}\,a=3^m，b=9^m$$

由於垂直單位集中載重係垂直向下作用在 A、E 之間，因此將會產生正向的 M 而使 BC 桿件產生拉應力（正值），因此

$$S_{BC}=+\frac{ab}{lH}=+\frac{(3^m)(9^m)}{(12^m)(4^m)}=+\frac{9}{16}$$

上式表示出，將節點 F 處（即力矩中心）向上提 $\frac{9}{16}$（正號表上提），即得 S_{BC} 之影響線，如圖 6-13(e)所示。

同理，由原桁架中取 $n-n$ 切斷面之左側桁架為自由體，如圖 6-13(f)所示，以 C 點為力矩中心，則可得出相當於等值梁中 C' 斷面上的彎矩：

$$M=(S_{GH})(H)$$

此式即表示出，原桁架（以 C 點為力矩中心）可承擔相當於梁中的彎矩效應與

等值梁在 C' 斷面上的彎矩效應（見圖 6-13(g)）相同，所以二者之影響線縱座標值有者如下之關係：

$$(S_{GH})(H) = \frac{ab}{l}, \text{ 其中 } a = 6^m, b = 6^m$$

但是垂直單位集中載重係垂直向下作用在 A、E 之間，因此將會產生正向的 M 而使 GH 桿件產生壓應力（負值），所以

$$S_{GH} = -\frac{ab}{lH} = -\frac{(6^m)(6^m)}{(12^m)(4^m)} = -\frac{3}{4}$$

上式表示出，將節點 C 處（即力矩中心）向下拉 $\frac{3}{4}$（負號表下拉）即得 S_{GH} 之影響線，如圖 6-13(h)所示。

形式 II：對於上、下弦桿平行之 N 式桁架，欲求其斜腹桿垂直分力之影響線時，可將原 N 式桁架化為一等值的重疊梁結構，此時斜腹桿垂直分力之影響線即可由此重疊梁結構相應的格間剪力影響線得到，其要訣為：

「當重疊梁中相應的正向格間剪力使斜腹桿產生拉應力時，則右邊上提 $\frac{b'}{l}$，左邊下拉 $\frac{a'}{l}$；反之，當正向的格間剪力使斜腹桿產生壓應力時，則右邊下拉 $\frac{b'}{l}$，左邊上提 $\frac{a'}{l}$」。

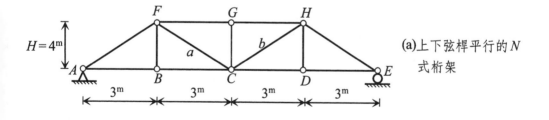

(a)上下弦桿平行的 N 式桁架

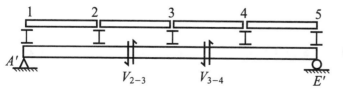

(b)等值重疊梁結構

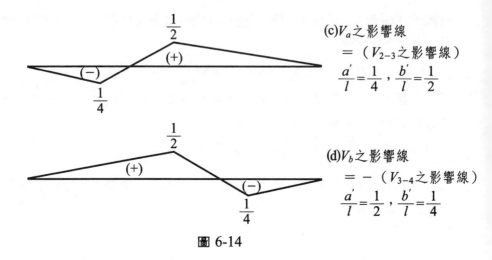

(c)V_a之影響線

$= （V_{2-3}$之影響線）

$\dfrac{a'}{l} = \dfrac{1}{4}$ ，$\dfrac{b'}{l} = \dfrac{1}{2}$

(d)V_b之影響線

$= -（V_{3-4}$之影響線）

$\dfrac{a'}{l} = \dfrac{1}{2}$ ，$\dfrac{b'}{l} = \dfrac{1}{4}$

圖 6-14

現以圖 6-14(a)所示的 N 式桁架（設V_a、V_b分表斜腹桿 a、b 的垂直分力）來做説明。將原桁架化為一等值的重疊梁結構，如圖 6-14(b)所示。原桁架中 BC 格間之剪力效應V_a（由桿件 a 來承擔）等值於重疊梁之格間剪力V_{2-3}。

由於正向的格間剪力V_{2-3}會使桿件 a 產生拉應力（正值），因此

$\qquad V_a$之影響線 $= +（V_{2-3}$之影響線） （如圖 6-14(c)所示）

其中　$\dfrac{a'}{l} = \dfrac{3^{m}}{12^{m}} = \dfrac{1}{4}$ ，$\dfrac{b'}{l} = \dfrac{6^{m}}{12^{m}} = \dfrac{1}{2}$

同理，原桁架中 CD 格間之剪力效應V_b（由桿件 b 承擔）等值於重疊梁之格間剪力 V_{3-4}。但是正向的格間剪力 V_{3-4} 會使桿件 b 產生壓應力（負值），因此

$\qquad V_b$之影響線 $= -（V_{3-4}$之影響線） （如圖 6-14(d)所示）

其中　$\dfrac{a'}{l} = \dfrac{6^{m}}{12^{m}} = \dfrac{1}{2}$ ，$\dfrac{b'}{l} = \dfrac{3^{m}}{12^{m}} = \dfrac{1}{4}$

型式Ⅲ：對於上、下弦桿平行的 K 式桁架，欲求其上、下斜腹桿垂直分力之影響線時，亦可將原 K 式桁架化為一等值的重疊梁結構，此時上、下斜腹桿垂直分力的影響線即可由此重疊梁結構中相應的格間剪力影響線得到。其要訣為：

「若設上、下斜腹桿的高度分別為 h_1 及 h_2，則上斜腹桿垂直分力之影響線等於（$\dfrac{h_1}{h_1 + h_2}$）倍的相應重疊梁格間剪力影響線，而下斜腹桿垂

直分力之影響線等於（$\dfrac{h_2}{h_1+h_2}$）倍的相應重疊梁格間剪力影響線」。

　　但唯須注意的是，正向格間剪力若使斜腹桿產生拉應力，則倍數取正值；反之，正向格間剪力若使斜腹桿產生壓應力，則倍數取負值。

圖 6-15(a)為一上、下弦桿平行的 K 式桁架，現說明斜腹桿垂直分力 V_a 及 V_b 影響線的繪法。重直單位集中載重沿 AE 段移動。

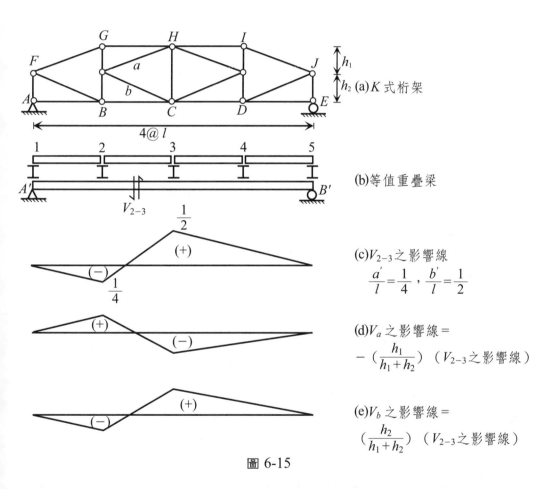

(a)K 式桁架

(b)等值重疊梁

(c)V_{2-3} 之影響線
$$\dfrac{a'}{l}=\dfrac{1}{4}\ ,\ \dfrac{b'}{l}=\dfrac{1}{2}$$

(d)V_a 之影響線 $=$
$$-\left(\dfrac{h_1}{h_1+h_2}\right)\left(V_{2-3}\text{ 之影響線}\right)$$

(e)V_b 之影響線 $=$
$$\left(\dfrac{h_2}{h_1+h_2}\right)\left(V_{2-3}\text{ 之影響線}\right)$$

圖 6-15

　　將原桁架化為一等值的重疊梁結構，如圖 6-15(b)所示。由於 K 式桁架中之格間剪力係由上下斜腹桿所共同承擔，因此原桁架中 BC 格間之剪力效應是由桿件 a、b 共同承擔，且等值於重疊梁中之格間剪力 V_{2-3}，亦即

$$V_{2-3} = -V_a + V_b \qquad (\text{見圖 6-16})$$

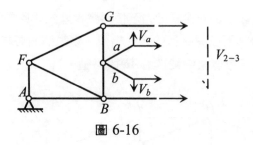

圖 6-16

另外，由比例關係知

$$\frac{V_a}{h_1} = \frac{-V_b}{h_2}$$

其中h_1表上斜腹桿之高度，h_2表下斜腹桿之高度。

由於正向的格間剪力V_{2-3}會使桿件a產生壓應力（取負值）；使桿件b產生拉應力（取正值），因此由前兩式可得到（見例題 4-11）

$$V_a = -\left(\frac{h_1}{h_1+h_2}\right)V_{2-3}$$

$$V_b = +\left(\frac{h_2}{h_1+h_2}\right)V_{2-3}$$

此即表示

$$V_a \text{之影響線} = -\left(\frac{h_1}{h_1+h_2}\right)(V_{2-3}\text{之影響線}) \qquad (\text{見圖 6-15(d)})$$

$$V_b \text{之影響線} = \left(\frac{h_2}{h_1+h_2}\right)(V_{2-3}\text{之影響線}) \qquad (\text{見圖 6-15(e)})$$

以上是三種比較典型的似梁分析法常見之形式，若能融會貫通其原理，則可靈活運用於其他類似的桁架形式中，以簡化分析過程。

討論 4

桁架結構在分區段進行影響線的分析時，應特別注意的是，當垂直單位集中載重沿某區段移動時，則僅可繪出某力素在該區段中的影響線。

試繪製圖示桁架中 a、b、c、d、e、f 桿之影響線（設單位活載重在桁架下弦桿部位作水平移動）。

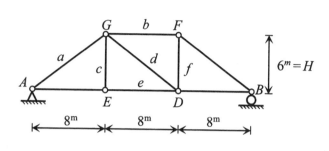

解

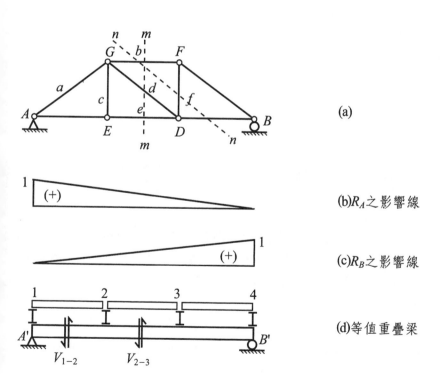

(a)

(b)R_A 之影響線

(c)R_B 之影響線

(d)等值重疊梁

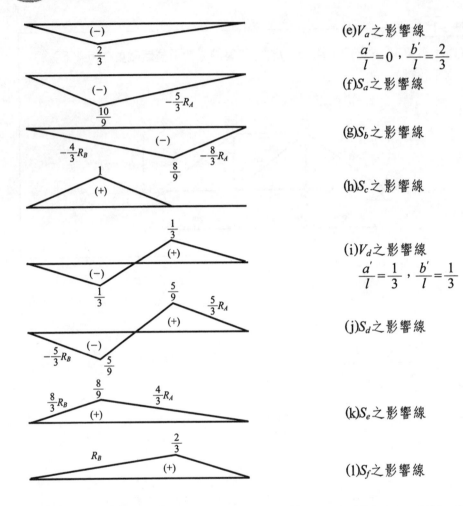

(e)V_a之影響線

$$\frac{a'}{l}=0 \ , \ \frac{b'}{l}=\frac{2}{3}$$

(f)S_a之影響線

(g)S_b之影響線

(h)S_c之影響線

(i)V_d之影響線

$$\frac{a'}{l}=\frac{1}{3} \ , \ \frac{b'}{l}=\frac{1}{3}$$

(j)S_d之影響線

(k)S_e之影響線

(l)S_f之影響線

分析時先依 Müller-Breslau 原理繪出支承反力R_A之影響線（見圖(b)）及R_B之影響線（見圖(c)）。另外，應特別注意的是，當垂直單位集中載重沿某區段移動時，則只可繪出某力素在該區段的影響線。

(1)求S_a之影響線

　解法㈠：

　①垂直單位集中載重在A點時，$R_A=1$（↑），取A點為自由體，如圖㈧所示，由節點法，取$\Sigma F_y=0$，得$S_a=0$

　②垂直單位集中載重在E、B間移動時，取A點為自由體，由$\Sigma F_y=0$，得

$$S_a = -\left(\frac{5}{3}\right) R_A$$

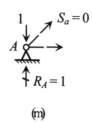

(m)

③垂直單位集中載重在 A、E 間移動時，S_a 影響線呈線性變化。

解法㈡：似梁分析法

①先作 V_a 之影響線：以重疊梁（見圖(d)）取代原桁架，而正向的 V_{1-2} 將使桿件 a 產生壓應力（負值）。因此

　V_a 之影響線＝－（V_{1-2} 之影響線），如圖(e)所示

　其中　$\dfrac{a'}{l} = \dfrac{0^m}{24^m} = 0$，$\dfrac{b'}{l} = \dfrac{16^m}{24^m} = \dfrac{2}{3}$

②再作 S_a 之影響線：由於 $S_a = \dfrac{5}{3} V_a$，因此

　S_a 之影響線＝$\left(\dfrac{5}{3}\right)$（$V_a$ 之影響線）

(2) S_b 之影響線

解法㈠：

①垂直單位集中載重在 A、E 間移動時，取 $m-m$ 切斷面右側桁架（即不含垂直單位集中載重之部分）為自由體，由彎矩法，取 $\Sigma M_D = 0$，得 $S_b = -\dfrac{4}{3} R_B$。

②垂直單位集中載重在 D、B 移動時，取 $m-m$ 切斷面左側桁架（即不含垂直單位集中載重之部分）為自由體，由彎矩法，取 $\Sigma M_D = 0$，得 $S_b = -\dfrac{8}{3} R_A$。

③垂直單位集中載重在 E、D 間移動時，S_b 影響線呈線性變化。

解法㈡：似梁分析法

由 $m-m$ 切斷面可知，力矩中心在節點 D。由於在垂直單位集中載重作用下，桿件 b 將承受壓應力（負值），因此

$$S_b = -\frac{M_D}{H} = -\frac{ab}{lH} = -\frac{(16^m)(8^m)}{(24^m)(6^m)} = -\frac{8}{9}$$

故將力矩中心（即節點 D）向下拉 $\frac{8}{9}$（負表下拉），即得 S_b 之影響線

(3)求 S_c 之影響線

①垂直單位集中載重作用在 A 點時，取 E 點為自由體，如圖(n)所示，

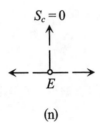

(n)

由節點法，取 $\Sigma F_y = 0$，得 $S_c = 0$。

②垂直單位集中載重作用在 E 點時，取 E 點為自由體，如圖(o)所示，

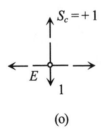

(o)

由節點法，取 $\Sigma F_y = 0$，得 $S_c = +1$（正表拉力）

③垂直單位集中載重在 D、B 間移動時，取 E 點為自由體，由節點法，取 $\Sigma F_y = 0$，得 $S_c = 0$。

④垂直單位集中載重在 A、E 間及 E、D 間移動時，S_c 影響線呈線性變化。

(4)求 S_d 之影響線

解法㈠：

①垂直單位集中載重在 A、E 間移動時，取 $m-m$ 切斷面右側桁架（即不含垂直單位集中載重之部分）為自由體，由剪力法，取 $\Sigma F_y = 0$，得 $S_d = -\frac{5}{3}R_B$

②垂直單位集中載重在 D、B 間移動時，取 $m-m$ 切斷面左側桁架（即不含垂直單位集中載重之部分）為自由體，由剪力法，取 $\Sigma F_y = 0$，得

$$S_d = \frac{5}{3} R_A$$

③垂直單位集中載重在 E、D 間移動時，S_d 影響線呈線性變化。

解法(二)：似梁分析法

①先作 V_d 之影響線：以重疊梁（見圖(d)）取代原桁架，而正向的 V_{2-3} 將使桿件 d 產生拉應力（正值），因此

V_d 之影響線 $= +\,(V_{2-3}$ 之影響線$)$，如圖（i）所示

其中 $\dfrac{a'}{l} = \dfrac{8^m}{24^m} = \dfrac{1}{3}$, $\dfrac{b'}{l} = \dfrac{8^m}{24^m} = \dfrac{1}{3}$

②再作 S_d 之影響線：由於 $S_d = \dfrac{5}{3} V_d$，因此

S_d 之影響線 $= (\dfrac{5}{3})(V_d$ 之影響線$)$

(5) 求 S_e 之影響線

解法(一)：

①垂直單位集中載重在 A、E 間移動時，取 $m-m$ 切斷面右側桁架（即不含垂直單位集中載重之部分）為自由體，由彎矩法，取 $\Sigma M_G = 0$，得 $S_e = \dfrac{8}{3} R_B$

②垂直單位集中載重在 D、B 間移動時，取 $m-m$ 切斷面左側桁架（即不含垂直單位集中載重之部分）為自由體，由彎矩法，取 $\Sigma M_G = 0$，得 $S_e = \dfrac{4}{3} R_A$

③垂直單位集中載重在 E、D 間移動時，S_e 影響線呈線性變化。

解法(二)：似梁分析法

由 $m-m$ 切斷面可知，力矩中心在節點 G。由於在垂直單位集中載重作用下，桿件 e 將承受拉應力（正值），因此

$$S_e = +\frac{M_G}{H} = +\frac{ab}{lH} = +\frac{(8^m)(16^m)}{(24^m)(6^m)} = +\frac{8}{9}$$

故將力矩中心（即節點 G）向上提 $\dfrac{8}{9}$（正表上提），即得 S_e 之影響線

(6) 求 S_f 之影響線

①垂直單位集中載重在 A、D 間移動時，取 $n-n$ 切斷面右側桁架（即不含垂直單位集中載重之部分）為自由體，由剪力法，取 $\Sigma F_y = 0$，得 $S_f = R_B$

②垂直單位集中載重作用在 B 點時，$R_B = 1$（↑），取 $n-n$ 切斷面右側桁架為自由體，如圖(p)所示，

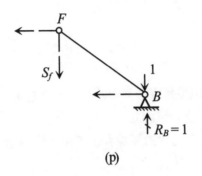

(p)

由剪力法，取 $\Sigma F_y = 0$，得 $S_f = 0$

③垂直單位集中載重在 D、B 間移動時，S_f 影響線呈線性變化。

討論

對桿件 a、b、d、e、f 而言，其桿件內力影響線涵蓋桁架全跨，因此稱之為主要桿件（primary member），而桿件 c 的內力影響線並未涵蓋桁架全跨，故稱為次要桿件（secondary member）。

例題 6-15

於下圖所示的 Pratt 桁架，試求 R_B, S_f, 及 S_g 的影響線。

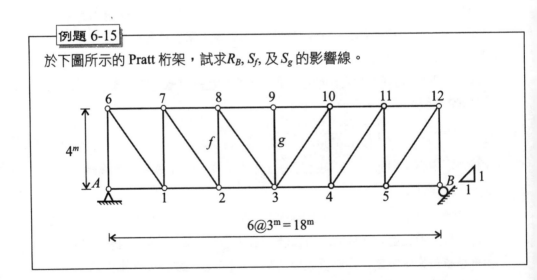

解

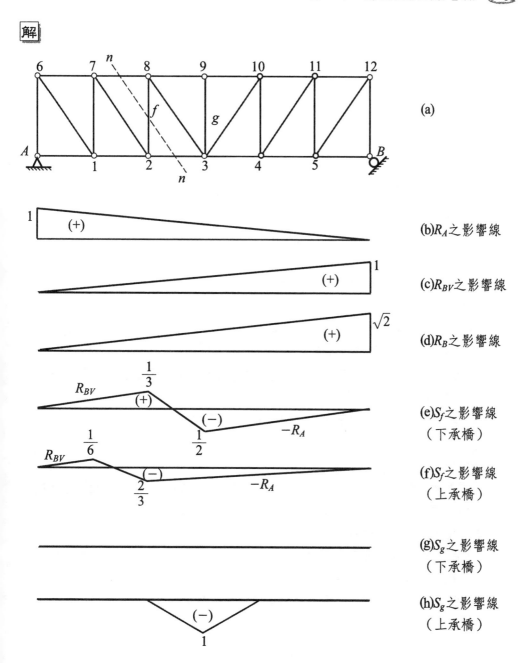

(a)

(b)R_A之影響線

(c)R_{BV}之影響線

(d)R_B之影響線

(e)S_f之影響線
（下承橋）

(f)S_f之影響線
（上承橋）

(g)S_g之影響線
（下承橋）

(h)S_g之影響線
（上承橋）

此類型之桁架結構，在設計時可考慮為上承結構，亦可考慮為下承結構，若無特別說明，則在繪製影響線時，應同時考慮為上承結構與下承結構兩種情況。

(1)求 R_B 之影響線

　　R_{BV} 之影響線如圖(c)所示，由於 $R_B = \sqrt{2}R_{BV}$，因此只需將 R_{BV} 之影響線放大 $\sqrt{2}$ 倍，即得 R_B 之影響線，如圖(d)所示。

(2)求 S_f 之影響線

　　①當此桁架為下承橋時

　　　　(a)垂直單位集中載重在 A、2 間移動時，取 $n-n$ 切斷面右側桁架為自由體，由 $\Sigma F_y = 0$，得 $S_f = R_{BV}$

　　　　(b)重直單位集中載重在 3、B 間移動時，取 $n-n$ 切斷面左側桁架為自由體，由 $\Sigma F_y = 0$，得 $S_f = -R_A$

　　　　(c)垂直單位集中載重在 2、3 間移動時，影響線呈線性變化。

　　②當此桁架為上承橋時

　　　　(a)垂直單位集中載重在 6、7 間移動時，取 $n-n$ 切斷面右側桁架為自由體，由 $\Sigma F_y = 0$，得 $S_f = R_{BV}$

　　　　(b)垂直單位集中載重在 8、12 間移動時，取 $n-n$ 切斷面左側桁架為自由體，由 $\Sigma F_y = 0$，得 $S_f = -R_A$

　　　　(c)垂直單位集中載重在 7、8 間移動時，影響線呈線性變化。

(3)求 S_g 之影響線

　　①當此桁架為下承橋時

　　　　垂直單位集中載重在 A、B 間移動時，不介入節點 9 之平衡，取節點 9 為自由體，由 $\Sigma F_y = 0$，得 $S_g = 0$

　　②當此桁架為上承橋時

　　　　(a)垂直單位集中載重在 6、8 間及在 10、12 間移動時，不介入節點 9 之平衡，取節點 9 為自由體，由 $\Sigma F_y = 0$，得 $S_g = 0$

　　　　(b)垂直單位集中載重作用在節點 9 時，取節點 9 為自由體，如圖(i)所示，

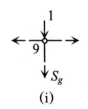

(i)

由 $\Sigma F_y = 0$，得 $S_q = -1$（負表壓力）

(c)垂直單位集中載重在 8、9 間及在 9、10 間移動時，影響線呈線性變化。

例題 6-16

於下圖所示桁架，試求桿件 a、b 內力影響線。

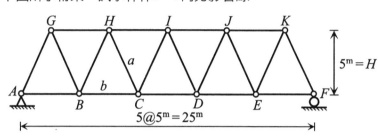

$5^m = H$

$5@5^m = 25^m$

解

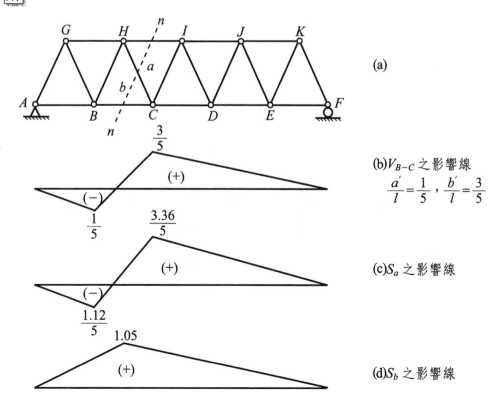

(a)

(b)V_{B-C} 之影響線
$\dfrac{a'}{l} = \dfrac{1}{5}$，$\dfrac{b'}{l} = \dfrac{3}{5}$

(c)S_a 之影響線

(d)S_b 之影響線

此為 Warren 桁架，可應用似梁分析法之觀念來分析桿件內力之影響線。

(1)求S_a之影響線

若以重疊梁取代原桁架，則重疊梁之格間剪力V_{B-C}的影響線示於圖(b)中，其中$\dfrac{a'}{l} = \dfrac{5^m}{25^m} = \dfrac{1}{5}$，$\dfrac{b'}{l} = \dfrac{15^m}{25^m} = \dfrac{3}{5}$

若以l_a表桿件a之長度，則S_a與V_{B-C}之間有著如下之關係：

$$S_a = +\left(\frac{l_a}{H}\right)V_{B-C}$$
$$= +\left(\frac{\sqrt{31.25}}{5}\right)V_{B-C}$$
$$= +(1.12)V_{B-C}$$

上式表示，若將V_{B-C}的影響線放大 1.12 倍即得S_a之影響線，如圖(c)所示，其中正號表示格間剪力V_{B-C}將使桿件 a 產生拉應力。

(2)求S_b之影響線

由$n-n$切斷面可知，力矩中心在節點H，在垂直單位集中載重作用下，桿件 b 將承受拉應力（正值），因此

$$S_b = +\frac{M_H}{H} = +\frac{ab}{lH} = +\frac{(7.5^m)(17.5^m)}{(25^m)(5^m)} = +1.05$$

故將力矩中（即節點H）向上提 1.05（正表上提），即得S_b之影響線。

例題 6-17

下圖所示為一K式桁架結構，試求$S_{de}, S_{DE}, V_{PD}, V_{pd}, S_{Dq}, S_{qd}$之影響線。

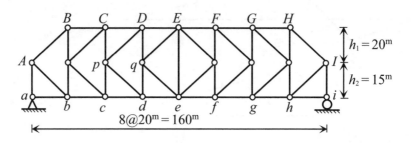

解

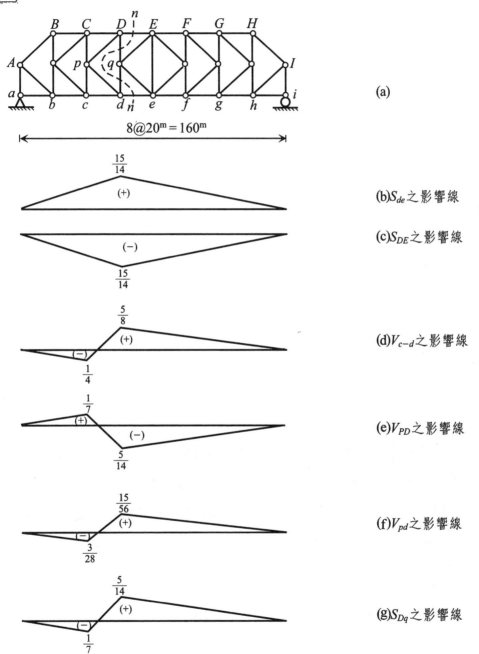

(a)

(b)S_{de}之影響線

(c)S_{DE}之影響線

(d)V_{c-d}之影響線

(e)V_{PD}之影響線

(f)V_{pd}之影響線

(g)S_{Dq}之影響線

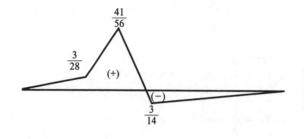

(h) S_{qd} 之影響線

(1) S_{de} 之影響線（採似梁分析法）

由 $n-n$ 切斷面可知，力矩中心為節點 D，所以

$$S_{de} = \frac{+M_D}{H} = +\frac{ab}{lH} = +\frac{(60^m)(100^m)}{(160^m)(20^m+15^m)} = +\frac{15}{14}$$

（正號表在垂直單位集中載重作用下，桿件 de 將承受拉應力）

故將節點 D 向上提 $\frac{15}{14}$，即得 S_{de} 之影響線，如圖(b)所示。

(2) S_{DE} 之影響線（採似梁分析法）

由 $n-n$ 切斷面可知，力矩中心為節點 d，所以

$$S_{DE} = \frac{-M_d}{H} = -\frac{ab}{lH} = -\frac{(60^m)(100^m)}{(160^m)(20^m+15^m)} = -\frac{15}{14}$$

（負號表在垂直單位集中載重作用下，桿件 DE 將承受壓應力）

故將節點 d 向下拉 $\frac{15}{14}$，即得 S_{DE} 之影響線，如圖(c)所示。

(3) V_{PD} 之影響線（採似梁分析法）

對於 K 式桁架而言，

$$V_{pD} = -\left(\frac{h_1}{h_1+h_2}\right)V_{c-d} = -\left(\frac{20^m}{20^m+15^m}\right)V_{c-d} = -\left(\frac{4}{7}\right)V_{c-d}$$

其中 V_{c-d} 表等值重疊梁在 $c-d$ 格間之剪力，而負號表示正剪力 V_{c-d} 將使桿件 PD 產生壓應力。由上式知，將 V_{c-d} 之影響線（如圖(d)所示）乘上 $\left(-\frac{4}{7}\right)$ 倍即得 V_{PD} 之影響線，如圖(e)所示。

(4) V_{Pd} 之影響線（採似梁分析法）

對於 K 式桁架而言，

$$V_{pd} = +\left(\frac{h_2}{h_1+h_2}\right)V_{c-d} = +\left(\frac{15^m}{20^m+15^m}\right)V_{c-d} = +\left(\frac{3}{7}\right)V_{c-d}$$

正號表示正剪力 V_{c-d} 將使桿件 Pd 產生拉應力。

由上式知，將V_{c-d}的影響線乘上$(\frac{3}{7})$倍，即得V_{pd}之影響線，如圖(f)所示。

(5)S_{Dq}之影響線

此為下承結構，垂直單位集中載重在a、i間移動時，不介入D點之平衡，取D點為自由體，如下圖所示，

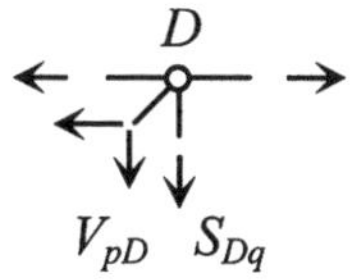

由$\Sigma F_y = 0$，得$S_{Dq} = -V_{pD}$

上式表示，將V_{PD}之影響線乘上（-1）倍，即得S_{Dq}之影響線，如圖(g)所示。

(6)S_{qd}之影響線

①垂直單位集中載重在a、c間及e、i間移動時，不介入d點之平衡，取d點為自由體，如下圖所示，

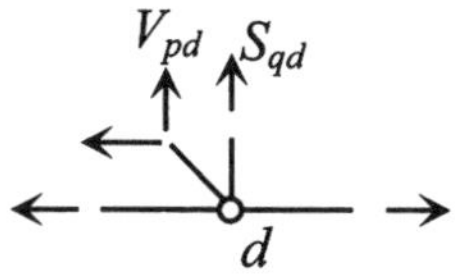

由節點法，取$\Sigma F_y = 0$，得$S_{qd} = -V_{pd}$。這表示，在a、c區間及e、i區間之S_{qd}影響線為（-1）倍的V_{pd}影響線。

②垂直單位集中載重作用在d點時，取d點為自由體，如下圖所示，由節點法，

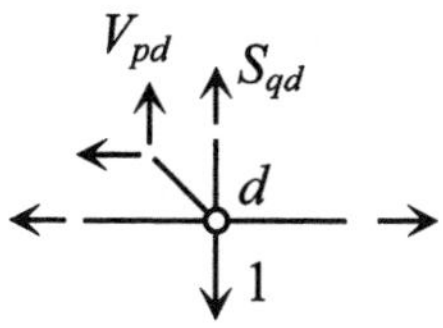

取 $\Sigma F_y = 0$ ，得 $S_{qd} = 1 - V_{pd} = 1 - \dfrac{15}{56} = \dfrac{41}{56}$ ，這表示，在 d 點處之 S_{qd} 影響線

縱座標值為 $\dfrac{41}{56}$ 。

③垂直單位集中載重在 c 、 d 間及 d 、 e 間移動時， S_{qd} 影響線呈線性變化，如

圖(h)所示。

例題 6-18

於下圖結構中，試求 S_a 之影響線。

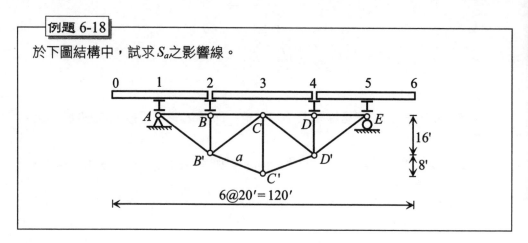

解

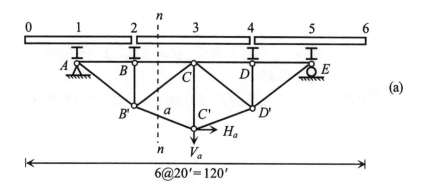

(a)

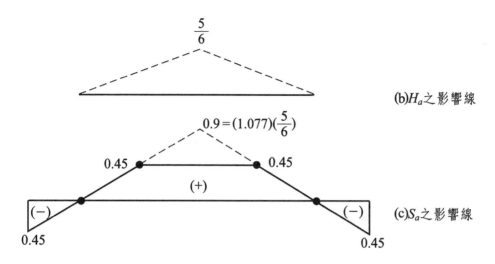

(b)H_a之影響線

(c)S_a之影響線

(1)採似梁分析法，先繪出H_a之影響線。

　就桁架部分，取$n-n$切斷面右側為自由體，將S_a滑動至C'點並分解成水平方向的H_a及垂直方向的V_a，以節點C為力矩中心，則

$$H_a = +\frac{M_c}{H} = +\frac{ab}{lH} = +\frac{(40')(40')}{(80')(24')} = +\frac{5}{6}$$

　（正號表在垂直單位集中載重作用下，桿件a將承受拉應力）

　故將力矩中心（即節點C）向上提$\frac{5}{6}$即得H_a之影響線，如圖(b)所示

(2)由$S_a = \frac{\sqrt{20^2+8^2}}{20}H_a = (1.077)H_a$之關係，以虛線繪出桁架部分中$S_a$之影響線。

(3)在S_a之影響線（虛線）定出橫梁之位置，如圖(c)中黑點所示。

(4)將縱梁架設在橫梁位置上，則縱梁之變形線即為原結構中S_a之影響線，如圖(c)所示。

例題 6-19

於下圖所示的結構中，求M_b及S_a之影響線。

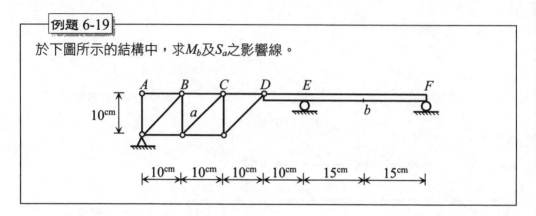

解

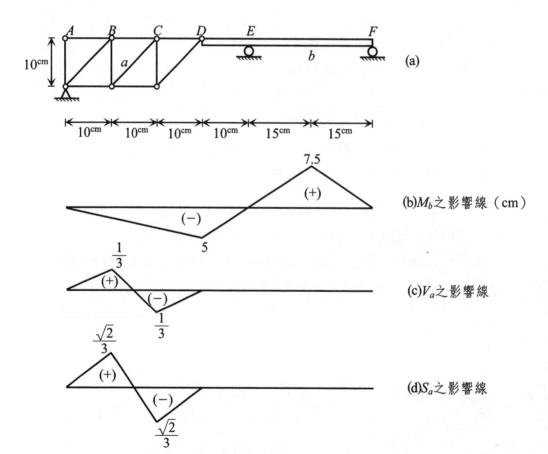

(a)

(b)M_b之影響線（cm）

(c)V_a之影響線

(d)S_a之影響線

此為一多跨靜定結構，*ABCD*段為桁架結構，*DEF*段為梁結構，而 *D* 點為鉸接續，因此可將多跨靜定梁結構影響線之繪製方法推廣應用在本題上。在垂直載重作用下，*DEF*段為基本部分，*ABCD*段為其附屬部分，則各力素之影響線可依下述分析方法繪出：

(1)欲求影響線的力素位於*ABCD*段（即附屬部分）時，*DEF*段（即基本部分）可視為一固定段，其影響線值為零，而*ABCD*段之影響線可按單跨靜定桁架結構的影響線繪製法繪出。

(2)欲求影響線的力素位於*DEF*段時，*DEF*段的影響線可按單跨靜定梁結構的影響線繪製法繪出，而*ABCD*段僅需知任意二點的縱座標值，然後以直線貫連，即可完成影響線的繪製。

依據上述分析方法即可迅速繪出M_b 及S_a之影響線：

(1)M_b 之影響線

欲求影響線之力素M_b 位於基本部分，在*DEF*段中，b點上提$\dfrac{ab}{l}=\dfrac{(15^{cm})(15^{cm})}{30^{cm}}$ $=7.5^{cm}$，而 *E* 點及 *F* 點均為固定點；*ABCD*段為一剛體，影響線圖形為一段直線，其中*D*點之縱座標值由比例關係得知為（-5^{cm}），而*A*點為固定點。

(2)S_a之影響線（採似梁分析法）

先求V_a之影響線：

欲求影響線之力素V_a 位於附屬部分，因此*DEF*段為一固定段，而*ABCD*段可視為一重疊梁結構，由於正向的重疊梁格間剪力V_{B-C}將使桿件a產生壓應力（負值），因此

$$V_a 之影響線 = -（V_{B-C}之影響線）$$

其中　$\dfrac{a'}{l}=\dfrac{10^{cm}}{30^{cm}}=\dfrac{1}{3}$，$\dfrac{b'}{l}=\dfrac{10^{cm}}{30^{cm}}=\dfrac{1}{3}$，如圖(c)所示

再求S_a之影響線：

由於$S_a=\sqrt{2}V_a$，因此

S_a之影響線$=\sqrt{2}（V_a 之影響線）$，如圖(d)所示。

上式表示，將V_a之影響線值乘上$\sqrt{2}$倍即得S_a之影響線

例題 6-20

下圖所示為一具有副桁架之桁架結構，試繪 S_1, V_2, V_3, V_5, S_6, S_7 之影響線。

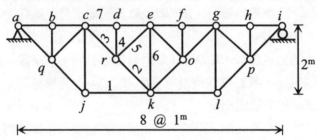

解

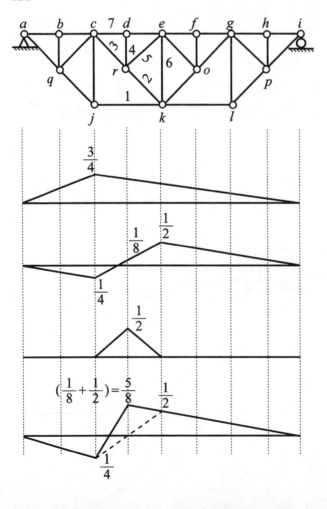

上承結構

(a) S_1 之影響線

(b) V_2 之影響線＝V_3 之影響線（由主桁架得）

(c) V_5 之影響線＝V_3 之影響線（由副桁架得）

(d) V_3 之影響線（由圖(b)、圖(c)相疊加得）

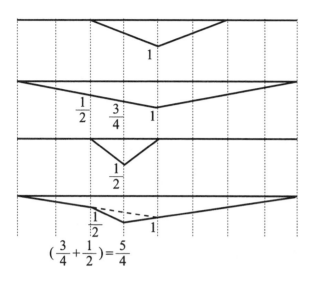

(e) S_6 之影響線

(f) S_7 之影響線（由主桁架得）

(g) S_7 之影響線（由副桁架得）

(h) S_7 之影響線（由圖(f)、圖(g)相疊加得）

$$(\frac{3}{4} + \frac{1}{2}) = \frac{5}{4}$$

分析時可將主桁架（見圖(i)）與副桁架（見圖(j)）分離，而原桁架結構之影響線可由主桁架之影響線與副桁架之影響線相疊加而得。

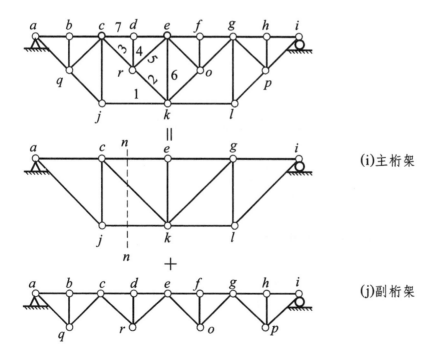

(i)主桁架

(j)副桁架

(1)求S_1之影響線

　　S_1之影響線可由主桁架中求得。由於主桁架為上、下弦桿平行之N式桁架，因此可採似梁分析法來進行分析。

　　由$n-n$切斷面（見圖(i)）可知，力矩中心在節點c，由於在垂直單位集中載重作用下，桿件1將承受拉應力（正值），因此

$$S_1 = +\frac{M_c}{H} = +\frac{ab}{lH} = +\frac{(2^m)(6^m)}{(8^m)(2^m)} = +\frac{3}{4}$$

故將力矩中心（即節點c）向上提$\frac{3}{4}$，即得S_1之影響線

(2)求V_2之影響線

　　V_2之影響線可由主桁架中求得。由似梁分析法可知，主桁架此時可由重疊梁取代，而正向的格間剪力$V_{c\text{-}e}$將使桿件2承受拉應力（正值），因此

　　　　V_2之影響線＝＋（$V_{c\text{-}e}$之影響線）

　　其中　$\frac{a'}{l} = \frac{2^m}{8^m} = \frac{1}{4}$，$\frac{b'}{l} = \frac{4^m}{8^m} = \frac{1}{2}$

(3)求V_5之影響線

　　V_5之影響線可由副桁架中求得。

　　①垂直單位集中載重在a、c間及在e、i間移動時，將不介入節點d之平衡，現取節點d為自由體，如下圖所示，

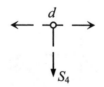

　　由節點法，取$\Sigma F_y = 0$，得$S_4 = 0$

　　再取節點r為自由體，如下圖所示，

由節點法，取 $\Sigma F_y = (V_3 + V_5 + S_4) = 0$，由對稱關係知

$V_5 = V_3 = 0$

②垂直單位集中載重作用在節點 d 時，取節點 d 為自由體，如下圖所示，

由節點法，取 $\Sigma F_y = 0$，得 $S_4 = -1$（負表壓力）

再取節點 r 為自由體

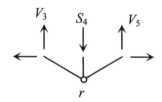

由節點法，取 $\Sigma F_y = (V_3 + V_5 + S_4) = 0$，由對稱關係知，

$V_5 = V_3 = +\dfrac{1}{2}$

③垂直單位集中載重在 c、d 間及在 d、e 間移動時，V_5 之影響線呈線性變化。

(4)求 V_3 之影響線

V_3 之影響線是由主桁架效應與副桁架效應相疊加而得。

①主桁架中 V_3 之影響線

於主桁架中，桿件 2 及桿件 3 均指同一桿件，因此

V_3 之影響線（由主桁架得）＝ V_2 之影響線，如圖(b)所示

②副桁架中 V_3 之影響線

於副桁架中，由對稱性可知

V_3 之影響線（由副桁架得）＝ V_5 之影響線，如圖(c)所示

將主桁架中 V_3 之影響線（如圖(b)所示）與副桁架中 V_3 之影響線（如圖(c)所

示）相疊加，即得原桁架結構中V_3之影響線（如圖(d)所示）。

(5)求S_6之影響線

S_6之影響線可由主桁架中求得。

①垂直單位集中載重在a、c間及在g、i間移動時，將不介入節點e之平衡，現取節點e為自由體，如下圖所示，

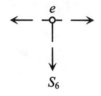

由節點法，取$\Sigma F_y = 0$，得 $S_6 = 0$

②垂直單位集中載重作用在e點時，取節點e為自由體，如下圖所示，

由節點法，取$\Sigma F_y = 0$，得 $S_6 = -1$（負表壓力）

③垂直單位集中載重在c、e間及在e、g間移動時，S_6之影響線呈線性變化。

(6)求S_7之影響線

S_7之影響線是由主桁架效應與副桁架效應相疊加而得。

①主桁架中S_7之影響線

採似梁分析法，由$n-n$切斷面（見圖(i)）可知，力矩中心在節點k，由於在垂直單位集中載重作用下，桿件 7 將承受壓應力（負值），因此

$$S_7 = -\frac{M_k}{H} = -\frac{ab}{lH} = -\frac{(4^m)(4^m)}{(8^m)(2^m)} = -1$$

故將力矩中心（即節點k）向下拉（-1），即得主桁架中S_7之影響線，如圖(f)所示。

②副桁架中S_7之影響線

(a)垂直單位集中載重在a、c間及在e、i間移動時,將不介入節點d之平衡,現取$cder$部分為自由體,如下圖所示,

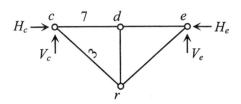

由對稱關係知,$H_c = H_e = 0$,$V_c = V_e = 0$

再取$cder$部分中之節點c為自由體,如下圖所示,

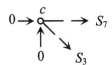

由$\Sigma F_y = 0$,知$S_3 = 0$,再由$\Sigma F_x = 0$,得$S_7 = 0$

(b)垂直單位集中載重作用在節點d時,取$cder$部分為自由體,如下圖所示,

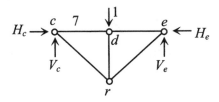

由對稱關係知,$H_c = H_e = 0$,$V_c = V_e = \dfrac{1}{2}$

再取$cder$部分中之節點c為自由體,如下圖所示,

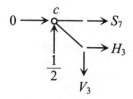

由節點法可知，$V_3 = H_3 = \dfrac{1}{2}$，$S_7 = -H_3 = -\dfrac{1}{2}$

(c)垂直單位集中載重在c、d間及在d、e間移動時，S_7之影響線呈線性變化副桁架中S_7之影響線如圖(g)所示。

　　將主桁架中S_7之影響線（如圖(f)所示）與副桁架中S_7之影響線（如圖(g)所示）相疊加，即得原桁架結構中S_7之影響線（如圖(h)所示）。

例題 6-21

下圖所示為一多跨度桁架橋，設垂直單位集中載重在 0-13 線上移動，試求支承反力R_{AV}, R_{BV}, R_{CV}及R_D之影響線。

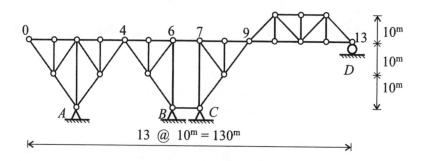

解

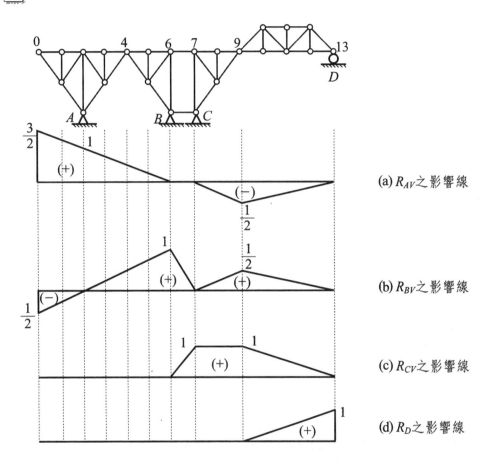

(a) R_{AV} 之影響線

(b) R_{BV} 之影響線

(c) R_{CV} 之影響線

(d) R_D 之影響線

全橋由 4 個簡單桁架（即 0-4；4-6；7-9 及 9-13）與 3 個接續（即鉸接續 4；導向接續 6-7-B-C 及鉸接續 9）所組成，其中 0-4-6（為一三鉸拱結構）為此結構之基本部分，而 7-9 及 9-13 分別為其左側結構之附屬部分。因此支承反力影響線的繪法與多跨靜定梁結構支承反力影響線的繪法相同。

(1)求 R_{AV} 之影響線（R_{AV} 位於基本部分）

　①0-4-6 部分（即基本部分）

　　由於 0-4-6 部分為一三鉸拱結構（屬於複合桁架結構），因此是為一桁架剛性體，所以 R_{AV} 之影響線在 0-4-6 之間將呈線性變化，其中 A 點處上提 1，而 B 點為固定點。

② 6-7 部分

由於每一桁架格間內之影響線均為一段直線，因此R_{AV}之影響線在 6-7 之間將呈線性變化，而 B 點、C 點均為固定點。

③ 7-9 部分（為 0-4-6 之附屬部分）

7-9 部分為一桁架剛性體，因此R_{AV}之影響線在 7-9 之間將呈線性變化，其中 C 點為固定點。另外，由於 6-7-B-C 為一導向接續，所以 7-9 部分之R_{AV}影響線將與 0-4-6 部分之R_{AV}影響線相互平行，而 9 點處之R_{AV}影響線值可由比例關係得知為（$-\frac{1}{2}$）。

④ 9-13 部分（為 0-9 之附屬部分）

9-13 部分亦為一桁架剛性體，因此R_{AV}之影響線在 9-13 之間將呈線性變化，其中 9 點處之影響線值為（$-\frac{1}{2}$），而 D 點為固定點。

(2)求R_{BV}之影響線（R_{BV}位於基本部分）

由於R_{BV}亦位於此結構之基本部分，因此R_{BV}影響線之繪製原則與 R_{AV}影響線之繪製原則相同，其結果示於圖(b)。

(3)求R_{CV}之影響線（R_{CV}位於附屬部分）

① 0-4-6 部分（即基本部分）

由於R_{CV}位於 7-9 部分（是為 0-4-6 之附屬部分），因此 0-4-6 可視為一固定段，其影響線值為零。

② 6-7 部分

R_{CV}之影響線在 6-7 之間呈線性變化，而 B 點為固定點，C 點處上提 1。

③ 7-9 部分（為 0-4-6 之附屬部分）

由於 7-9 部分為一桁架剛性體，且 6-7-B-C 為一導向接續，因此R_{CV}之影響線在 7-9 之間將為一段直線且與 0-4-6 間之影響線相互平行。

④ 9-13 部分（為 0-9 之附屬部分）

9-13 部分亦為一桁架剛性體，因此R_{CV}之影響線在 9-13 之間將呈線性變化，其中 9 點處之影響線值為 1，而 D 點為固定點。

(4)求R_D之影響線（R_D位於附屬部分）

由於R_D位於 9-13 部分（是為 0-9 之附屬部分），因此 0-9 可視為一固定段，其影響線值為零。9-13 間為一桁架剛性體，R_D之影響線呈線性變化，其中 9

點處之影響線值為 0，而 D 點處上提 1。

例題 6-22

下圖所示為一多跨桁架橋，試繪 $R_A, R_B, R_C, R_D, S_a, S_b, S_c, S_d, S_e, S_f, S_g$ 之影響線。

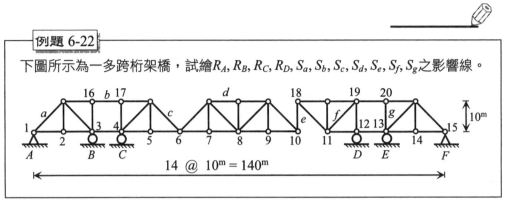

解

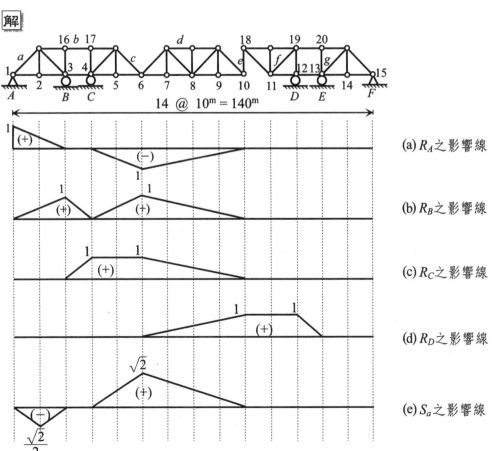

(a) R_A 之影響線

(b) R_B 之影響線

(c) R_C 之影響線

(d) R_D 之影響線

(e) S_a 之影響線

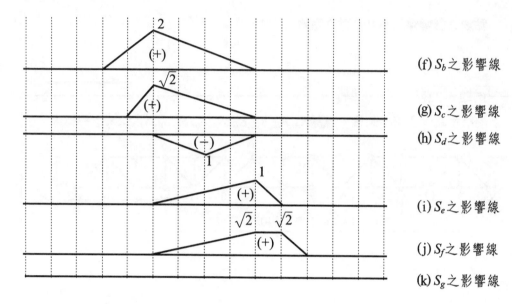

(f) S_b 之影響線

(g) S_c 之影響線

(h) S_d 之影響線

(i) S_e 之影響線

(j) S_f 之影響線

(k) S_g 之影響線

設垂直單位集中載重在下弦桿移動。

此為一多跨桁架橋，全橋由5個簡單桁架（即1-3；4-6；6-10；10-12及13-15）
與4個接續（即導向接續3-4-16-17及12-13-19-20；鉸接續6；連桿接續10-18）
所組成，其中：

(1)1-3 為基本部分，4-6 為其附屬部分。因此當垂直單位集中載重作用於 1-3 段
　　上時，僅1-3 段上之桿件會受力；而當垂直單位集中載重作用於 4-6 段上時，
　　1-6 段上所有桿件都會受力。

(2)13-15 亦為一基本部分，10-12 為其附屬部分。同理，當垂直單位集中載重
　　13-15 段上時，僅 13-15 段上之桿件會受力；而當垂直單位集中載重作用於
　　10-12 段上時，10-15 段上所有桿件都會受力。

(3) 6-10 為 1-6 之附屬部分，亦為 10-15 之附屬部分。因此當垂直單位集中載重
　　作用在 1-6 段上時，僅 1-6 段上之桿件會受力；同理，當垂直單位集中載重
　　作用在 10-15 段上時，僅 10-15 段上之桿件會受力。此外，當垂直單位集中
　　載重作用在 6-10 段上時，全橋所有桿件均會受力。

根據上述各部分之受力特性，可得各力素影響線之繪製原則：

(1)欲求影響線之力素位於 1-3 段上（或 13-15 段上）時，1-3 段（或 13-15 段）
　　按靜定桁架結構影響線之繪製原則來繪影響線，其他各段則呈線性變化。

(2)欲求影響線之力素位於 4-6 段上（或 10-12 段上）時，1-3 段（或 13-15 段）視為固定段，而其他各段則按一般方法，將垂直單位集中載重分置於各區段間來進行分析。

(3)欲求影響線之力素位於 6-10 段上時，6-10 段按靜定桁架結構影響線之繪製原則來繪影響線，而其他各段均視為固定段。

(4)若各支承之束制仍存在，則在支承上之各點（如 1 點、3 點、4 點、12 點、13 點及 15 點）均視為影響線上之固定點。另外，若一格間左右兩側均為固定點時，則此格間可視為影響線上之固定段。

(5)若欲求影響線之力素為支承反力時，則每一簡單桁架之影響線均為一段直線，若配合各接續之特性，即可迅速繪出各支承反力之影響線。

依據上述之繪製原則，並配合各接續的特性，即可繪出此多跨桁架橋各力素之影響線。

(1)求R_A、R_B、R_C及R_D之影響線

可依下述原則繪出：

①在欲求影響線之支承反力點處，上提 1 單位，而其他支承點處均為固定點。

②全橋由 5 個簡單桁架及 4 個非剛性接續所組成，因此每一支承反力之影響線均是由 5 段直線（因為每一簡單桁架之影響線均為一段直線）所組成，若再配合各接續之特性，即可繪出各支承反力之影響線，其中 1-3 將平行 4-6（因 3-4-16-17 為導向接續），而 10-12 將平行 13-15（因 12-13-19-20 為導向接續）。

(2)求S_a之影響線

①欲求影響線之力素S_a位於 1-3 段（基本部分）上，因此S_a在 1-3 之間的影響線可按靜定桁架結構影響線之繪製原則繪出：

(a)1 點為固定點，所以S_a在 1 點處之影響線值為零。

(b)垂直單位集中載重在 2-3 之間移動時，取 1 點為自由體，由 $\Sigma F_y = 0$，得 $S_1 = -\sqrt{2} R_A$，此即表示，在 2-3 之間若將R_A的影響線值放大（$-\sqrt{2}$）倍即為S_a之影響線。

(c)垂直單位集中載重在 1-2 之間移動時，S_a之影響線則呈線性變化。

②S_a在其他部分的影響線均呈線性變化（僅須知二點之縱座標值，再以直線

相連即可)。

(a)3-4 為固定段,所以 S_a 在 3-4 間的影響線值為零。

(b)垂直單位集中載重作用在 6 點時,取 1 點為自由體,由 $\Sigma F_y = 0$,得 $S_a = -\sqrt{2}R_A$,此即表示,在 6 點處,將 R_A 之影響線值放大($-\sqrt{2}$)倍即得 S_a 之影響線。

(c)同理,可求得垂直單位集中載重作用在 10 點時, $S_a = -\sqrt{2}R_A$。

(d)12 點、13 點及 15 點均為固定點,因此在這些點處, S_a 之影響線值均為零。

(e)4-6, 6-10, 10-12, 12-13, 13-15 等部分之 S_a 影響線則呈線性變化。

(3)求 S_b 之影響線

①由於 1 點、3 點、4 點、12 點、13 點及 15 點均為固定點,因此可形成 4 個固定段,即 1-3、3-4、12-13 及 13-15。而 4-6 間、6-10 間、10-12 間, S_b 之影響線則呈線性變化。

②垂直單位集中載重作用在 6 點時,取 4-6 為自由體,如圖(l)所示,

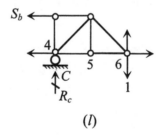

(l)

由 $\Sigma M_6 = 0$,得 $S_b = 2R_c = 2$(因為在 6 點處, R_c 之影響線值為+1)。此時 4-6 間 S_b 之影響線呈線性變化。

③垂直單位集中載重作用在 10 點時,取 4-6 為自由體,如圖(m)所示,

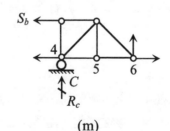

(m)

由 $\Sigma M_f = 0$，得 $S_b = 2R_c = 0$（因為在 10 點處，R_c 之影響線值為 0），此時 6-10 間及 10-12 間 S_b 之影響線均呈線性變化。

(4)求 S_c 之影響線

　①由於 1 點、3 點、4 點、12 點、13 點及 15 點均為固定點，因此可形成 4 個固定段，即 1-3、3-4、12-13 及 13-15。

　②垂直單位集中載重作用在 5 點時，取自由體如圖(n)所示，

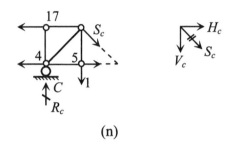

(n)

　　由 $\Sigma F_y = 0$，得 $V_c = R_c - 1$，而在 5 點處，R_c 之影響線值為 1，因此 $S_c = \sqrt{2}(R_c - 1) = \sqrt{2}(1 - 1) = 0$，這表示在 5 點處，$S_c$ 之影響線值為 0，而 4-5 間呈線性變化。

　③垂直單位集中載重作用在 6 點或 10 點時，取自由體如圖(o)所示，

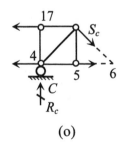

(o)

　　由 $\Sigma F_y = 0$，得 $V_c = R_c$，亦即 $S_c = \sqrt{2}R_c$

　　在 6 點處，由於 R_c 的影響線值為 1，因此 $S_c = \sqrt{2}R_c = \sqrt{2}(1) = \sqrt{2}$，這表示在 6 點處，$S_c$ 之影響線值為 $\sqrt{2}$，而 5-6 間將呈線性變化。在 10 點處，由於 R_c 的影響線值為 0，因此 $S_c = \sqrt{2}R_c = \sqrt{2}(0) = 0$，這表示在 10 點處，$S_c$ 之影響

線值為 0，而 6-10 間將呈線性變化。

(5)求S_d之影響線

欲求影響線之力素S_d係位於 6-10 段上，因此 6-10 段上之S_d影響線可按靜定桁架結構影響線之繪製原則來繪出，而其他各段均為固定段。

(6)求S_e之影響線

①e桿件連接 6-10 及 10-12 兩個簡單桁架，其中 6-10 為 1-6 之附屬部分，亦為 10-15 之附屬部分；而 10-12 為 13-15 之附屬部分。因此在求S_e之影響線時，1-6 及 13-15 均可視為固定段。另外，12-13 格間之左右兩側均為固定點，故 12-13 亦為一固定段。

②垂直單位集中載重作用在 10 點時，取自由體如圖(p)所示，

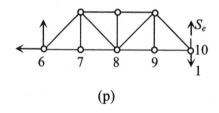

(p)

由$\Sigma M_6 = 0$，得$S_e = 1$（張力桿件）

這表示在 10 點處，S_e之影響線值為 1，而 6-10 間將呈線性變化。

③垂直單位集中載重作用在 11 點時，取自由體如圖(q)所示，

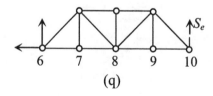

(q)

由$\Sigma M_6 = 0$，得$S_e = 0$

這表示在 11 點處，S_e之影響線值為 0，而 10-11 及 11-12 將呈線性變化。

(7)求S_f之影響線

① 1-4 及 12-15 均為固定段，S_f之影響線值均為 0

②垂直單位集中載重作用在 6 點或 10 點或 11 點時，取自由體如圖(r)所示，

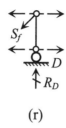

(r)

由$\Sigma F_y = 0$，得$V_f = R_D$，因此 $S_f = \sqrt{2} R_D$

這表示無論在 6 點或 10 點或 11 點處，S_f之影響線值等於（$\sqrt{2}$）倍的R_D影響線值。

③ 4-6、6-10、10-11 及 11-12 間呈線性變化。

(8)求S_g之影響線

垂直單位集中載重係在下弦桿移動，由節點法，取 20 點為自由體，如圖(s)所示，

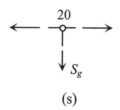

(s)

由$\Sigma F_y = 0$，得$S_g = 0$

這表示垂直單位集中載重在下弦桿移動時，S_g必為 0，換言之，在 1 點和 15 點之間，S_g之影響線值為 0。

6-3 靜定剛架結構與組合結構之影響線

　　原則上是由靜力平衡觀念來分析靜定剛架結構或組合結構各力素之影響線，但有時亦可配合 Müller-Breslau 原理來繪影響線。

　　固定點（即是在單位集中載重作用方向上有完全約束之點）及固定段（即是在單位集中載重作用方向上有完全約束的一段結構）的確認與前面幾節相同；而支承反力的符號亦是取：與單位集中載重反方向為正，同方向為負。

　　繪製各力素影響線時，須注意單位集中載重移動之範圍即是影響線所需繪出之範圍。

例題 6-23

下圖所示為一剛架結構，單位集中力分別垂直向下作用於 $BECD$ 桿件上及水平向右作用於 AB 桿件上，試由靜力平衡觀念繪出 $R_{AV}, R_{AH}, R_{CV}, V_E$ 及 M_E 的影響線。

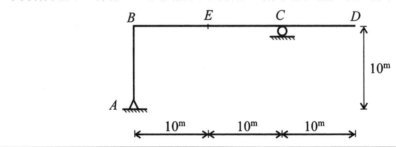

解

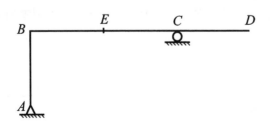

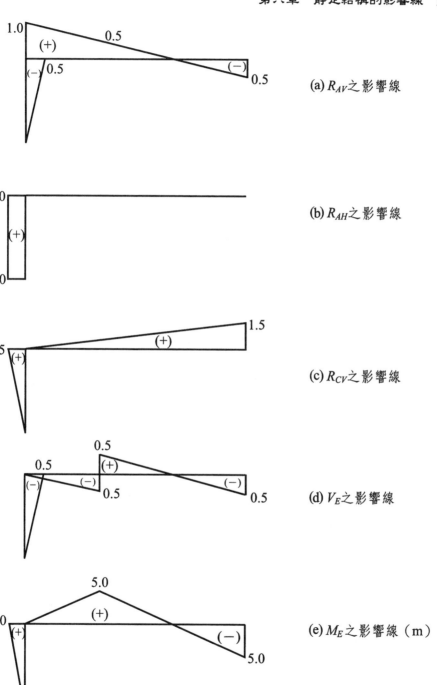

(a) R_{AV}之影響線

(b) R_{AH}之影響線

(c) R_{CV}之影響線

(d) V_E之影響線

(e) M_E之影響線（m）

由於單位集中力係在 AB 段及 $BECD$ 段上移動，因此各力素影響線所繪出之範圍包含了 AB 段及 $BECD$ 段。

(1) R_{AV} 之影響線

　①單位集中力垂直向下作用於 $BECD$ 段時：

　　(a)單位集中力垂直向下作用在 B 點時，取整體結構為自由體，

　　　由 $\Sigma M_c = 0$，得 $R_{AV} = +1(\uparrow)$（正號表 R_{AV} 與單位集中力反向）

　　　這表示 R_{AV} 在 B 點處之影響線值為 $+1$。

　　(b)單位集中力垂直向下作用在 C 點時，取整體結構為自由體，

　　　由 $\Sigma M_A = 0$，得 $R_{CV} = +1(\uparrow)$

　　　再由 $\Sigma F_y = 0$，得 $R_{AV} = 0$

　　　這表示 C 點為一固定點（即在單位集中力作用方向上有完全約束之點），R_{AV} 在 C 點處之影響線值為零。

　　(c) $BECD$ 段之影響線呈線性變化

　　　由以上分析即可繪出 R_{AV} 在 $BECD$ 段之影響線。

　②單位集中力水平向右作用於 AB 段時：

　　(a) A 點為固定點（在單位集中力作用方向上有完全約束之點），因此 R_{AV} 在 A 點處之影響線值為零

　　(b)單位集中力水平向右作用在 B 點時，取整體結構為自由體，

　　　由 $\Sigma M_A = 0$，得 $R_{CV} = 0.5(\uparrow)$

　　　再由 $\Sigma F_y = 0$，得 $R_{AV} = -0.5(\downarrow)$

　　　這表示 R_{AV} 在 B 點處之影響線值為 -0.5。

　　(c) AB 段之影響線呈線性變化

　　　由以上分析即可繪出 R_{AV} 在 AB 段之影響線。

(2)求 R_{AH} 之影響線

　①單位集中力垂直向下作用於 $BECD$ 段時：

　　取整體結構為自由體，由 $\Sigma F_x = 0$，得 $R_{AH} = 0$，

　　這表示在 $BECD$ 段上，R_{AH} 之影響線值為零。

　②單位力水平向右作用於 AB 段時：

　　(a)單位集中力水平向右作用於 A 點時，取整體結構為自由體，

　　　由 $\Sigma F_x = 0$，得 $R_{AH} = +1(\leftarrow)$（正號表 R_{AH} 與單位集中力反向）

這表示R_{AH}在 A 點處之影響線值為 +1。

(b)單位集中力水平向右作用於 B 點時，取整體結構為自由體，

由$\Sigma F_x = 0$，得$R_{AH} = +1(\leftarrow)$

這表示R_{AH}在 B 點處之影響線值為 +1。

(c)AB段之影響線呈線性變化

由以上分析即可繪出R_{AH}在 AB 段之影響線。

(3)求R_{CV}之影響線

同以上分析，可得出R_{CV}之影響線，如圖(c)所示。

(4)求V_E之影響線

①單位集中力垂直向下作用於 BECD 段時：

(a)單位集中力垂直向下作用於 BE 段時，取 ECD 段為自由體，並假設V_E及R_{CV}均為正向，如圖(f)所示

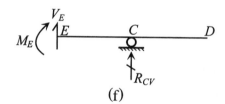

(f)

取$\Sigma F_y = 0$，得$V_E = -R_{CV}$

這表示在 BE 段上：V_E之影響線 $= -R_{CV}$之影響線。

(b)單位力垂直向下作用於 ECD 段時，取 ABE段為自由體，並假設V_E及R_{AV}均為正向，如圖(g)所示

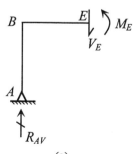

(g)

取 $\Sigma F_y = 0$，得 $V_E = R_{AV}$

這表示在 ECD 段上：V_E 之影響線 $= R_{AV}$ 之影響線。

由此即可繪出 V_E 在 $BECD$ 段之影響線。

②單位集中力水平向右作用於 AB 段時：

取 ECD 段為自由體，並假設 V_E 及 R_{CV} 均為正向，如圖(f)所示，

取 $\Sigma F_y = 0$，得 $V_E = -R_{CV}$

這表示在 AB 段上：V_E 之影響線 $= -R_{CV}$ 之影響線。

由此即可繪出 V_E 在 AB 段之影響線。

(5)求 M_E 之影響線

①單位集中力垂直向下作用於 $BECD$ 段時：

(a)單位集中力垂直向下作用於 BE 段時，取 ECD 為自由體，並設 M_E 及 R_{CV} 均為正向，如圖(f)所示，

取 $\Sigma M_E = 0$，得 $M_E = 10R_{CV}$

這表示在 BE 段上：M_E 之影響線 $=(10)(R_{CV}$ 之影響線）。

(b)單位力垂直向下作用於 ECD 段時，取 ABE 段為自由體，並假設 M_E 及 R_{AV} 均為正向，如圖(g)所示（$R_{AH} = 0$）

取 $\Sigma M_E = 0$，得 $M_E = 10R_{AV}$

這表示在 ECD 段上：M_E 之影響線 $=(10)(R_{AV}$ 之影響線）。

由此即可繪出 M_E 在 $BECD$ 段之影響線。

②單位集中力水平向右作用於 AB 段時：

取 ECD 段為自由體，並假設 M_E 及 R_{CV} 均為正向，如圖(f)所示，

取 $\Sigma M_E = 0$，得 $M_E = 10R_{CV}$

這表示在 AB 段上：M_E 之影響線 $=(10)(R_{CV}$ 之影響線）。

由此即可繪出 M_E 在 AB 段之影響線。

例題 6-24

於下圖所示之組合結構中，*BC* 桿件之軸向變形可忽略不計，垂直單位集中載重在 *A*、*B*、*C*、*D* 間移動，試繪 R_A、R_D、R_E 及 R_G 之影響線。

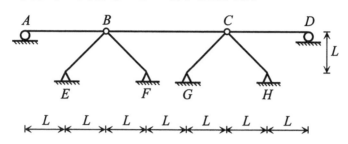

解

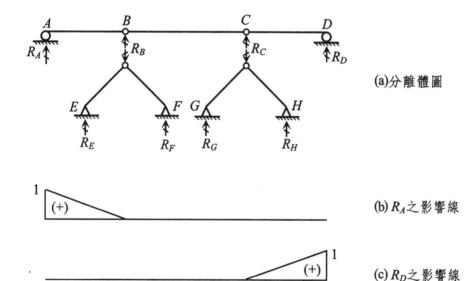

(a)分離體圖

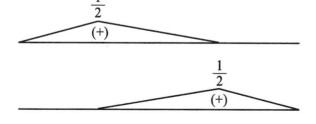

(b) R_A 之影響線

(c) R_D 之影響線

(d) R_E 之影響線

(e) R_G 之影響線

由於垂直單位集中載重係在 $ABCD$ 範圍移動，因此各力素影響線所繪出之範圍僅在於 $ABCD$ 段。

原結構為一組合結構，B點及 C 點均為鉸接續；BE 桿件、BF 桿件、CG 桿件及 CH 桿件均為二力桿件，僅有軸向力存在；而 $ABCD$ 為梁桿件。此組合結構之分離體圖，如圖(a)所示。

(1) R_A、R_D 之影響線

於圖(a)所示之分離體圖中可看出，在 $ABCD$ 梁中，A、B、C、D 各點在垂直方向上均有束制，因此藉由 Müller-Breslau 原理可直接繪出 R_A 及 R_D 之影響線。

(2) R_E、R_G 之影響線

①垂直單位集中載重作用在 A 點及 D 點時，$R_B = R_C = 0$，由圖(a)可知，
$$R_E = R_G = 0$$

②垂直單位集中載重作用在 B 點時，$R_B = +1$、$R_C = 0$，由圖(a)可知，
$$R_E = +\frac{1}{2}\ (\uparrow)\ ，而 R_G = 0$$

③垂直單位集中載重作用在 C 點時，$R_B = 0$、$R_C = +1$，由圖(a)可知，
$$R_E = 0，而 R_G = +\frac{1}{2}$$

④ AB 段、BC 段及 CD 段之各力素影響線均呈線性變化。

由以上分析可知，R_E 之影響線值在 A 點、C 點及 D 點處均為零，而在 B 點處為 $(+\frac{1}{2})$；R_G 之影響線值在 A 點、B 點及 D 點處均為零，而在 C 點處為 $(+\frac{1}{2})$。

6-4　如何直接應用 Müller-Breslau 原理繪出靜定剛架結構之影響線

　　應用 Müller-Breslau 原理繪製靜定剛架結構影響線的原則，現敘述如下：

　　「結構某力素之影響線，乃是去除該力素方向上之束制（但其他束制保持不變），並於該力素之正方向上產生一單位之變形量，而結構各部分均作符合束制條件的剛體變位，由此所形成結構之彈性變形線，即為該力素之影響線」。依據此原則即可繪出靜定剛架各力素之影響線（其結果應與由靜力平衡觀念所繪出之影響線相同）。

　　一般而言，結構的剛體變位包含了剛體的平移和剛體的旋轉，其中對於剛體的旋轉分析，需先決定其轉動中心。

　　為了能正確繪出剛架結構各力素的影響線，在分析時，首先應決定出各剛體的轉動中心，然後再藉由正確的剛體變位繪出影響線的形狀（亦即定性的影響線），繼而再判斷影響線數值的大小（亦即定量的影響線）。

一、剛體之轉動中心

　　剛體之轉動中心可定義如下：

　　「若知剛體上任意兩點的位移方向，則通過此兩點分別作垂直於位移方向的直線，則此二直線的交點即為剛體之轉動中心」。

　　在圖 6-17 中，ab 表示一剛體，若已知位移 Δ_a 及 Δ_b 之方向（即已知旋轉角 α 和 β 的大小），則通過 a 點和 b 點分別作垂直於 Δ_a 及垂直於 Δ_b 的兩條直線，則此二直線之交點（即 O 點）即為剛體 ab 之轉動中心。此時

$$\frac{\Delta_a}{r_a} = \frac{\Delta_b}{r_b} = \theta$$

且　$\Delta_a \perp oa$；$\Delta_b \perp ob$

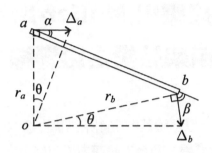

圖 6-17

二、剛架結構影響線之繪製

現以圖 6-18(a)所示的剛架結構為例,來說明R_{bv}及V_{fL}(即f點左側斷面中之剪力)之影響線的繪法。設垂直單位集中載重在dh段上移動,且桿件不計軸向變形。

由於垂直單位集中載重係在dh段上移動,因此R_{bv}及V_{fL}之影響線所繪出之範圍僅在dh段。

1.R_{bv}影響線之繪製

首先去除支承b之垂直束制,並使b點沿R_{bv}正向產生一單位之位移(即$bb'=1$,如圖(b)所示)。

由於e點及g點均為鉸接續(非剛性接續),所以此剛架結構存有三個剛體,即ade、$befg$及cgh。在各變位均為極微小的情況下,現將各剛體變位分析如下:(見圖(b))

(1)對剛體ade而言,$dd' \perp ad$,$ee' \perp ae$,而 a 點為轉動中心。

(2)對剛體$befg$而言,$bb' \perp ab$,$ee' \perp ae$,$gg' \perp ag$,而a點為轉動中心。

(3)對剛體cgh而言,$cc' \perp ac$,$gg' \perp ag$,$hh' \perp ah$,而a點為轉動中心。

(4)$\angle ad'e' = \angle b'f'e' = \angle b'f'g' = \angle c'h'g' = 90°$

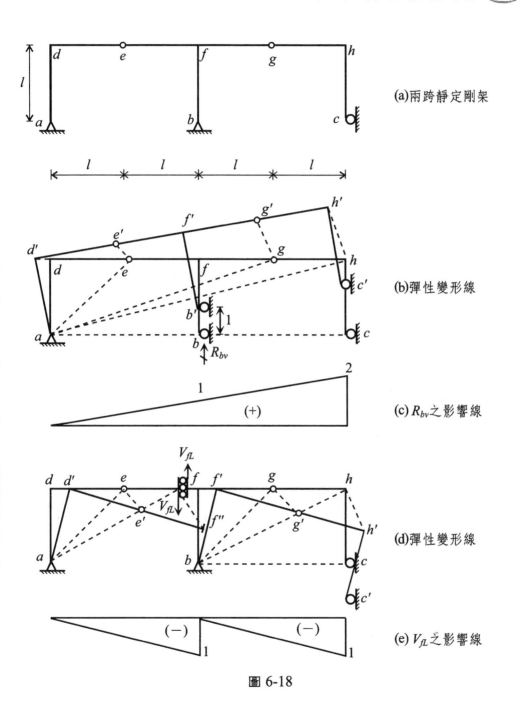

(a)兩跨靜定剛架

(b)彈性變形線

(c)R_{bv}之影響線

(d)彈性變形線

(e)V_{fL}之影響線

圖 6-18

(5)由於不計桿件軸向變形，所以 d、f、h 三點之水平位移相同。

由以上之分析，知 d'、f' 及 h' 三點共線。彈性變形如圖(b)所示，其中 d 點之垂直位移為 0（因桿件不計軸向變形），f 點的垂直位移為 1，而 dh 段上各點之垂直位移均正比於離 a 點的水平距離。由 dh 段之彈性變形，可得出 R_{bv} 之影響線，如圖(c)所示。

2. V_{fL} 影響線之繪製

首先去除 f 點左側斷面之剪力束制，並使此處沿 V_{fL} 正向產生一單位之相對位移（兩側平行錯開一單位，$f'f''=1$，如圖(d)所示）。

此時剛架結構存有四個剛體，即 ade、ef、bfg 及 cgh。在各變位均為極微小的情況下，現將各剛體變位分析如下：（見圖(d)）

(1)對剛體 ade 而言，$dd' \perp ad$，$ee' \perp ae$，而 a 點為轉動中心。

(2)對剛體 ef 而言，$ee' \perp ae$，$ff'' \perp af$，而 a 點為轉動中心。

(3)對剛體 bfg 而言，$ff' \perp bf$，$gg' \perp bg$，而 b 點為轉動中心。

(4)對剛體 cgh 而言，$gg' \perp bg$，$hh' \perp bh$，$cc' \perp bc$，而 b 點為轉動中心。

(5)$\angle dad' = \angle fbf' = \angle hc'h'$

　$\angle ad'e' = \angle e'f''f' = \angle bf'g' = \angle c'h'g' = 90°$

由以上的分析，知 d'、e' 及 f'' 三點共線，f'、g' 及 h' 三點共線，而此二直線相互平行（因 f 點左側有導向接續之故）。

又因 $f'f''=ff''=1$，所以 $hh'=1$。

彈性變形如圖(d)所示。而由 dh 段之彈性變形可得出 V_{fL} 之影響線，如圖(e)所示。

例題 6-25

下圖所示為一剛架結構，單位集中力分別垂直向下作用於 $BECD$ 桿件上及水平向右作用於 AB 桿件上，試繪出 R_{AV}, R_{AH}, R_{CV}, V_E 及 M_E 的影響線。

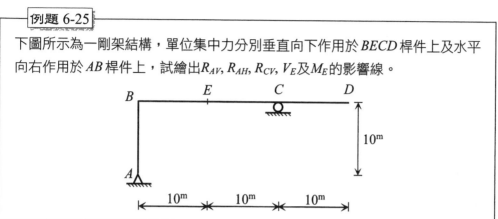

解

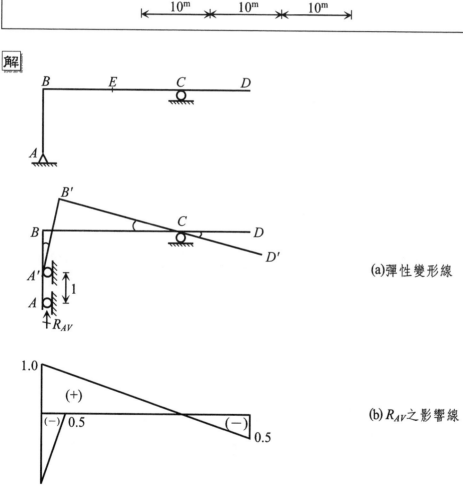

(a)彈性變形線

(b) R_{AV} 之影響線

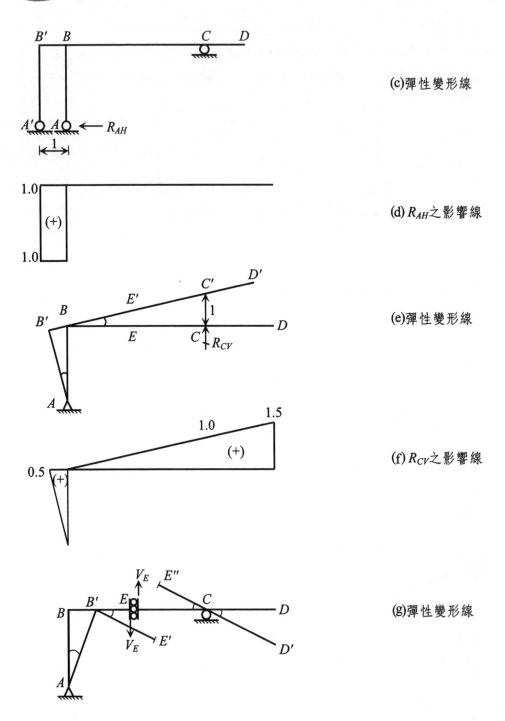

(c)彈性變形線

(d) R_{AH} 之影響線

(e)彈性變形線

(f) R_{CV} 之影響線

(g)彈性變形線

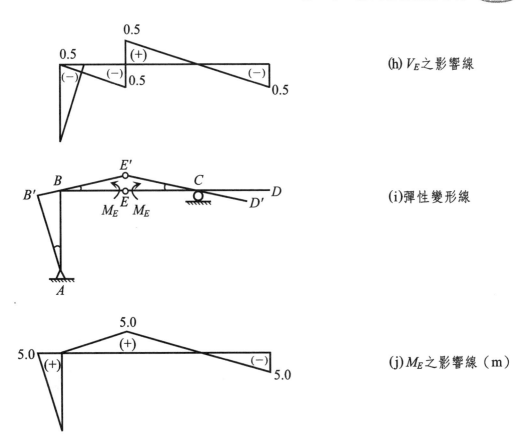

(h) V_E 之影響線

(i)彈性變形線

(j) M_E 之影響線（m）

由於單位集中力係在 AB 段及 BECD 段上移動，因此各力素影響線所繪出之範圍包含了 AB 段及 BECD 段。

本題係由 Müller-Breslau 原理來解題，各影響線縱座標值可由比例關係求得。

6-5　靜定拱結構之影響線

　　拱結構在垂直載重作用下，兩端支承處會有水平推力的產生，所謂水平推力係指方向朝向拱內的水平支承反力。由於水平推力與拱頂的水平力會形成抵抗外載重的力偶，因此與簡支梁相較，拱內各斷面有著較小的彎矩值。一般而言，軸向壓力是為拱結構的主要內力。

討論 1

　　在垂直載重作用下，兩端支承有無水平推力的產生，是拱結構與梁結構之基本區別。

討論 2

　　以三鉸拱為例，若將三鉸拱各斷面中的合力作用點（即總壓力作用點）相連成線，則此線稱為三鉸拱的**壓力線**。若三鉸拱的軸線恰與壓力線重合，則三鉸拱各斷面上僅有軸向壓力，而無剪力和彎矩，此時各斷面都處於均勻受壓的狀態，因而材料能得到充分的利用，從設計角度來看，這是最合理也是最經濟的設計，因此在已知載重作用下，我們稱斷面上僅有軸向壓力的拱軸線為**合理拱軸線**。一般而言：

⑴在垂直均佈載重作用下，三鉸拱的合理拱軸線為拋物線。

⑵在徑向（指向圓心的方向）均佈載重作用下，三鉸拱的合理拱軸線為圓弧線。

討論 3

　　水平推力的大小與載重和跨長成比例，而與拱高成反比，因此在經濟的可行範圍內，應儘量提高拱的高度。

討論 4

　　拱結構多以靜力平衡觀念來分析各力素的影響線，因此應先繪出各支承反力的

影響線。

例題 6-26

下圖所示為一三鉸拱結構，(1)試求支承反力R_{AX}, R_{AY}, R_{BX}及R_{BY}之影響線(2)若拱高$f=8^m$, $L_1=20^m$, $L_2=10^m$, $h_1=12^m$, $h_2=6^m$, $X_D=3^m$, $Y_D=5^m$，試求M_D之影響線。

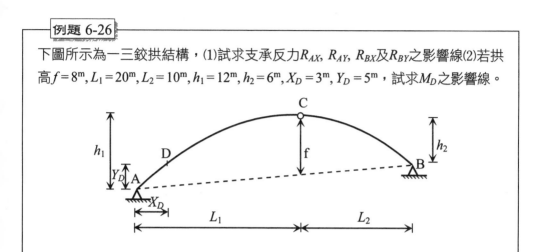

解

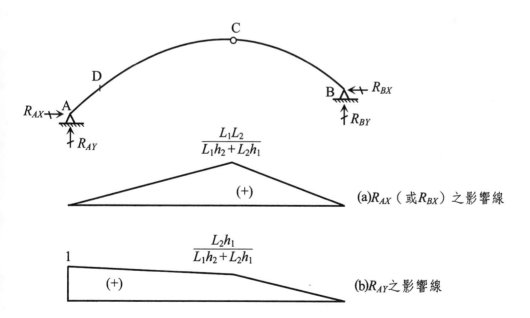

$\dfrac{L_1 L_2}{L_1 h_2 + L_2 h_1}$

(+)　(a)R_{AX}（或R_{BX}）之影響線

$\dfrac{L_2 h_1}{L_1 h_2 + L_2 h_1}$

1

(+)　(b)R_{AY}之影響線

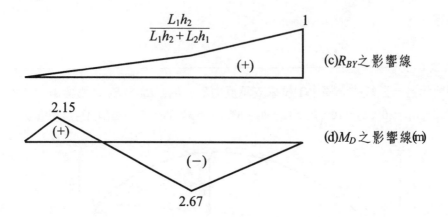

(c)R_{BY}之影響線

(d)M_D之影響線(m)

R_{AX}及R_{BX}取朝向拱內的方向為正；R_{AY}及R_{BY}取向上為正（與垂直單位集中載重反向）。

(1)求R_{AX}, R_{AY}, R_{BX}及R_{BY}之影響線

①垂直單位集中載重作用在 A 點時，

$R_{AY}=+1$（↑），而 $R_{AX}=R_{BX}=R_{BY}=0$

②垂直單位集中載重作用在C點時，首先取AC段為自由體，由$\Sigma M_C=0$，得

$$R_{AY}=\frac{h_1}{L_1}R_{AX} \tag{1}$$

再取整體結構為自由體，由$\Sigma M_B=0$，得

$$(R_{AY})(L_1+L_2)-(R_{AX})(h_1-h_2)-(1)(L_2)=0 \tag{2}$$

將(1)式代入(2)式，得

$$R_{AX}=+\frac{L_1L_2}{L_1h_2+L_2h_1} \quad (\to) \tag{3}$$

再將(3)式代回(1)式，得

$$R_{AY}=+\frac{L_2h_1}{L_1h_2+L_2h_1} \quad (\uparrow) \tag{4}$$

再取整體結構為自由體，分別由$\Sigma F_X=0$及$\Sigma F_Y=0$，可得出

$$R_{BX}=+\frac{L_1L_2}{L_1h_2+L_2h_1} \quad (\leftarrow) \tag{5}$$

$$R_{BY}=+\frac{L_1h_2}{L_1h_2+L_2h_1} \quad (\uparrow) \tag{6}$$

③垂直單位集中載重作用在 B 點時，

$R_{BY}=+1$（↑），而$R_{AX}=R_{AY}=R_{BX}=0$

④ AC 間及 BC 間，影響線呈線性變化

由以上之分析，可繪出 R_{AX}（$=R_{BX}$）、R_{AY} 及 R_{BY} 之影響線

(2)求 M_D 之影響線

①垂直單位集中載重作用在 A 點或 B 點時，

$M_D=0$

②垂直單位集中載重作用在 C 點時，取 AD 段為自由體，如下圖所示，

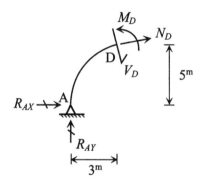

由 $\Sigma M_D=0$，得 $M_D=-(5^m)(R_{AX})+(3^m)(R_{AY})$ $\qquad$ (7)

另外，由(3)式及(4)式可得

$$R_{AX}=+\frac{L_1 L_2}{L_1 h_2+L_2 h_1}=\frac{(20^m)(10^m)}{(20^m)(6^m)+(10^m)(12^m)}=\frac{5}{6}$$

$$R_{AY}=+\frac{L_2 h_1}{L_1 h_2+L_2 h_1}=\frac{(10^m)(12^m)}{(20^m)(6^m)+(10^m)(12^m)}=\frac{1}{2}$$

將得出之 R_{AX} 及 R_{AY} 代入(7)式中可得出

$$M_D=-(5^m)(\frac{5}{6})+(3^m)(\frac{1}{2})=-2.67^m$$

③垂直單位集中載重作用在 D 點時

同理，取 AD 段為自由體，由 $\Sigma M_D=0$，可得 $M_D=2.15^m$

④AD間、DC間及CB間，M_D 之影響線呈線性變化。

例題 6-27

下圖所示為一三鉸拱桁架，試繪 R_{AX}, R_{AY}, R_{BX}, R_{BY} 及 S_{2-3} 之影響線。

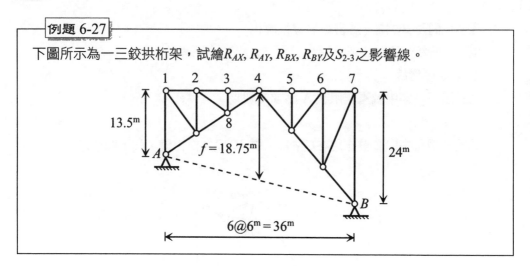

解

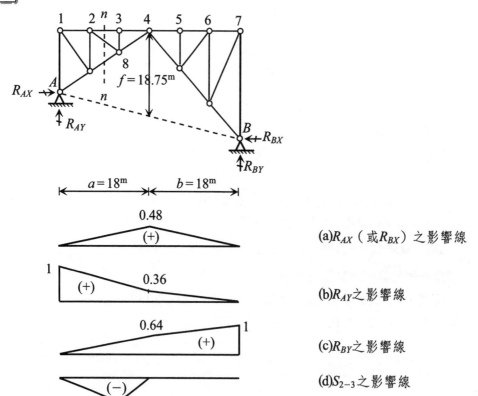

(a) R_{AX}（或 R_{BX}）之影響線

(b) R_{AY} 之影響線

(c) R_{BY} 之影響線

(d) S_{2-3} 之影響線

R_{AX}及R_{BX}取朝向拱內的方向為正；R_{AY}及R_{BY}取向上為正。

(1)求R_{AX}, R_{AY}, R_{BX}及R_{BY}之影響線

① 垂直單位集中載重作用在 1 點時

$R_{AY}=+1$（↑），而$R_{AX}=R_{BX}=R_{BY}=0$

② 垂直單位集中載重作用在 4 點時

分別由例題 6-26 中之(3)式、(4)式、(5)式與(6)式可知：

$$R_{AX}=+\frac{L_1L_2}{L_1h_2+L_2h_1}=+\frac{(18^{\text{m}})(18^{\text{m}})}{(18^{\text{m}})(24^{\text{m}})+(18^{\text{m}})(13.5^{\text{m}})}=+0.48 \ (\rightarrow)$$

$$R_{AY}=+\frac{L_2h_1}{L_1h_2+L_2h_1}=+\frac{(18^{\text{m}})(13.5^{\text{m}})}{(18^{\text{m}})(24^{\text{m}})+(18^{\text{m}})(13.5^{\text{m}})}=+0.36 \ (\uparrow)$$

$$R_{BX}=+\frac{L_1L_2}{L_1h_2+L_2h_1}=+\frac{(18^{\text{m}})(18^{\text{m}})}{(18^{\text{m}})(24^{\text{m}})+(18^{\text{m}})(13.5^{\text{m}})}=+0.48 \ (\leftarrow)$$

$$R_{BY}=+\frac{L_1h_2}{L_1h_2+L_2h_1}=+\frac{(18^{\text{m}})(24^{\text{m}})}{(18^{\text{m}})(24^{\text{m}})+(18^{\text{m}})(13.5^{\text{m}})}=+0.64 \ (\uparrow)$$

③ 垂直單位集中載重作用在 7 點時

$R_{BY}=+1$（↑），而$R_{AX}=R_{AY}=R_{BX}=0$

④ 1-4 間及 4-7 間影響線呈線性變化

由以上的分析，可繪出R_{AX}（$=R_{BX}$）、R_{AY}及R_{BY}之影響線

(2)求S_{2-3}之影響線

① 垂直單位集中載重在 1-2 間移動時

取$n-n$切斷面右側桁架為自由體，由$\Sigma M_8=0$，得

$S_{2\text{-}3}=4.33R_{BX}-5.33R_{BY}$

上式表示，在 1-2 間：

S_{2-3}之影響線＝（4.33）（R_{BX}之影響線）－（5.33）（R_{BY}之影響線）

② 垂直單位集中載重在 3-7 間移動時

取$n-n$切斷面左側桁架為自由體，由$\Sigma M_8=0$，得

$S_{2\text{-}3}=2R_{AX}-2.67R_{AY}$

上式表示，在 3-7 間：

$S_{2\text{-}3}$之影響線＝（2）（R_{AX}之影響線）－（2.67）（R_{AY}之影響線）

③ 2-3 間，$S_{2\text{-}3}$之影響線呈線性變化

6-6　單位力矩作用下靜定梁結構之影響線

在單位力矩（$m=1$）作用下，靜定結構某力素之影響線可依下述原則繪出：

「先依 **Müller-Breslau** 原理繪出該力素在垂直單位集中載重作用下之影響線，則此影響線的斜率，即為該力素在單位力矩作用下之影響線」，其中單位力矩取順時針轉向為正，逆時針轉向為負。

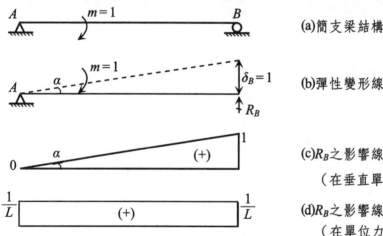

(a)簡支梁結構（跨長為 L）

(b)彈性變形線

(c)R_B 之影響線（$\alpha=\dfrac{1}{L}$）

（在垂直單位集中力作用下）

(d)R_B 之影響線

（在單位力矩作用下）

圖 6-19

現以圖 6-19(a)所示之簡支梁結構為例，來說明在單位力矩作用下，支承反力 R_B 之影響線的繪法。首先移去 R_B 所對應之束制，並以正向的 R_B 作用其上，此時彈性變形線如圖 6-19(b)所示，R_B 在垂直單位集中載重作用下的影響線則如圖 6-19(c)所示。在圖 6-19(b)中，虛位移 $\delta_B=1$，由虛功原理知

$$(R_B)(\delta_B) - (m)(\alpha) = 0$$

由於 $\delta_B=1$ 且 $m=1$

所以由上式可得

$$R_B = \alpha = \frac{1}{L}$$

這也就表示，在垂直單位集中載重作用下，R_B之影響線的斜率也就等於R_B在單位力矩作用下之影響線。此原則可推廣應用在各力素影響線之繪製。

例題 6-28

於下圖所示靜定多跨梁結構中，試繪出在單位力矩作用下，R_D及V_B的影響線。

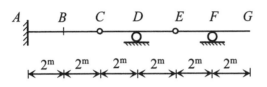

解

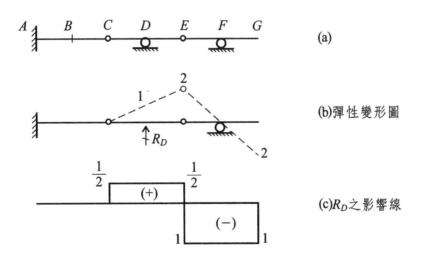

(a)

(b)彈性變形圖

(c)R_D之影響線

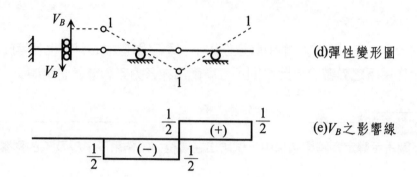

(d)彈性變形圖

(e)V_B之影響線

第七章
影響線在結構設計上之應用

結構設計時，必須依其可能產生的最大應力來做為斷面設計之依據，由於靜載重是固定的，而活載重是可移動的，因此活載重位置之變動會直接影響到斷面應力的大小，所以在設計時，應藉由影響線來確定出活載重的臨界位置，進而得出斷面最大應力值，以作為設計時之依據。

7-1 靜定撓曲結構中某一特定斷面或靜定桁架結構中某一特定桿件最大應力值之分析

7-1-1 在單一集中活載重作用下最大應力值之分析

當載重為單一的集中活載重時，若將此集中活載重置於影響線最大正值處，則可得到最大正應力；反之，若將此集中活載重置於影響線最大負值處，則可得到最大負應力。因此靜定撓曲結構中某一特定斷面或靜定桁架結構中某一特定桿件最大應力值可由下式求出

$$最大應力值＝（集中活載重強度 P_L）×（對應之影響線縱座標值 y）$$
$$=(P_L)×(y) \tag{7.1}$$

7-1-2 在均佈活載重作用下最大應力值之分析

當載重為均佈活載重時，若將此均佈活載重滿佈於各正的影響線區間時，則可得到最大正應力；反之，若將此均佈活載重滿佈於各負的影響線區間時，則可得到最大負應力。因此靜定撓曲結構中某一特定斷面或靜定桁架結構中某

一特定桿件最大應力值可由下式求出

最大應力值=Σ（均佈活載重強度W_L）×（對應之影響線圖形面積A_{IL}）

$$= \Sigma (W_L) \times (A_{IL}) \tag{7.2}$$

討論 1

若載重為均佈活載重再加上一個單一集中活載重時，最大應力之分析，可合併（7.1）式及（7.2）式，亦即

最大應力值 $= (P_L) \times (y) + \Sigma (W_L)(A_{IL})$ (7.3)

討論 2

若同時考慮靜載重時，則應計入靜載重之影響。

討論 3

若均佈活載重之長度為固定而非無限長時，則應將此定長的均佈活載重置於左右兩端影響線縱座標值為相等的區間（即如圖 7-1 所示之 ab 區間，此時 $y_a = y_b$），如此方可繪出對應之最大影響線圖形面積。

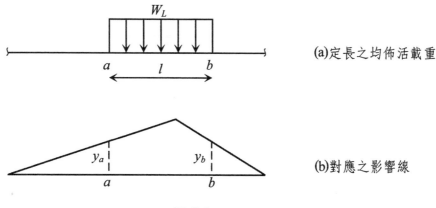

(a)定長之均佈活載重

(b)對應之影響線

圖 7-1

例題 7-1

下圖為一上承桁架橋，承受一可移動且無限長的均佈活載重 $W_L = 2^{t/m}$ 及一集中活載重 $P_L = 5^t$ 之聯合作用，試分析由活載重所引起 bc 間之最大正剪力與最大負剪力。

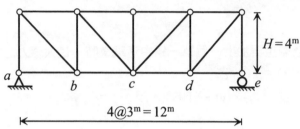

$H = 4^m$

$4@3^m = 12^m$

解

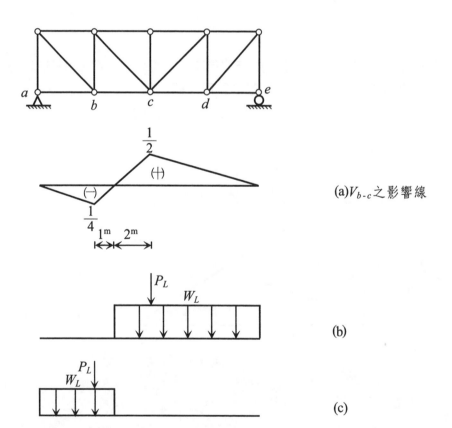

(a) V_{b-c} 之影響線

(b)

(c)

首先繪出 bc 間之格間剪力影響線，如圖(a)所示。

再將均佈活載重 W_L 滿佈於正的影響線區間，而集中活載重 P_L 置於影響線最大正值處（如圖(b)所示），則可得出 bc 間最大正剪力

$$(V_{b\text{-}c})_{\max} = (P_L) \times (y^+_{\max}) + \Sigma (W_L) \times (A^+_{IL})$$
$$= (5^t) \times (\frac{1}{2}) + (2^{t/m}) \times (\frac{1}{2} \times 8^m \times \frac{1}{2})$$
$$= +6.5^t$$

同理，若將均佈活載重 W_L 滿佈於負的影響線區間，而集中活載重 P_L 置於影響線最大負值處（如圖(c)所示），則可得出 bc 間最大負剪力

$$(-V_{b\text{-}c})_{\max} = (P_L) \times (y^-_{\max}) + \Sigma (W_L) \times (A^-_{IL})$$
$$= (5^t) \times (-\frac{1}{4}) + (2^{t/m}) \times (-\frac{1}{2} \times 4^m \times \frac{1}{4})$$
$$= -2.25^t$$

例題 7-2

下圖所示之多跨靜定梁結構，承受固定的均佈靜載重 $W_D = 10^{kN/m}$ 及可以任意佈置的均佈活載重 $W_L = 15^{kN/m}$ 聯合作用，試求斷面 C 的最大正彎矩值 $(M_C)_{\max}$ 和最大負彎矩值 $(-M_C)_{\max}$。

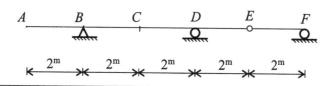

解

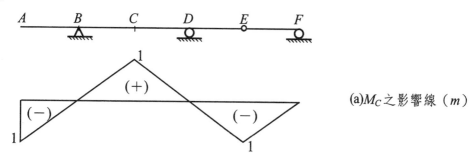

(a) M_C 之影響線（m）

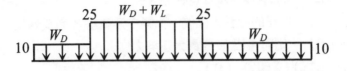

(b) 產生 $(M_C)_{max}$ 之載重佈置（kN/m）

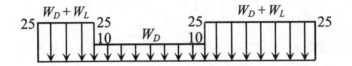

(c) 產生 $(-M_C)_{max}$ 之載重佈置（kN/m）

首先繪出 M_C 之影響線，如(a)所示。

將均佈靜載重 $W_D = 10^{kN/m}$ 加載於全跨徑上，而均佈活載重 $W_L = 15^{kN/m}$ 加載於 BD 間（即正的影響線區間），如圖(b)所示，則可得

$$(M_C)_{max} = (10^{kN/m}) \times (-\frac{1}{2} \times 2^m \times 1^m) + (10^{kN/m} + 15^{kN/m}) \times (\frac{1}{2} \times 4^m \times 1^m) +$$

$$(10^{kN/m}) \times (-\frac{1}{2} \times 4^m \times 1^m)$$

$$= 20^{kN\text{-}m}$$

將均佈靜載重 $W_D = 10^{kN/m}$ 加載於全跨徑上，而均佈活載重 $W_L = 15^{kN/m}$ 加載於 AB 間及 DF 間（即負的影響線區間），如圖(c)所示，則可得

$$(-M_C)_{max} = (10^{kN/m} + 15^{kN/m}) \times (-\frac{1}{2} \times 2^m \times 1^m) + (10^{kN/m}) \times (\frac{1}{2} \times 4^m \times 1^m) +$$

$$(10^{kN/m} + 15^{kN/m}) \times (-\frac{1}{2} \times 4^m \times 1^m)$$

$$= -55^{kN\text{-}m}$$

7-1-3　在一系列大小不同、間距各異的集中活載重作用下最大應力值之分析

在一系列大小不同、間距各異的集中活載重作用下，分析靜定撓曲結構中某一特定斷面或靜定桁架結構中某一特定桿件之最大應力值時，通常需經多次的嘗試與比較後，才能決定出這一系列集中活載重最適當的佈置，此時最大應力值可依據此載重佈置來求出，亦即

$$最大應力值=\Sigma（集中活載重強度）\times（對應之影響線縱座標值）\quad（7.4）$$

在多次的嘗試與比較中，所需注意的是，每次的佈置必須將一集中活載重置於影響線最大縱座標值處。

(一)影響線圖形呈 ▱ 時，最大應力之決定準則

每次的載重佈置必須將一集中活載重置於影響線最大縱座標值處。

例題 7-3

於下圖所示簡支梁結構中，一組車輪載重由右至左通過該梁，試求支承A之最大反力。

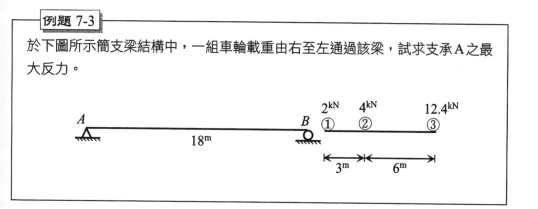

解

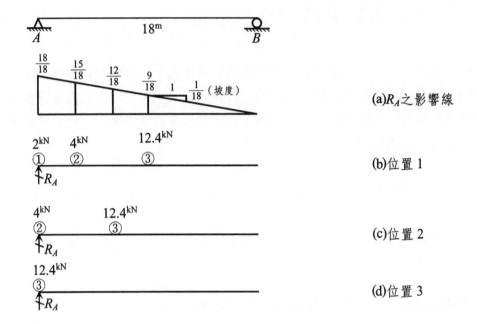

(a)R_A之影響線

(b)位置 1

(c)位置 2

(d)位置 3

由 R_A 的影響線（見圖(a)）可知，影響線的最大縱座標值在 A 點，因此每次的載重佈置，必將一輪重置於 A 點處（見圖(b)、圖(c)及圖(d)）。

產生 $(R_A)_{max}$ 之可能情形，可由公式（7.4）分析如下：

(1)位置 1：將輪①置於 A 點，如圖(b)所示，此時

$$R_A = (2^{kN})(\frac{18}{18}) + (4^{kN})(\frac{15}{18}) + (12.4^{kN})(\frac{9}{18}) = 11.53^{kN}$$

(2)位置 2：此組車輪向左移動，將輪②置於 A 點，如圖(c)所示，此時

$$R_A = (4^{kN})(\frac{18}{18}) + (12.4^{kN})(\frac{12}{18}) = 12.27^{kN}$$

(3)位置 3：此組車輪繼續向左移動，將輪③置於 A 點，如圖(d)所示，此時

$$R_A = (12.4^{kN})(\frac{18}{18}) = 12.4^{kN}$$

由以上的分析可知，位置 3 的載重佈置可使支承 A 產生最大反力，即

$$(R_A)_{max} = 12.4^{kN}$$

(二)影響線圖形呈 ◁—▷ 時，最大應力之決定準則

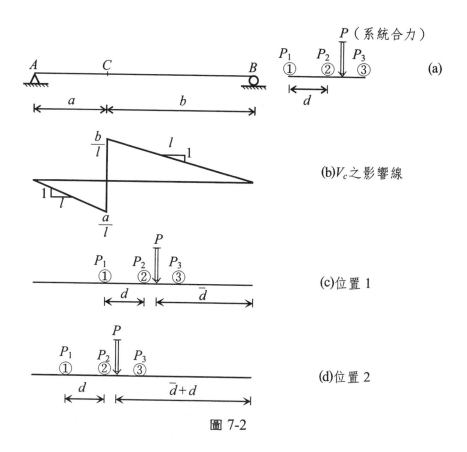

圖 7-2

現以圖 7-2(a)所示簡支梁 C 點的最大斷面正剪力 $(V_C)_{max}$ 為例，來說明影響線圖形呈 ◁—▷ 時，最大應力之決定準則，其中輪重分別為 P_1、P_2 及 P_3（合重為 P）；P_1 與 P_2 之間距設為 d；而 V_C 之影響線示於圖 7-2(b)中。

每次的載重佈置，必將一輪重置於影響線最大正縱座標值處（即 C 點處）。

(1)位置 1：將輪①置於 C 點，如圖 7-2(c)所示

合力 P 距 B 端之距離設為 $\bar{d}$，此時 C 點處之斷面剪力為

$$(V_C)_1 = \frac{P\bar{d}}{l}$$

(2)位置 2：此組車輪向左移動，將輪②置於 C 點，如圖 7-2(d)所示，此時合

力 P 距 B 端之距離為 $(\bar{d}+d)$，而 C 點處之斷面剪力為

$$(V_C)_2 = \frac{P(\bar{d}+d)}{l} - P_1$$

此時 V_C 之變化量為

$$\Delta V_C = (V_C)_2 - (V_C)_1 = \frac{Pd}{l} - P_1$$

則決定準則如下：

(1)若 $\Delta V_C > 0$，即 $\dfrac{Pd}{l} > P_1$，則表示 $(V_C)_2 > (V_C)_1$，此時集中活載重系列繼續前進。

(2)若 $\Delta V_C < 0$，即 $\dfrac{Pd}{l} < P_1$，則表示 $(V_C)_2 < (V_C)_1$，此時位置 1 的載重佈置可使 C 點產生最大斷面剪力。

在上述的準則中，$\dfrac{Pd}{l}$ 為 V_C 之增量，而 P_1 為 V_C 的減量；推而廣之，當第 i 輪置於 C 點，若可使 C 點產生最大斷面正剪力 $(V_C)_{max}$ 時，則必：

$$\frac{Pd_i}{l} < P_i \tag{7.5}$$

式中，P 表作用在梁上輪組之總重；d_i 表第 i 輪與第 $i+1$ 輪之輪距；P_i 表第 i 輪之輪重。

例題 7-4

一組車輪自右至左通過一50ft 長之簡支梁，試求梁跨中央斷面之最大正剪力與最大負剪力。

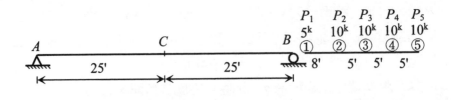

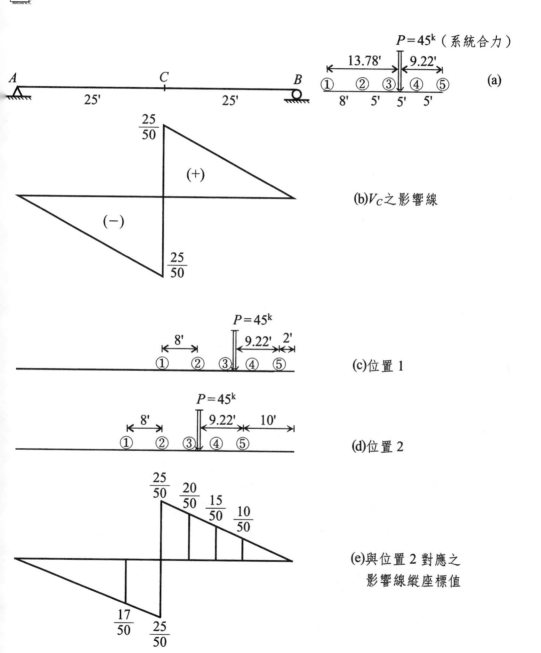

(a)

(b)V_C之影響線

(c)位置 1

(d)位置 2

(e)與位置 2 對應之
　 影響線縱座標值

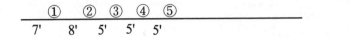

(f)位置 3

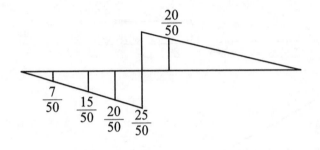

(g)與位置 3 對應之
　　影響線縱座標值

(h)位置 4

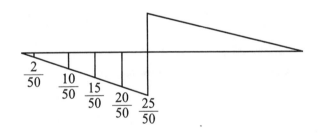

(i)與位置 4 對應之
　　影響線縱座標值

合力$P = 5^k + 8^k + 8^k + 8^k + 8^k = 45^k$，如圖(a)所示。

由V_C的影響線（見圖(b)）可知，影響線的最大正座標值與最大負座標值均在C點；若要求C點處斷面的最大正剪力與最大負剪力，則每次的載重佈置，必將一輪重置於C點處。

首先由位置 1 和位置 2 來求解$(V_C)_{max}$：（因為此二位置之輪重多分佈在正剪力區間）

(1)位置 1：將輪重①置於C點，如圖(C)所示，
　　由公式（7.5）知

$$\frac{Pd_1}{l} = \frac{(45^k)(8')}{50'} = 7.2^k > P_1 = 5^k$$

輪組繼續前進

(2)位置 2：將輪重②置於 C 點，如圖(d)所示，

由公式（7.5）知

$$\frac{Pd_2}{l} = \frac{(45^k)(5')}{50'} = 4.5^k < P_2 = 10^k$$

這表示位置 2 的載重佈置可使 C 點產生最大斷面正剪力。

所以，由位置 2 之載重與對應之影響線縱座標值（見圖(e)），利用公式（7.4）

可得：$(V_C)_{max} = (5^k)(-\frac{17}{50}) + (10^k)(\frac{25}{50}) + (10^k)(\frac{20}{50}) + (10^k)(\frac{15}{50}) + (10^k)(\frac{10}{50})$

$\qquad = 12.3^k$

接著由位置 3 和位置 4 來求解$(-V_C)_{max}$：（因為此二位置之輪重多分佈在負剪力區間）

(1)位置 3：將輪重④置於 C 點，如圖(f)所示

由圖(f)及圖(g)，利用公式（7.4）可得

$(-V_C) = (5^k)(-\frac{7}{50}) + (10^k)(-\frac{15}{50}) + (10^k)(-\frac{20}{50}) + (10^k)(-\frac{25}{50}) + (10^k)(\frac{20}{50})$

$\qquad = -8.7^k$

(2)位置 4：將輪重⑤置於 C 點，如圖(h)所示

由圖(h)與圖(i)，利用公式（7.4）可得

$(-V_C) = (5^k)(-\frac{2}{50}) + (10^k)(-\frac{10}{50}) + (10^k)(-\frac{15}{50}) + (10^k)(-\frac{20}{50}) + (10^k)(-\frac{25}{50})$

$\qquad = -14.2^k$

$\qquad = (-V_C)_{max}$

這表示位置 4 的載重佈置可使 C 點產生最大斷面負剪力。

(三)影響線圖形呈 ⟍⟋ 時，最大應力之決定準則

若增量大於減量，則集中活載重系列繼續前進，反之則停止。每次載重佈置必須將一集中活載重置於影響線最大縱座標值處，再由載重臨界位置得出最大應力值。

例題 7-5

一組車輪自右至左通過一 40^{ft} 長之簡支桁架橋，試求桿件 BC 之最大拉力。

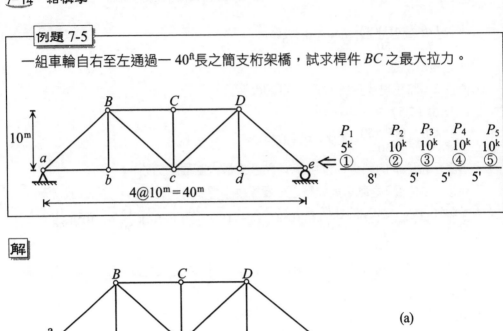

解

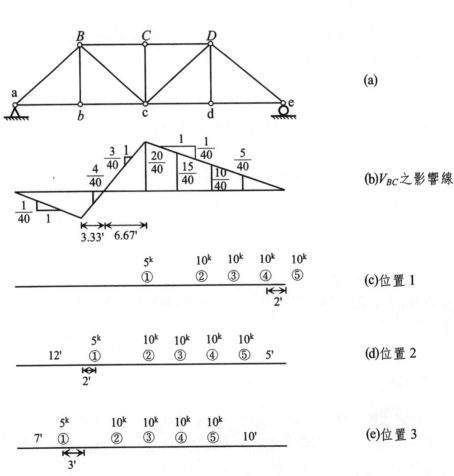

(a)

(b)V_{BC}之影響線

(c)位置 1

(d)位置 2

(e)位置 3

因為 $(S_{BC})_{max} = \sqrt{2}(V_{BC})_{max}$，故先求 $(V_{BC})_{max}$。

由 V_{BC} 之影響線（見圖(b)）知，影響線之縱座標最大正值在 C 點，故每次載重之佈置必將一輪重置於 C 點。

(1)位置 1→位置 2

$$增量 = (P_2 + P_3 + P_4)(\frac{1}{40'})(8') + (P_5)(\frac{1}{40'})(5') = 7.25^k$$

$$減量 = (P_1)(\frac{3}{40'})(8') = 3^k$$

$7.25^k > 3^k$，　載重繼續前進

(2)位置 2→位置 3

$$增量 = (P_3 + P_4 + P_5)(\frac{1}{40'})(5') + (P_1)(\frac{1}{40'})(3') = 4.125^k$$

$$減量 = (P_2)(\frac{3}{40'})(5') + (P_1)(\frac{3}{40'})(2') = 4.5^k$$

$4.125^k < 4.5^k$，　載重停止前進

由以上之分析可知，位置 2 為載重之臨界位置，可使桿件 BC 產生最大拉力，因此由公式（7.4）可得

$$(V_{BC})_{max} = (5^k)(-\frac{4}{40}) + (10^k)(\frac{20}{40}) + (10^k)(\frac{15}{40}) + (10^k)(\frac{10}{40}) + (10^k)(\frac{5}{40})$$

$$= +12^k$$

故 $(S_{BC})_{max} = \sqrt{2}(V_{BC})_{max} = \sqrt{2}(12^k) = 12\sqrt{2}^k$　（拉應力）

㈣影響線圖形呈  時，最大應力之決定準則

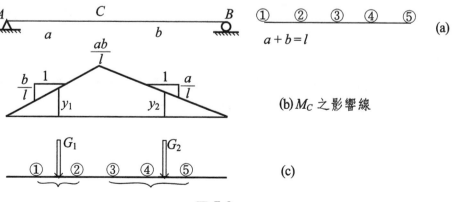

(b) M_C 之影響線

圖 7-3

現以圖 7-3(a)所示簡支梁在 C 點處的斷面最大正彎矩 $(M_C)_{max}$ 為例,來說明影響線圖形呈 $\diagdown\diagup\diagdown$ 時,最大應力之決定準則。

輪組應平均分佈於簡支梁全跨,並設輪組在 C 點左側 a 距離內之輪重合力為 G_1(對應的影響線縱座標值為 y_1);在 C 點右側 b 距離內之輪重合力為 G_2(對應的影響線縱座標值為 y_2),此時 C 點之斷面彎矩值為

$$M_{C1} = G_1 y_1 + G_2 y_2$$

若輪組向左移動 Δx 之距離時,C 點之斷面彎矩值為

$$M_{C2} = G_1 \left(y_1 - \frac{b}{l}\Delta x\right) + G_2(y_2 + \frac{a}{l}\Delta x)$$

因此 M_C 之變化量為

$$\Delta M_C = M_{C2} - M_{C1} = G_2\frac{a}{l}\Delta x - G_1\frac{b}{l}\Delta x$$

亦即

$$\frac{\Delta M_C}{\Delta x} = \frac{M_{C2} - M_{C1}}{\Delta x} = G_2\frac{a}{l} - G_1\frac{b}{l}$$

由此可得出決定準則如下:

(1)若 $\dfrac{\Delta M_C}{\Delta x} > 0$,表示 M_C 隨著輪組之左移而在增加中,此時

$$\frac{G_1}{a} < \frac{G_2}{b} \tag{7.6}$$

(2)若 $\dfrac{\Delta M_C}{\Delta x} < 0$,表示 M_C 隨著輪組之左移而在減少中,此時

$$\frac{G_1}{a} > \frac{G_2}{b} \tag{7.7}$$

若某輪在 C 點右側則滿足(7.6)式;在 C 點左側則滿足(7.7)式,則謂此輪位於 C 點時,輪組已達載重臨界位置,因此可使 C 點產生最大斷面彎矩。

⸢討論⸥

分析時應使集中活載重系列平均分佈於全跨,並將某一較重之輪重置於影響線最大縱座標值處,如此則較容易找出載重之臨界位置。

例題 7-6

於下圖所示簡支梁結構中，試求梁跨中央斷面之最大彎矩。

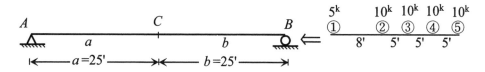

解

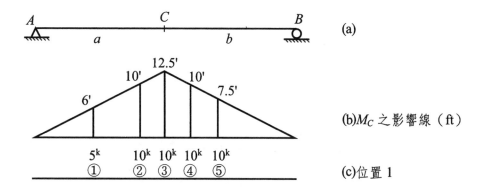

(a)

(b)M_C 之影響線（ft）

(c)位置 1

先繪梁跨中央斷面 M_C 之影響線，如圖(b)所示

將載重系列平均分佈於簡支梁全跨，並將輪重③置於 M_C 影響線最大縱座標值處（即 C 點處），如圖(c)所示。

(1)將輪重③自 C 點向右移動少許，則

$$\frac{G_1}{a} = \frac{(5^k + 10^k)}{25'} < \frac{G_2}{b} = \frac{(10^k + 10^k + 10^k)}{25'}$$

(2)將輪重③自 C 點向左移動少許，則

$$\frac{G_1}{a} = \frac{(5^k + 10^k + 10^k)}{25'} > \frac{G_2}{b} = \frac{(10^k + 10^k)}{25'}$$

故知位置 1 為載重之臨界位置，可使梁跨中央斷面產生最大彎矩，由公式（7.4）得

$$(M_C)_{max} = (5^k)(6') + (10^k)(10') + (10^k)(12.5') + (10^k)(10') + (10^k)(7.5') = 430^{k\text{-ft}}$$

例題 7-7

圖示梁中 C 點為一鉸接續，當一車輪組荷重行駛過該梁時，試求梁中 e 點之最大彎矩及 d 點之最大支承反力。

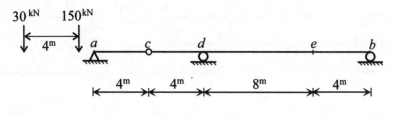

解

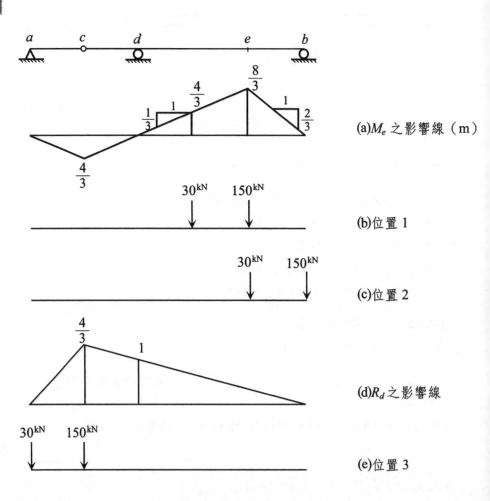

(a)M_e 之影響線（m）

(b)位置 1

(c)位置 2

(d)R_d 之影響線

(e)位置 3

1. *e* 點之最大彎矩$(M_e)_{max}$

由 M_e 之影響線（見圖(a)）知，影響線之縱座標最大值在 e 點，故每次載重之佈置必將一輪重置於 e 點，如圖(b)及圖(c)所示。

位置 1→位置 2

$$增量 = (30^{kN})(\frac{1}{3})(4^m) = 40^{kN\text{-}m}$$

$$減量 = (150^{kN})(\frac{2}{3})(4^m) = 400^{kN\text{-}m}$$

$$40^{kN\text{-}m} < 400^{kN\text{-}m} \quad 載重停止前進$$

由以上之分析可知，位置 1 即為可使 e 點產生最大彎矩之載重臨界位置，故

$$(M_e)_{max} = (30^{kN})(\frac{4}{3}^m) + (150^{kN})(\frac{8}{3}^m)$$
$$= 440^{kN\text{-}m}$$

2. *d* 點之最大支承反力$(R_d)_{max}$

由 R_d 之影響線（見圖(d)）知，影響線之縱座標最大值在 C 點，故今將 150^{kN} 之輪重置於 C 點，如圖(e)所示。

(1)將 150^{kN} 之輪重自 C 點向右移動少許，得：

$$\frac{G_1}{a} = \frac{30^{kN}}{4^m} < \frac{G_2}{b} = \frac{150^{kN}}{16^m}$$

(2)將 150^{kN} 之輪重自 C 點向左移動少許，得：

$$\frac{G_1}{a} = \frac{180^{kN}}{4^m} > \frac{G_2}{b} = \frac{0^{kN}}{16^m}$$

故知，位置 3 即為可使 d 點產生最大支承反力之載重臨界位置，因此由公式（7.4）可得

$$(R_d)_{max} = (30^{kN})(0) + (150^{kN})(\frac{4}{3})$$
$$= 200^{kN} （↑）$$

例題 7-8

於下圖所示之重疊梁結構中，如有如下之載重由右至左通過該梁，試問 F 點及 G 點之最大彎矩各為若干？

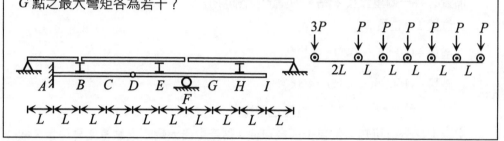

解

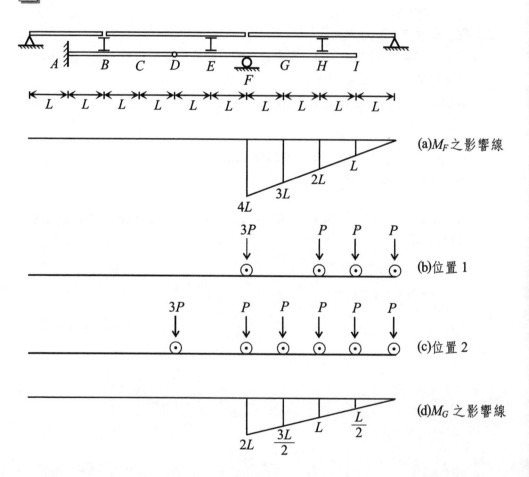

(a) M_F 之影響線

(b) 位置 1

(c) 位置 2

(d) M_G 之影響線

1. 求 $(M_F)_{max}$

由 M_F 之影響線（見圖(a)）知，影響線之縱座標最大值在 F 點，因此每次載重之佈置必將一輪重置於 F 點。

圖(b)所示為第一個可能位置，此時

$M_F = (3P)(-4L) + (P)(-2L) + (P)(-L) + (P)(0) = -15PL$

圖(c)所示為另一個可能位置，此時

$M_F = (3P)(0) + (P)(-4L) + (P)(-3L) + (P)(-2L) + (P)(-L) + (P)(0) = -10PL$

故知位置 1 為載重之臨界位置，而 $(M_F)_{max} = -15PL$

2. 求 $(M_G)_{max}$

由於 M_G 之影響線與 M_F 之影響線相差一定之比例，所以二者之分析過程相同，因此位置 1 亦為產生 $(M_G)_{max}$ 的載重臨界位置，此時

$(M_G)_{max} = (3P)(-2L) + (P)(-L) + (P)(-\dfrac{L}{2}) + (P)(0) = -7.5PL$

7-2　靜定梁結構中絕對最大應力值之分析

在 7-1 節中所談到的是，在單一集中活載重或是均佈活載重或是一系列大小不同、間距各異的集中活載重作用下，結構某特定斷面所產生最大應力值之分析。

由於輪重通過梁結構時，梁結構每一斷面都有其最大剪力及最大彎矩產生，其中某一斷面產生之最大彎矩（或最大剪力）為整個梁結構所有斷面最大彎矩（或最大剪力）中之極大者，稱之為**絕對最大彎矩**（absolute maximum bending moment）（或**絕對最大剪力**（absolute maximum shear force））。

本節將談到靜定梁結構中絕對最大剪力及絕對最大彎矩之分析方法。

7-2-1 靜定梁結構中絕對最大剪力之分析

(一)對懸臂梁而言

絕對最大剪力必發生於鄰近固定支承之梁斷面上，如圖7-4所示，此時輪重應置於固定支承旁，而緊鄰固定支承。

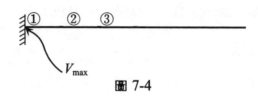

圖 7-4

(二)對簡支梁而言

圖 7-5

絕對最大剪力必發生於支承所在之梁斷面上，如圖7-5所示，此時輪重應緊鄰該支承。

7-2-2 靜定梁結構中絕對最大彎矩之分析

(一)對懸臂梁而言

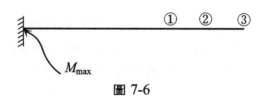

圖 7-6

絕對最大彎矩必發生於鄰近固定支承之梁斷面上，如圖 7-6 所示，此時輪重應置於自由端處。

(二)對簡支梁而言

為了要獲得簡支梁的絕對最大彎矩，所有載重應儘量置放於梁上且儘量集中在梁跨之中央附近，以下是兩個分析原則：

(1)當簡支梁全跨承受均佈活載重或在梁跨中央承受單一活載重作用時，絕對最大彎矩必定發生於梁跨中央斷面處。

(2)當簡支梁承受一系列輪重作用時，絕對最大彎距通常不在梁跨中央處，在一般情況下，絕對最大彎矩會發生在所有輪重中最接近系統合力的一個輪重下，而此輪重必在梁跨中央附近，其確實位置可由以下之分析得知：

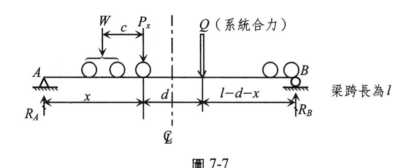

圖 7-7

當一系列大小不同、間距各異的輪重作用在如圖 7-7 所示之簡支梁（跨長為 l）時，假設梁中絕對最大彎矩發生於輪重 P_x 之下，並設梁上全部活載重之合力為 Q（即系統合力），而 P_x 左邊諸輪重之合力為 W。由圖 7-7 知，距 A 支承 x 處（即輪重 P_x 所在處）之斷面彎矩值為

$$M_x = (R_A)(x) - (W)(c) = (\frac{Q(l-d-x)}{l})(x) - (W)(c)$$

當 M_x 為最大時，由 $\dfrac{dM_x}{dx} = 0$，解得：

$$x = l - d - x \qquad\qquad (7.8)$$

（7.8）式即表示：絕對最大彎矩所在位置（即輪重 P_x 處）與合力 Q 所在

位置應分別位於梁跨中央之左右兩側，且二者距梁跨中央為等距。

由以上分析可知，簡支梁絕對最大彎矩是發生在最接近系統合力的一個輪重下。以下是求解簡支梁絕對最大彎矩之步驟：

步驟1.決定出作用於簡支梁上之活載重的合力大小與位置（即系統合力之大小與位置）

步驟2.決定出產生絕對最大彎矩之輪重與其位置

步驟3.求出絕對最大彎矩值

例題 7-9

下圖所示為簡支梁 AB 承受一系列集中活載重之情形，試求梁上的絕對最大彎矩 $M_{\max}$。

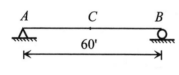
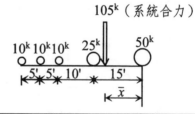

解

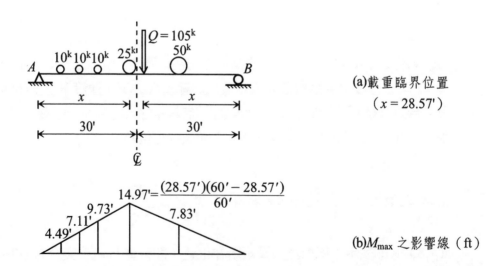

(a)載重臨界位置
　（$x = 28.57'$）

$$14.97' = \frac{(28.57')(60' - 28.57')}{60'}$$

(b)$M_{\max}$ 之影響線（ft）

步驟 1. 決定出作用於簡支梁上之活載重的合力大小與位置

系統合力 $Q = 10^k + 10^k + 10^k + 25^k + 50^k = 105^k$

$$\bar{x} = \frac{(10^k)(35') + (10^k)(30') + (10^k)(25') + (25^k)(15')}{105^k} = 12.14'$$

步驟 2. 決定出產生絕對最大彎矩之輪重與其位置。

由於絕對最大彎矩是發生在最接近系統合力的一個輪重下，因此可判斷出 25^k 的輪重下將會產生簡支梁 AB 的絕對最大彎矩值。

由於 25^k 之輪重所在位置與合力 105^k 之所在位置必分處於梁跨中央之左右兩側，且二者距梁跨中央為等距，由此可算得 25^k 之輪重應距支承 A 之距離為

$$x = 30' - \frac{1}{2}(15' - 12.14') = 28.57'$$

$x = 28.57'$ 亦可表示出載重之臨界位置，如圖(a)所示

步驟 3. 求出絕對最大彎矩值

由載重之臨界位置，並配合 M_{max} 之影響線縱座標值（如圖(b)所示），即可由公式（7.4）得出絕對最大彎矩值為

$$M_{max} = (10^k)(4.49') + (10^k)(7.11') + (10^k)(9.73') + (25^k)(14.97') + (50^k)(7.83')$$
$$= 979^{k\text{-}ft}$$

（討論）

在原結構中，梁跨中央 C 點處之最大彎矩值 $(M_C)_{max}$ 可藉由臨界載重位置（見圖(c)）與 M_C 之影響線縱座標值（見圖(d)）求出

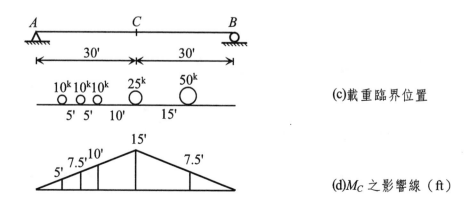

(c)載重臨界位置

(d)M_C 之影響線（ft）

$$(M_C)_{max} = (10^k)(5') + (10^k)(7.5') + (10^k)(10') + (25^k)(15') + (50^k)(7.5')$$
$$= 975^{k\text{-}ft}$$

由此可知，$(M_C)_{max}$ 與上述絕對最大彎矩值 M_{max} 頗為接近，但仍較小。

(三)對靜定複合梁而言

靜定複合梁是由基本部分和其附屬部分共同組成。在垂直力作用下，附屬部分可視為簡支梁（或帶有懸臂之簡支梁）；而基本部分則多為簡支梁（或帶有懸臂之簡支梁）或懸臂梁。

在垂直力作用下，梁中絕對最大彎矩可能是在跨間某一斷面上，也可能是在支承所在的斷面上。

例題 7-10

下圖所示為一靜定複合梁結構，試分析梁上的絕對最大彎矩值。

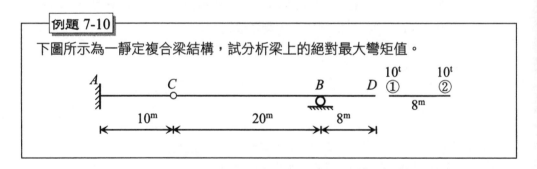

解

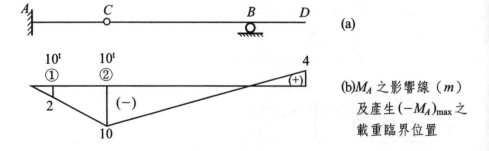

(a)

(b)M_A 之影響線（m）及產生 $(-M_A)_{max}$ 之載重臨界位置

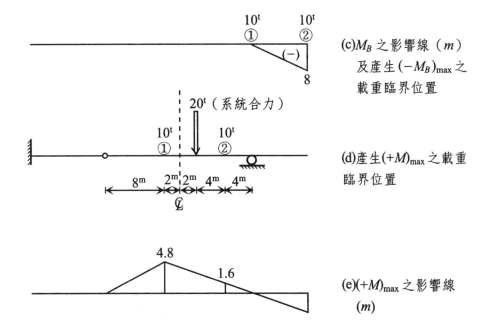

(c)M_B 之影響線（m）
及產生$(-M_B)_{max}$ 之
載重臨界位置

(d)產生$(+M)_{max}$ 之載重
臨界位置

(e)$(+M)_{max}$ 之影響線
（m）

在圖(a)所示的靜定複合梁中，AC 段為一懸臂梁，是為基本部分；CBD 段在垂直載重作用下，可視為一帶有懸臂之簡支梁，是為 AC 段的附屬部分。

絕對最大負彎矩可能產生的位置是在鄰近支承 A 的梁斷面上，或是在支承 B 所在位置的梁斷面上（兩者取絕對值大者）。絕對最大正彎矩則產生在 CB 間。

1. 絕對最大負彎矩

(1)第一個可能產生絕對最大負彎矩之位置是在鄰近支承 A 的梁斷面上，M_A 之影響線及產生$(-M_A)_{max}$ 之載重臨界位置如圖(b)所示，此時

$$(-M_A)_{max} = (10^t)(-10^m) + (10^t)(-2^m) = -120^{t\text{-}m} \tag{1}$$

(2)第二個可能產生絕對最大負彎矩之位置是在支承 B 所在位置的梁斷面上，M_B 之影響線及產生$(-M_B)_{max}$ 之載重臨界位置如圖(c)所示，此時

$$(-M_B)_{max} = (10^t)(-8^m) + (10^t)(0^m) = -80^{t\text{-}m} \tag{2}$$

比較(1)式與(2)式知，絕對最大負彎矩為

$$(-M)_{max} = (-M_A)_{max} = -120^{t\text{-}m}$$

2. 絕對最大正彎矩

產生絕對最大正彎矩之載重臨界位置如圖(d)所示，而$(+M)_{max}$ 之影響線如圖(e)

所示，此時

$$(+M)_{max} = (10^t)(4.8^m) + (10^t)(1.6^m) = +64^{t\text{-}m}$$

（討論）

由 *CBD* 段可看出，帶有懸臂的簡支梁其跨間絕對最大彎矩值的分析方法與不帶有懸臂的簡支梁完全相同。

7-3　內力包絡線

在設計結構斷面時，必須依此斷面可能產生的最大應力來進行分析，例如，在鋼筋混凝土結構設計中，為了配置鋼筋，則必須知道各斷面之內力在靜載重和活載重共同作用下的最大值。

若以斷面位置為橫座標，斷面最大內力值為縱座標，則連結各斷面最大內力值所形成的曲線就稱之為**內力包絡線**（或稱**設計包絡線**），而內力包納線是為工程師在結構設計時之重要依據。

在實際結構設計中，活載重需考慮其衝擊（impact）效應，若衝擊係數為 *I*（詳見各設計規範），則由衝擊效應所引起的衝擊載重為

衝擊載重＝（活載重）×（*I*）　　　　　　　　　　　　　　　（7.9）

例題 7-11

下圖所示的簡支梁上，承受之靜載重 $W_D = 1.0^{t/m}$，活載重 $W_L = 1.5^{t/m}$，衝擊係數 $I = 0.2$，試繪該梁的剪力包絡線及彎矩包絡線。

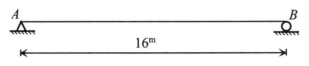

解

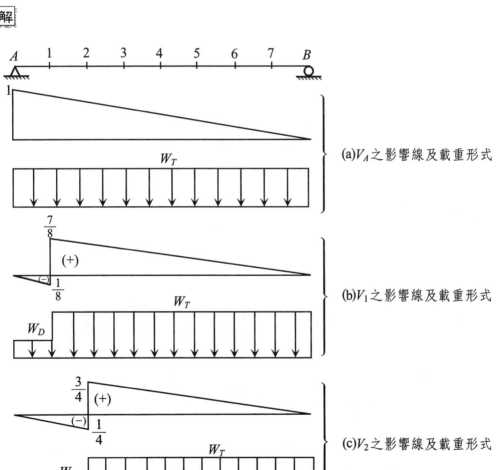

(a)V_A 之影響線及載重形式

(b)V_1 之影響線及載重形式

(c)V_2 之影響線及載重形式

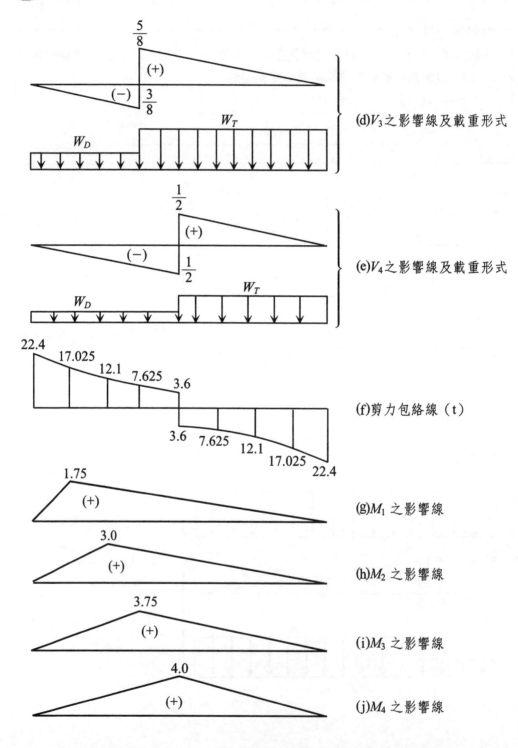

(d)V_3之影響線及載重形式

(e)V_4之影響線及載重形式

(f)剪力包絡線（t）

(g)M_1之影響線

(h)M_2之影響線

(i)M_3之影響線

(j)M_4之影響線

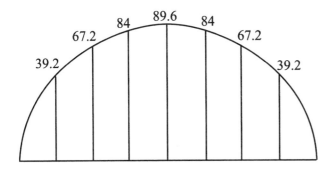

(k)彎矩包絡線（t-m）

將全梁分為 8 等分（等分愈多，愈精準），分別計算各等分點處之斷面最大內力值，再以曲線相連之，即得該內力之包絡線。

由於對稱，所以只需計算半邊結構之內力即可（另半邊之內力與其對稱），稱之為取全做半法

$W_D = 1.0^{t/m}$

$W_L = 1.5^{t/m}$

$W_I = (W_L)(I) = (1.5^{t/m})(0.2) = 0.3^{t/m}$

$W_T = W_D + W_L + W_I = 2.8^{t/m}$

由於內力對稱，所以剪力包絡線呈反對稱形式，而彎矩包絡線呈對稱形式。

1. 剪力包絡線

　(1)斷面 A 之最大剪力

　　由 V_A 之影響線及對應之載重形式（見圖(a)）知

　　$(V_A)_{max} = (W_T)$（對應之影響線圖形面積）

$$= (2.8^{t/m})(\frac{1}{2} \times 1 \times 16^m)$$

$$= 22.4^t$$

　(2)斷面 1 之最大剪力

　　同理，由圖(b)知

　　$(V_1)_{max} = (W_D)$（對應之影響線圖形面積）$+ (W_L)$（對應之影響線圖形面積）

$$= -(1.0^{t/m})(\frac{1}{2} \times \frac{1}{8} \times 2^m) + (2.8^{t/m})(\frac{1}{2} \times \frac{7}{8} \times 14^m)$$

$$= 17.025^t$$

　(3)斷面 2 之最大剪力

同理，由圖(c)知

$$(V_2)_{max} = -(1.0^{t/m})(\frac{1}{2} \times \frac{1}{4} \times 4^m) + (2.8^{t/m})(\frac{1}{2} \times \frac{3}{4} \times 12^m)$$

$$= 12.1^t$$

(4)斷面 3 之最大剪力

同理，由圖(d)知

$$(V_3)_{max} = -(1.0^{t/m})(\frac{1}{2} \times \frac{3}{8} \times 6^m) + (2.8^{t/m})(\frac{1}{2} \times \frac{5}{8} \times 10^m)$$

$$= 7.625^t$$

(5)斷面 4 之最大剪力

同理，由圖(e)知

$$(V_4)_{max} = -(1.0^{t/m})(\frac{1}{2} \times \frac{1}{2} \times 8^m) + (2.8^{t/m})(\frac{1}{2} \times \frac{1}{2} \times 8^m)$$

$$= 3.6^t$$

(6)將各等分點處之最大剪力值以曲線相連，即得此梁之剪力包絡線（呈反對稱形式，如圖(f)所示）。

2. 彎矩包絡線

(1)簡支梁在斷面 A 處之彎矩值為零

(2)由圖(g)至圖(j)可知，M_1 至 M_4 之影響線面積均為正，所以各等分點處之最大彎矩值均可依下式計算之

$$(M_i)_{max} = (W_T)(\text{對應之影響線圖形面積}) \quad i = 1, 2, 3, 4$$

(3)將各等分點處之最大彎矩值以曲線相連，即得此梁之彎矩包絡線（呈對稱形式，如圖(k)所示）。

第八章

靜定結構之彈性變形

結構之變形若是在材料的彈性限度內，則謂之**彈性變形**（elastic deformation），而結構在彈性變形時所形成之變形曲線稱之為**彈性變形曲線**（elastic deformation curve）。

直線梁結構在載重作用下，其主要的斷面內力為剪力和彎矩，但對於跨度不甚短之梁結構而言，由於剪力所產生的彈性變形遠小於由彎矩所產生的彈性變形，因此可僅計由彎矩所產生的彈性變形。同理，對於剛架或拱結構而言，亦可僅計由彎矩所產生的彈性變形。但對桁架結構而言，則僅計由軸力所產生的彈性變形。

結構的彈性變形可由不同的原因所造成，例如載重、溫度變化、製造誤差或支承移動等，但在設計時，變形必須被限制在一允許的範圍內（依各設計規範而定），以保障結構體之安全。

求解結構變形量的方法甚多，本章僅介紹適用於梁結構而同時可計算數個變形分量的**共軛梁法**（conjugate-beam method）；**卡氏第二定理**（Castigliano's second theorem）；以及適用於任何類型結構但一次只可計算一個特定變形分量的**單位虛載重法**（unit dummy load method）。

8-1 彈性變形曲線

結構之變形可分為線性變形及旋轉變形，其中線性變形常稱為撓度（deflection）或線位移；旋轉變形常稱為轉角或角位移或撓角（slope）。

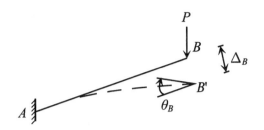

圖 8-1　彈性變形曲線（虛線表示）

　　由原桿件上任意一點至彈性變形曲線上相應點處的位移稱為該點的撓度，如圖 8-1 中的Δ_B，在分析時往往將其分解成水平方向及垂直方向的分量。彈性變形曲線上任意一點之切線與原桿軸方向的夾角則稱為該點的轉角，如圖 8-1 中的θ_B。對於撓度而言，取向下及向右為正，向上及向左為負。對於轉角而言，取順時針旋轉為正，逆時針旋轉為負。所謂旋轉方向係由原位度量起。

　　在分析結構上某點之撓度或轉角時，若能預先判斷出結構在承受載重時的彈性變形曲線，則有助於分析的結果。一般而言，繪製結構的彈性變形曲線除應滿足幾何變形的連續性外，尚需滿足以下兩個原則：

(1)對梁結構而言，在正彎矩區域中，對應的彈性變形曲線是凹面向上的；在負彎矩區域中，對應的彈性變形曲線是凹面向下的；而彎矩值為零處，則是對應彈性變形曲線上的反曲點（以鉸接續來表示）。同樣原則可推廣應用在剛架結構上。

(2)確實掌握支承處及接續處撓度及轉角的變化情形。表 8-1 所示為各種支承處可能產生的撓度及轉角；表 8-2 所示為各種接續處可能產生的撓度及轉角，其中虛線表示為可能產生的彈性變形曲線，而註碼 L、R 分表註點之左、右側。

表 8-1　各種支承處可能產生的撓度及轉角

支承形式	示意圖	撓度（Δ）	轉角（θ）
固定支承		$\Delta_a = 0$	$\theta_a = 0$
鉸支承		$\Delta_a = 0$	$\theta_a \neq 0$
輥支承		$\Delta_a = 0$	$\theta_a \neq 0$
導向支承		$\Delta_a \neq 0$	$\theta_a = 0$
自由端		$\Delta_a \neq 0$	$\theta_a \neq 0$
彈簧支承		$\Delta_a \neq 0$	$\theta_{aL} = \theta_{aR} \neq 0$

表 8-2　各種接續處可能產生的撓度及轉角

接續形式	示意圖	撓度（Δ）	轉角（θ）
剛接續		$\Delta_b \neq 0$	$\theta_{bL} = \theta_{bR} \neq 0$
鉸接續		$\Delta_b \neq 0$	$\theta_{bL} \neq \theta_{bR} \neq 0$
導向接續		$\Delta_{bL} \neq \Delta_{bR} \neq 0$	$\theta_{bL} = \theta_{bR} \neq 0$
彈性接續		$\Delta_b \neq 0$	$\theta_{bL} \neq \theta_{bR} \neq 0$

討論 1

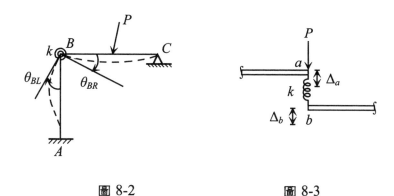

圖 8-2　　　　　　　　　　　圖 8-3

在圖 8-2 所示的剛架結構中，B點以一抗彎彈簧（抗彎勁度為k）作為桿件的接續，虛線表示為可能的彈性變形曲線，則：

(1)當$k=0$時，B點相當於鉸接續，即$\theta_{BL} \neq \theta_{BR} \neq 0$

(2)當$0<k<\infty$時，B點由於抗彎彈簧的存在，所以$\theta_{BR} > \theta_{BL} \neq 0$

(3)當$k=\infty$時，B點相當於剛接續，即$\theta_{BR} = \theta_{BL} \neq 0$

另外，在圖 8-3 所示的梁結構中，a點和b點間以一直線彈簧（勁度為k）作為桿件的接續，因此：

(1)當$k=0$時，相當於沒有直線彈簧的存在，所以$\Delta_b = 0$

(2)當$0<k<\infty$時，由於a點和b點間有直線彈簧的存在，所以$\Delta_a > \Delta_b \neq 0$

(3)當$k=\infty$時，直線彈簧如同一剛性棒，此時$\Delta_a = \Delta_b \neq 0$

討論 2

某兩點之撓度的代數和（方向相反時相加；方向相同時相減）稱為該兩點的相對撓度。

某兩斷面之轉角的代數和（方向相反時相加；方向相同時相減）稱為該兩斷面的相對轉角。

例題 8-1

試繪下列各結構之彈性變形曲線（僅繪草圖，不必計算）。假設軸向變形可忽略不計。

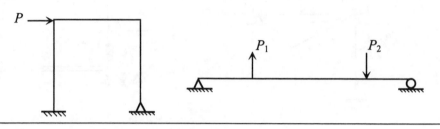

解

虛線所示即為結構彈性變形曲線的草圖

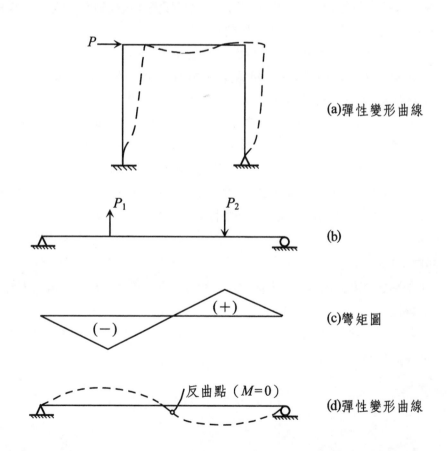

(a)彈性變形曲線

(b)

(c)彎矩圖

(d)彈性變形曲線

剛架結構的彈性變形曲線草圖如圖(a)所示。梁結構受力較複雜，最好先繪出彎矩圖（如圖(c)所示）。最後再根據彎矩圖定出彈性變形曲線的草圖（如圖(d)所示）。

8-2　梁桿件彈性變形曲線之曲率及微分方程式

8-2-1　梁桿件彈性變形曲線之曲率（curvature）

一般受重力作用之梁桿件，其撓度多為向下，因此在分析彈性變形時，Y 軸常取向下為正。

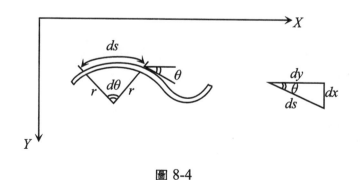

圖 8-4

圖 8-4 所示為一梁桿件的彈性變形曲線，其中 X 軸取向右為正，Y 軸取向下為正，現取弧長為 ds 的微小量，若其曲率半徑為 r，曲率（即曲線的方向變化率）為 k，則有

$$k = \frac{1}{r} = \frac{d\theta}{ds} \tag{8.1}$$

而弧長 ds 上任一點之切線斜率可寫為

$$\tan\theta = \frac{dy}{dx}$$

現將 $\tan\theta$ 對 x 微分之，得

$$\frac{d}{dx}(\tan\theta) = (1 + \tan^2\theta)\frac{d\theta}{dx} = \frac{d^2y}{dx^2}$$

即

$$\frac{d^2y}{dx^2} = \left[1 + \left(\frac{dy}{dx}\right)^2\right]\frac{d\theta}{dx}$$

因此可知

$$\frac{d\theta}{dx} = \frac{d^2y/dx^2}{1 + (dy/dx)^2} \tag{8.2}$$

又知弧長 ds 與 dx、dy 有如下之關係（見圖 8-4）

$$(ds)^2 = (dx)^2 + (dy)^2$$

即

$$ds = [(dx)^2 + (dy)^2]^{1/2}$$
$$= (dx)[1 + (dy/dx)^2]^{1/2}$$

亦即

$$\frac{ds}{dx} = [1 + (dy/dx)^2]^{1/2} \tag{8.3}$$

由（8.1）式、（8.2）式、（8.3）式，可得曲率 k 為

$$k = \frac{d\theta}{ds}$$
$$= \left(\frac{d\theta}{dx}\right)\left(\frac{dx}{ds}\right)$$
$$= \frac{d^2y/dx^2}{[1 + (dy/dx)^2]^{3/2}} \tag{8.4}$$

由於一般梁之彈性變形甚小，所以 $\dfrac{dy}{dx}$ 趨近於零，因此（8.4）式可改寫為

$$k = \frac{d\theta}{ds} = \frac{d\theta}{dx} = \frac{d^2y}{dx^2} \tag{8.5}$$

（8.5）式亦可寫為

$$k = \frac{d}{dx}\left(\frac{dy}{dx}\right) \tag{8.6}$$

由（8.6）式可看出，曲率 k 的物理意義為「曲線上斜率的改變率」。由此可知，按 x 的正值方向移動，若斜率 $\dfrac{dy}{dx}$ 增加，則表曲率為正，反之則為負。

按上述之觀念，若 X 軸取向右為正，Y 軸取向下為正，則曲率的正負可由圖 8-5 來表示。

圖 8-5

8-2-2　梁桿件彈性變形曲線之微分方程式

分析時，梁桿件有下列數項假設：

(1)斷面在彎曲前後均保持平面，且各斷面尺寸均相同

(2)材料為均質，應力與應變遵循虎克定律

(3)僅受純彎矩作用，不計剪力及軸力的影響

(4)變形極微小

除非梁跨度甚短，一般而言，梁桿件僅考慮由彎矩所引起的變形即可。現取梁上一小段，如圖 8-6 所示，由於彎矩 M 之作用，原先相互平行的 AB 斷面及 $A'B'$ 斷面如今卻改變了方向，其夾角以 $d\theta$ 來表示。

在 M 的作用下，梁單元底面（或頂面）纖維的伸長量（或縮短量）為 $hd\theta$，其中 h 為中立軸（neutrul axis）至底面（或頂面）之距離。

若設應力為 σ，應變為 ϵ，則

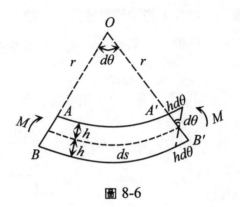

圖 8-6

$$hd\theta = \epsilon\, ds$$

又由虎克定律可知

$$\sigma = E\epsilon = E(h\frac{d\theta}{ds})$$

或

$$\frac{d\theta}{ds} = \frac{\sigma}{hE} \qquad (8.7)$$

其中 E 為彈性模數

若 I 為梁的斷面積對中立軸之慣性矩（moment of inertia），則應力 σ 亦可表為

$$\sigma = \frac{Mh}{I} \qquad (8.8)$$

當 Y 軸取向下為正時，由圖 8-5 可知，由正彎矩所造成梁桿件之彈性變形（凹面向上）將對應於負曲率；而由負彎矩所造成梁桿件之彈性變形（凹面向下）將對應於正曲率。依據此觀念，再藉由（8.5）式、（8.7）式及（8.8）式，即可得出梁桿件彈性變形曲線之微分方程式

$$\frac{d^2y}{dx^2} = -\frac{M}{EI} \qquad (8.9)$$

若載重向下作用於梁桿件時，由（8.9）式可整理出以下之結果：

(1)在正彎矩區段（$M > 0$）

曲率 $k = \dfrac{d^2y}{dx^2} = -\dfrac{M}{EI} < 0$，此時對應之彈性變形曲線是凹面向上的

(2)在負彎矩區段（$M<0$）

曲率 $k=\dfrac{d^2y}{dx^2}=-\dfrac{M}{EI}>0$，此時對應之彈性變形曲線是凹面向下的

(3)在彎矩為零的點（$M=0$）

曲率 $k=\dfrac{d^2y}{dx^2}=-\dfrac{M}{EI}=0$，表彈性變形曲線上的反曲點

討論 1

若載重 W 向下作用於梁桿件時（載重取向上為正），則有

$$\frac{dM}{dx}=V$$

及

$$\frac{dV}{dx}=-W$$

現對（8.9）式微分兩次，則可得到梁方程式（beam's equation）：

$$EI\frac{d^4y}{dx^4}=W \tag{8.10}$$

討論 2

若 Y 軸取向上為正，則（8.9）式變為

$$\frac{d^2y}{dx^2}=\frac{M}{EI} \tag{8.11}$$

例題 8-2

一懸臂梁，承受如圖所示的三角形分佈載重（最大強度為 W），試求出自由端之撓度及轉角。設梁內 EI 值為常數。

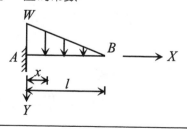

解

梁上任意點的載重強度W_x為

$$W_x = W(1 - \frac{x}{l})$$

將W_x代入（8.10）式，得

$$EI\frac{d^4y}{dx^4} = W(1 - \frac{x}{l})$$

積分之，得

$$EI\frac{d^3y}{dx^3} = W(-\frac{x^2}{2l} + x + C_1)$$

$$EI\frac{d^2y}{dx^2} = W(-\frac{x^3}{6l} + \frac{x^2}{2} + C_1x + C_2)$$

$$EI\frac{dy}{dx} = W(-\frac{x^4}{24l} + \frac{x^3}{6} + C_1\frac{x^2}{2} + C_2x + C_3)$$

$$EIy = W(-\frac{x^5}{120l} + \frac{x^4}{24} + C_1\frac{x^3}{6} + C_2\frac{x^2}{2} + C_3x + C_4)$$

4個積分常數，C_1、C_2、C_3及C_4，可由下列邊界條件解出，即

$$y(0) = 0 , y'(0) = 0 , y''(l) = 0 , y'''(l) = 0$$

解之得

$$C_1 = -\frac{l}{2} , C_2 = \frac{l^2}{6} , C_3 = 0 , C_4 = 0$$

因此可得撓度方程式如下

$$y = \frac{Wx^2}{120EIl}(10l^3 - 10l^2x + 5lx^2 - x^3) \tag{1}$$

而轉角方程式為

$$\frac{dy}{dx} = \frac{Wx}{24EIl}(4l^3 - 6l^2x + 4lx^2 - x^3) \tag{2}$$

將$x = l$代入(1)式，得

$$\Delta_B = \frac{Wl^4}{30EI} \quad (\downarrow) \qquad （正表撓度向下）$$

將$x = l$代入(2)式，得

$$\theta_B = \frac{Wl^3}{24EI} \quad (\curvearrowright) \qquad （正表順時針旋轉）$$

另外，令$\frac{dy}{dx} = 0$，可得梁中最大撓度位置；令$\frac{d^2y}{dx^2} = 0$可得梁中最大轉角位置。

（以上求解變位的方法又稱為積分法）

8-3　應用共軛梁法分析直梁結構之彈性變形

　　共軛梁法適用於分析靜定及靜不定直梁結構的彈性變形，其分析方法甚為簡便，由Otto Mohr於1868年所創。共軛梁係為一假想之梁，其長度等於實際梁之長度，並以實際梁之 $\frac{M}{EI}$ 圖作為其彈性載重。共軛梁法之優點在於一次可解得數個變形分量及梁中的最大撓度。

8-3-1　共軛梁法之基本假設

(1)梁所產生之變位十分微小

(2)梁的變形純由彎矩所造成

(3)材料為均質（homogeneous）且等向（isotropic）

(4)梁為具有對稱斷面之直梁，且符合彈性行為

8-3-2　共軛梁法的限制

　　此法不適用於(1)曲梁結構(2)桁架結構(3)剛架結構(4)組合結構(5)具有彈性構件之結構的變位分析，而僅適用於靜定或靜不定直梁結構的變位分析。

8-3-3　共軛梁之推導原理

　　一承受載重強度為 W 之直梁，若取 Y 座標向下為正，則在此梁的彈性變形曲線上任一點之曲率可由（8.10）式得知為

$$\frac{d^2y}{dx^2} = -\frac{M}{EI}$$

若此梁的變形十分微小，則此梁上任一點之切線斜率為

$$\frac{dy}{dx} = \tan\theta = \theta \tag{8.12}$$

比較曲率與斜率之關係，得

$$\frac{d\theta}{dx} = -\frac{M}{EI}$$

將上式移項積分，得

$$\theta = -\int \frac{M}{EI} dx \tag{8.13}$$

若將（8.12）式代入上式，積分後得

$$y = -\iint \frac{M}{EI} dxdx \tag{8.14}$$

在（8.13）式中，θ 即為梁的轉角；而在（8.14）式中，y 即為梁的撓度（即 $y = \Delta$）。

另外，由平衡關係知

$$\frac{dV}{dx} = -W$$

$$\frac{dM}{dx} = V$$

現將上兩式分別積分，則可得到

$$V = -\int W dx \tag{8.15}$$

$$M = -\iint W dxdx \tag{8.16}$$

比較（8.13）式至（8.16）式，可看出以下的結果：

(1)由（8.13）式及（8.15）式可知，若 $W = \dfrac{M}{EI}$，則 $\theta = V$

(2)由（8.14）式及（8.16）式可知，若 $W = \dfrac{M}{EI}$，則 $y = M$

現考慮一個與實際梁相對應的假想梁，稱為共軛梁，其長度與實際梁相同，且實際梁之 $\dfrac{M}{EI}$ 圖視為其彈性載重，則由（8.15）及（8.16）式可知，此共軛梁中之剪力 $\overline{V}$ 及彎矩 $\overline{M}$ 可以下式來表示

$$\overline{V} = -\int \frac{M}{EI} dx \tag{8.17}$$

$$\overline{M} = -\iint \frac{M}{EI} dxdx \tag{8.18}$$

比較（8.13）式和（8.17）式；以及比較（8.14）式及（8.18）式，可得以下的關係：

(1)共軛梁上某斷面之剪力值 $\overline{V}$ 等於實際梁中相同斷面處的轉角 θ。

(2)共軛梁上某斷面之彎矩值$\overline{M}$等於實際梁中相同斷面處的撓度y，而y即為 8-1 節中所指的Δ。

8-3-4 共軛梁之建立

由於實際梁上某點之轉角及撓度即為共軛梁上相應點處之斷面剪力及斷面彎矩，因此對於實際梁與共軛梁所對應的約束條件（如支承或接續）應有正確的轉換。

表 8-3　實際梁與共軛梁支承及接續之互換

實際梁（承受原載重）		共軛梁（承受彈性載重$\frac{M}{EI}$）	
簡支承端	$\theta \neq 0$ $y = 0$	簡支承端	$\overline{V} \neq 0$ $\overline{M} = 0$
固定支承端	$\theta = 0$ $y = 0$	自由端	$\overline{V} = 0$ $\overline{M} = 0$
自由端	$\theta \neq 0$ $y \neq 0$	固定支承端	$\overline{V} \neq 0$ $\overline{M} \neq 0$
內支承點 （鉸支承或輥支承）	$\theta \neq 0$ $y = 0$	內鉸接點	$\overline{V} \neq 0$ $\overline{M} = 0$
內鉸接點	$\theta_L \neq \theta_R \neq 0$ $y_L = y_R \neq 0$	內支承點 （鉸支承或輥支承）	$\overline{V}_L \neq \overline{V}_R \neq 0$ $\overline{M}_L = \overline{M}_R \neq 0$

現舉例說明表 8-3 所表示的函意，在實際梁中的固定支承端處，必無轉角與撓度（即$\theta = y = 0$），因此在共軛梁上所對應的是自由端，因為在自由端處，梁中的剪力及彎矩均為零（即$\overline{V} = \overline{M} = 0$）。

表 8-3 所示的實際梁與共軛梁的互換關係，亦可用表 8-4 來表示。

表 8-4 實際梁與其對應之共軛梁

實際梁（承受原載重）	共軛梁（承受彈性載重 $\dfrac{M}{EI}$）

由表 8-4 可看出，實際梁若為靜定結構，則其對應之共軛梁亦為靜定結構，但實際梁若為靜不定結構，則其對應之共軛梁往往為一不穩定結構，但此不穩定結構在彈性載重 $\dfrac{M}{EI}$ 作用下，將維持平衡。

8-3-5 符號規定

在共軛梁法中所採取的符號規定如下：

(1) X軸向右為正，Y軸向下為正。

(2) 若M為正，則彈性載重 $\dfrac{M}{EI}$ 作用向下；反之，若 M 為負，則彈性載重 $\dfrac{M}{EI}$ 作用向上。

(3) 若共軛梁上某斷面之剪力值為正時，則表實際梁中相同斷面處之轉角為順時針旋轉；反之，轉角為逆時針旋轉。

(4)若共軛梁上某斷面之彎矩值為正時,則表實際梁中相同斷面處之撓度為向下;反之,撓度為向上。

8-3-6　常用幾何圖形之面積與形心位置

在共軛梁法中,對 $\dfrac{M}{EI}$ 圖而言,面積的計算及形心位置的確定是非常重要的,現將常用幾何圖形之面積與其對應的形心位置列在表 8-5 中。

表 8-5　常用幾何圖形之面積與形心位置

	矩形	三角形	n 次拋物線	n 次拋物線	梯形
圖形					
面積	$A = bh$	$A = \dfrac{1}{2}bh$	$A = \left(\dfrac{1}{n+1}\right)bh$	$A = \left(\dfrac{n}{n+1}\right)bh$	$A = \dfrac{1}{2}b(h_1+h_2)$
形心位置	$\bar{x} = \dfrac{1}{2}b$	$\bar{x} = \dfrac{a+b}{3}$	$\bar{x} = \left(\dfrac{1}{n+2}\right)b$	$\bar{x} = \left(\dfrac{n+1}{n+2}\right)\dfrac{b}{2}$	$\bar{x} = \dfrac{b(2h_2+h_1)}{3(h_1+h_2)}$
備註			O 點的切線與底邊重合	O 點的切線與底邊平行	

8-3-7　個別彎矩圖之繪製

對於彎矩圖較複雜的梁結構，可應用個別彎矩圖的觀念，將梁的原彎矩圖化成與懸臂梁有關的個別彎矩圖（這些個別彎矩圖的代數和即等於原彎矩圖），如此可有助於 $\dfrac{M}{EI}$ 圖面積的計算及形心位置的確認。因此在共軛梁法或其他相關方法中，個別彎矩圖之應用對於求解梁的變位有非常大之助益。

現將個別彎矩圖之繪製步驟敘述如下：

(1)依據載重形式，設定梁上某點為固定支承端，將原梁視為單一懸臂梁結構或視為由兩個懸臂梁所組成的結構。

(2)繪製個別彎矩圖。每一個別彎矩圖均由單一外力所形成。

(3)原彎矩圖可化為個別彎矩圖的組合，如此不但 $\dfrac{M}{EI}$ 圖之面積易於計算且形心位置也易於確定。

懸臂梁較常見的載重形式及其彎矩圖，如表 8-6 所示。

表 8-6　懸臂梁常見的載重形式及其彎矩圖

	集中載重	均佈載重	均變載重
載重圖	P，l	W，l	W，l
彎矩圖	l，h，$\bar{x}$ $h=Pl$	l，h，二次拋物線，$\bar{x}$ $h=\dfrac{1}{2}Wl^2$	l，h，三次拋物線，$\bar{x}$ $h=\dfrac{1}{6}Wl^2$
面積	$A=\dfrac{1}{2}hl$	$A=\dfrac{1}{3}hl$	$A=\dfrac{1}{4}hl$
形心位置	$\bar{x}=\dfrac{1}{3}l$	$\bar{x}=\dfrac{1}{4}l$	$\bar{x}=\dfrac{1}{5}l$

討論

個別彎矩圖的觀念可推廣應用於剛架結構上。

現以圖 8-7(a)所示之簡支梁為例，說明個別彎矩圖的繪製方法。原結構在均佈載重 W 的作用下，彎矩圖如圖 8-7(b)所示。

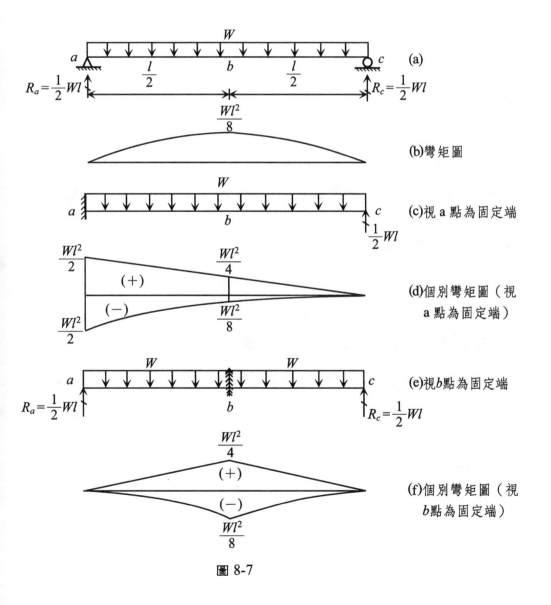

(a)

(b)彎矩圖

(c)視 a 點為固定端

(d)個別彎矩圖（視 a 點為固定端）

(e)視 b 點為固定端

(f)個別彎矩圖（視 b 點為固定端）

圖 8-7

方法(一)：

視 a 端為固定支承端，將原簡支梁化為一懸臂梁（如圖 8-7(c)所示），其上承受原均佈載重 W 及支承反力 R_c（視為載重）聯合作用，則此懸臂梁受原均佈載重 W 作用時之個別彎矩圖及受支承反力 R_c 作用時之個別彎矩圖，如圖 8-7(d)所示。

方法(二)：

視 b 點為固定支承端，則原簡支梁可化為由 ab 懸臂梁及 bc 懸臂梁所組成之結構（如圖 8-7(e)所示），其中 ab 懸臂梁承受均佈載重 W 及支承反力 R_a（視為載重）聯合作用；bc 懸臂梁承受均佈載重 W 及支承反力 R_c（視為載重）聯合作用，而個別彎矩圖如圖 8-7(f)所示。

實際上，無論是將圖 8-7(d)或是將圖 8-7(f)中之彎矩圖相疊加（即代數和），均可得到圖 8-7(b)所示之彎矩圖。其實，由於可取梁上任意點為固定支承端，所以個別彎矩圖的繪法實際上有無限多種，而不僅限於以上兩種方法。

8-3-8　共軛梁法之分析步驟

共軛梁法之分析步驟整理如下：

(1)繪出實際梁之彎矩圖（如有必要，則需繪出各載重之個別彎矩圖）。

(2)將彎矩圖除以各區段之 EI 值，得出 $\dfrac{M}{EI}$ 圖。

(3)決定出實際梁所對應之共軛梁，並將 $\dfrac{M}{EI}$ 圖作為共軛梁之彈性載重，當 $\dfrac{M}{EI}$ 圖為正時，表此載重作用向下；反之，當 $\dfrac{M}{EI}$ 圖為負時，表此載重作用向上。

(4)分析共軛梁上之剪力與彎矩。共軛梁上某斷面之剪力值等於實際梁中相同斷面處的轉角（正剪力表順時針之轉角；負剪力表逆時針之轉角）。共軛梁上某斷面之彎矩值等於實際梁中相同斷面處的撓度（正彎矩表向下之撓度；負彎矩表向上之撓度）。

討論

共軛梁上某斷面之剪力值與彎矩值，可有以下兩種解法：

方法(一)：在共軛梁上適當位置取自由體，由平衡方程式解出共軛梁所求斷面上
的剪力值與彎矩值。

方法(二)：直接在共軛梁之剪力圖與彎矩圖上讀取所求斷面上的剪力值與彎矩
值。

例題 8-3

於下圖所示的懸臂梁中，試求 θ_b 及 Δ_b。設 $E=29{,}000\text{ksi}$，$I=800\text{in}^4$。

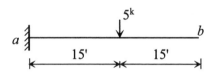

解

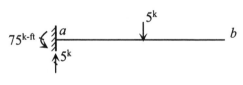

(a)實際梁 ab 受載重作用

(b) $\dfrac{M}{EI}$ 圖

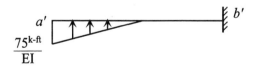

(c)共軛梁 $a'b'$ 受彈性載
重 $\dfrac{M}{EI}$ 作用

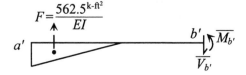

(d) $a'b'$ 自由體（$\overline{V}_{b'}$ 及 $\overline{M}_{b'}$
均假設為正方向）

實際梁 ab 受載重作用及其 $\dfrac{M}{EI}$ 圖分別如圖(a)及圖(b)所示，而共軛梁 $a'b'$ 受彈性載重 $\dfrac{M}{EI}$ 作用，如圖(c)所示。

共軛梁上彈性載重 $\dfrac{M}{EI}$ 之合力 F（作用在 $\dfrac{M}{EI}$ 圖的形心位置）為

$$F=\frac{1}{2}\left(\frac{75^{k\text{-}ft}}{EI}\right)(15^{ft})=\frac{562.5^{k\text{-}ft^2}}{EI}$$

當共軛梁承受合力 F 作用時，取 $a'b'$ 段為自由體，如圖(d)所示，此時 $\overline{V_{b'}}$ 及 $\overline{M_{b'}}$ 均假設為正方向。

由平衡方程式，取

$$+\uparrow\Sigma F_y=0 \text{；得 } F-\overline{V_{b'}}=0 \text{，故}$$

$$\overline{V_b}'=\frac{562.5^{k\text{-}ft^2}}{(29{,}000^{k/in^2})(144^{in^2/ft^2})(800^{in^4})(\frac{1^{ft^4/in^4}}{(12)^4})}=+0.00349^{rad}=\theta_b \quad (\,\smallfrown\,)$$

$$+\smallfrown\Sigma M_{b'}=0 \text{；得 } -(F)(25^{ft})+\overline{M_{b'}}'=0 \text{，故}$$

$$\overline{M_b}'=\frac{(562.5^{k\text{-}ft^2})(25^{ft})}{(29{,}000^{k/in^2})(144^{in^2/ft^2})(800^{in^4})(\frac{1^{ft^4/in^4}}{(12)^4})}=+0.0873^{ft}=\Delta_b \quad (\,\downarrow\,)$$

例題 8-4

於下圖所示的梁結構中，$I=450\ in^4$，$I'=900\ in^4$，$E=29\times10^3\ ksi$，試求梁中央 C 點處的撓度 Δ_c。

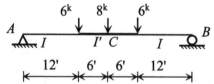

解

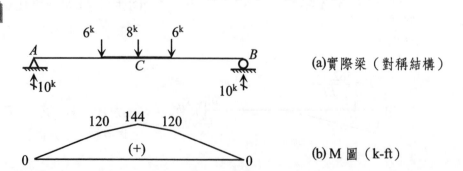

(a)實際梁（對稱結構）

(b) M 圖（k-ft）

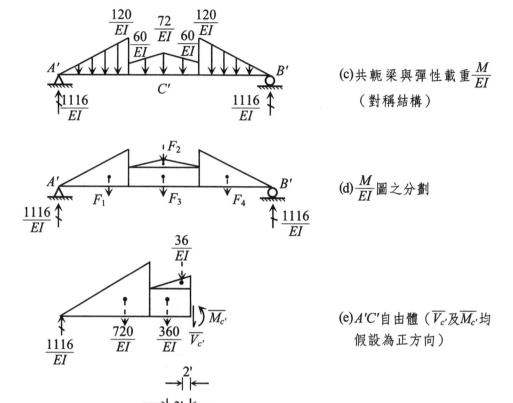

(c)共軛梁與彈性載重$\dfrac{M}{EI}$（對稱結構）

(d)$\dfrac{M}{EI}$圖之分割

(e)$A'C'$自由體（$\overline{V_{c'}}$及$\overline{M_{c'}}$均假設為正方向）

實際梁之彎矩圖如圖(b)所示。現將此彎矩圖除以各區段之EI值，可得出共軛梁之彈性載重$\dfrac{M}{EI}$，如圖(c)所示。為方便計算，可將$\dfrac{M}{EI}$圖作適當的分割（如圖(d)所示，合力分別為F_1, F_2, F_3及F_4）。

現取共軛梁$A'C'$段為自由體，如圖(e)所示，各合力計算如下：

$$F_1 = \frac{1}{2}\left(\frac{120^{\text{k-ft}}}{EI}\right)(12^{\text{ft}}) = \frac{720^{\text{k-ft}^2}}{EI}$$

$$F_2 = \frac{1}{2}\left(\frac{12^{\text{k-ft}}}{EI}\right)(6^{\text{ft}}) = \frac{36^{\text{k-ft}^2}}{EI}$$

$$F_3 = \left(\frac{60^{\text{k-ft}}}{EI}\right)(6^{\text{ft}}) = \frac{36^{\text{k-ft}^2}}{EI}$$

由平衡方程式,取

$+ \circlearrowright \Sigma M_{c'} = 0$;得

$$-(\frac{1116^{\text{k-ft}^2}}{EI})(18^{\text{ft}}) + (\frac{720^{\text{k-ft}^2}}{EI})(10^{\text{ft}}) + (\frac{360^{\text{k-ft}^2}}{EI})(3^{\text{ft}}) + (\frac{36^{\text{k-ft}^2}}{EI})(2^{\text{ft}}) + \overline{M_{c'}} = 0$$

即

$$\overline{M_{c'}} = \frac{11736^{\text{k-ft}^3}}{EI}$$

$$= \frac{(11736^{\text{k-ft}^3})(1728^{\text{in}^3/\text{ft}^3})}{(29000^{\text{k/in}^2})(450^{\text{in}^4})}$$

$$= 1.55^{\text{in}}$$

$$= \Delta_c \quad (\downarrow)$$

例題 8-5

下圖所示之簡支梁,試求 B 點之垂直撓度,EI 值為常數。

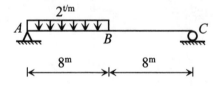

解

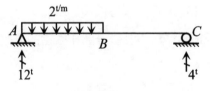

(a)實際梁

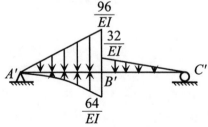

(b)共軛梁與彈性載重 $\dfrac{M}{EI}$

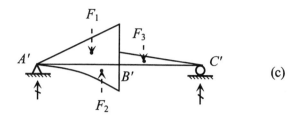

(c)

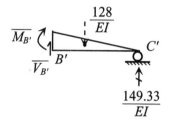

(d)$B'C'$自由體（$\overline{V_{B'}}$ 及 $\overline{M_{B'}}$ 均假設為正方向）

將實際梁之B點視為固定支承端並繪出個別彎矩圖，若將此個別彎矩圖除以梁之EI值，即可得出共軛梁之彈性載重 $\dfrac{M}{EI}$，如圖(b)所示，而各合力如圖(c)所示。

共軛梁上彈性載重之各合力，可計算如下：

$$F_1 = \frac{1}{2}(\frac{96^{\text{t-m}}}{EI})(8^{\text{m}}) = \frac{384}{EI}^{\text{t-m}^2}$$

$$F_2 = \frac{1}{3}(\frac{64^{\text{t-m}}}{EI})(8^{\text{m}}) = \frac{170.67}{EI}^{\text{t-m}^2}$$

$$F_3 = \frac{1}{2}(\frac{32^{\text{t-m}}}{EI})(8^{\text{m}}) = \frac{128}{EI}^{\text{t-m}^2}$$

取整體共軛梁為自由體，由 $\Sigma M_{A'} = 0$，得共軛梁支承反力　$R_{C'} = \dfrac{149.33^{\text{t-m}^2}}{EI}$

（↑），再取共軛梁 $B'C'$ 段為自由體，如圖(d)所示，由平衡方程式 $\Sigma M_{B'} = 0$，得

$$\overline{M_{B'}} = +\frac{853.33^{\text{t-m}^3}}{EI}$$

$$= \Delta_B \quad (\uparrow)$$

例題 8-6

試計算 $\dfrac{a}{l}$ 之比值,使得兩支承處之轉角為零。EI 為定值。

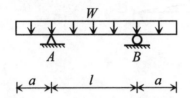

解

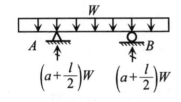

(a)實際梁(對稱結構)

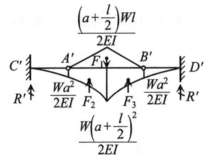

(b)共軛梁與彈性載重 $\dfrac{M}{EI}$(對稱結構)

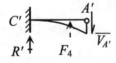

(c)$C'A'$ 自由體($\overline{V_{A'}}$ 假設為正方向)

由於結構對稱之故,所以支承反力及彎矩圖均為對稱,因此實際梁的支承反力為

$$R_A = R_B = \left(a + \frac{l}{2}\right)W \quad (\uparrow)$$

現將實際梁之中點處視為固定支承端,並繪出個別彎矩圖,若將此彎矩圖除以梁之 EI 值,則可得出共軛梁之彈性載重,如圖(b)所示。

取整體共軛梁為自由體，由$\Sigma F_y=0$，解得共軛梁之支承反力

$$R'=\frac{(a+l/2)W}{2EI}\left(\frac{l^2}{4}-\frac{1}{3}(a+\frac{l}{2})^2\right)\quad(\uparrow)$$

再取共軛梁$C'A'$段為自由體，如圖(c)所示（其中合力$F_4=\frac{1}{3}(\frac{Wa^2}{2EI})(a)=\frac{Wa^3}{6EI}$），

由$\Sigma F_y=0$，得

$$R'+F_4-\overline{V_{A'}}=0$$

即$\dfrac{(a+l/2)W}{2EI}\left(\dfrac{l^2}{4}-\dfrac{1}{3}(a+\dfrac{l}{2})^2\right)+\dfrac{Wa^3}{6EI}=\overline{V_{A'}}$ \hfill (1)

由於實際梁中支承處之轉角須為零，因此在(1)式中$\overline{V_{A'}}$必須為零，由此即可解得

$$\frac{a}{l}=\frac{1}{\sqrt{6}}$$

例題 8-7

下圖所示靜定梁，試利用共軛梁法分析C點處之彈性變形。設$E=30\times10^3$ksi，$I=200$in^4，$I'=\infty$。

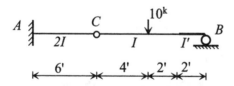

解

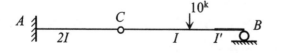

(a)實際梁

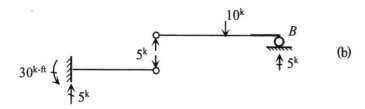

(b)

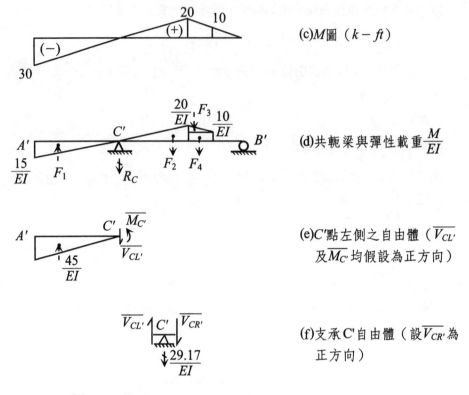

(c)M圖（$k-ft$）

(d)共軛梁與彈性載重$\dfrac{M}{EI}$

(e)C'點左側之自由體（$\overline{V_{CL'}}$及$\overline{M_{C'}}$均假設為正方向）

(f)支承C'自由體（設$\overline{V_{CR'}}$為正方向）

$I'=\infty$之區段，$\dfrac{M}{EI}$值為零。

在實際梁中，由於C點為一鉸接續，因此在載重作用下必定$\Delta_C\neq0$；$\theta_{CL}\neq\theta_{CR}$。原結構為一靜定複合梁，$AC$段為基本部分，而$CB$段為其附屬部分，由於在$C$點處彎矩值為零，因此在繪實際梁的彎矩圖時，可將原實際梁拆成AC段及CB段兩個簡易部分來分析，如圖(b)所示。

實際梁的彎矩圖如圖(c)所示，若將此彎矩圖除以EI值，即可得出共軛梁之彈性載重，如圖(d)所示，其中各合力計算如下

$$F_1=\frac{1}{2}(\frac{15^{\text{k-ft}}}{EI})(6^{\text{ft}})=\frac{45^{\text{k-ft}^2}}{EI}$$

$$F_2=\frac{1}{2}(\frac{20^{\text{k-ft}}}{EI})(4^{\text{ft}})=\frac{40^{\text{k-ft}^2}}{EI}$$

$$F_3=\frac{1}{2}(\frac{10^{\text{k-ft}}}{EI})(2^{\text{ft}})=\frac{10^{\text{k-ft}^2}}{EI}$$

$$F_4=(\frac{10^{\text{k-ft}}}{EI})(2^{\text{ft}})=\frac{20^{\text{k-ft}^2}}{EI}$$

取整體共軛梁為自由體，由 $\Sigma M_{B'}=0$，可解得 $R_c=\dfrac{29.17^{\text{k-ft}^2}}{EI}$（↓）

再取共軛梁 C' 點左側之部分為自由體，如圖(e)所示，

由 $\Sigma F_y=0$；可得 $\overline{V_{CL'}}=\dfrac{45^{\text{k-ft}^2}}{EI}$

$$=1.08\times10^{-3\text{rad}}$$

$$=\theta_{CL} \quad (\text{↲})$$

由 $\Sigma M_{C'}=0$；可得 $\overline{M_{C'}}=\dfrac{180^{\text{k-ft}^3}}{EI}$

$$=0.052^{\text{in}}$$

$$=\Delta_C \quad (\text{↓})$$

另外再取共軛梁上支承 C' 為自由體，如圖(f)所示，

由 $\Sigma F_y=0$，解得 $\overline{V_{CR'}}=\dfrac{15.83^{\text{k-ft}^2}}{EI}$

$$=0.38\times10^{-3\text{rad}}$$

$$=\theta_{CR} \quad (\text{↲})$$

討論

原梁 C 點為鉸接續，兩端可自由轉動，因此轉角不同，左邊為 θ_{CL}，右邊為 θ_{CR}，分別等於共軛梁上之 $\overline{V_{CL'}}$ 及 $\overline{V_{CR'}}$。

例題 8-8

試求如圖所示梁中 B 點撓度及 C 點之轉角。E 為常數。

解

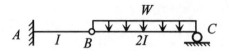

(a)實際梁

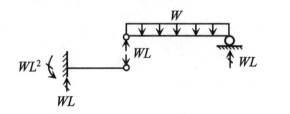

(b)

(c) M 圖

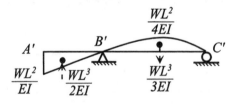

(d)共軛梁與彈性載重 $\dfrac{M}{EI}$

原結構為靜定複合梁，在繪彎矩圖時，由於 B 點為鉸接續，因此可將原實際梁拆成 AB 段及 BC 段兩個簡易部分來分析，如圖(b)所示。所繪出之彎矩圖，如圖(c)所示。共軛梁與彈性載重如圖(d)所示。

$$\Delta_B = \overline{M_{B'}} = (\frac{WL^3}{2EI})(\frac{2}{3}L) = \frac{WL^4}{3EI} \quad (\downarrow)$$

$$\theta_c = \overline{V_{C'}} = -\frac{WL^3}{3EI} \quad (\curvearrowright)$$

例題 8-9

下圖所示為一靜定多跨梁，C點為鉸接續，試求出C點之變形，並概繪其彈性變形曲線。EI值為定值。

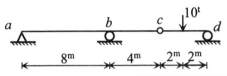

解

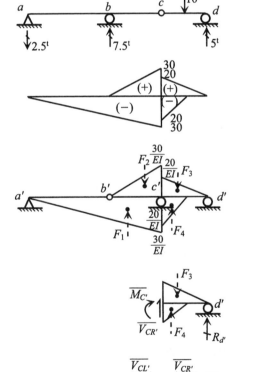

(a)實際梁

(b)M 圖（t－m）

(c)共軛梁與彈性載重 $\dfrac{M}{EI}$

(d)c'點右側之自由體（$\overline{V_{CR'}}$ 及 $\overline{M_{C'}}$ 均假設為正方向）

(e)支承 c'自由體（$\overline{V_{CL'}}$ 假設為正方向）

(f)彈性變形曲線（以虛線表示）

將實際梁之 c 點視為固定支承端,則個別彎矩圖如圖(b)所示。共軛梁及彈性載重如圖(c)所示。共軛梁上彈性載重之各合力,計算如下:

$$F_1 = \frac{1}{2}(\frac{30^{\text{t-m}}}{EI})(12^{\text{m}}) = \frac{180}{EI}^{\text{t-m}^2}$$

$$F_2 = \frac{1}{2}(\frac{30^{\text{t-m}}}{EI})(4^{\text{m}}) = \frac{60}{EI}^{\text{t-m}^2}$$

$$F_3 = \frac{1}{2}(\frac{20^{\text{t-m}}}{EI})(4^{\text{m}}) = \frac{40}{EI}^{\text{t-m}^2}$$

$$F_4 = \frac{1}{2}(\frac{20^{\text{t-m}}}{EI})(2^{\text{m}}) = \frac{20}{EI}^{\text{t-m}^2}$$

經由平衡方程式與條件方程式,可解得共軛梁各支承反力如下:

$$R_{a'} = \frac{26.67^{\text{t-m}^2}}{EI} \quad (\updownarrow) \quad ; \quad R_{c'} = \frac{163.33^{\text{t-m}^2}}{EI} \quad (\updownarrow) \quad ; \quad R_{d'} = \frac{90^{\text{t-m}^2}}{EI} \quad (\uparrow)$$

現取共軛梁 c' 點右側之部分為自由體,如圖(d)所示。

由 $\Sigma F_y = 0$;得 $\overline{V_{CR'}} = -\frac{70^{\text{t-m}^2}}{EI}$

$$= \theta_{CR} \quad (\,\curvearrowright\,)$$

由 $\Sigma M_{d'} = 0$;得 $\overline{M_{C'}} = \frac{320.2^{\text{t-m}^3}}{EI}$

$$= \Delta_c \quad (\downarrow)$$

再取共軛梁 c' 點為自由體,如圖(e)所示,

由 $\Sigma F_y = 0$;得 $\overline{V_{CL'}} = \frac{93.33^{\text{t-m}^2}}{EI}$

$$= \theta_{CL} \quad (\,\curvearrowleft\,)$$

由以上之分析可知,在實際梁中,$\Delta_C \neq 0$ 且 $\theta_{CL} \neq \theta_{CR} \neq 0$,符合 c 點為一鉸接續之條件。原結構之彈性變形曲線如圖(f)所示。

討論 1

由於 C 點為一鉸接續,因此 C 點左右相對轉角為 $\frac{93.33}{EI} + \frac{70}{EI} = \frac{160.33}{EI}$

討論 2

在實際梁中,ac 段為負彎矩區,所以彈性變形曲線凹面向下;cd 段為正彎矩區,所以彈性曲線凹面向上;c 點處彎矩值為零,所以是為彈性曲線上的反曲點。

例題 8-10

試分析下圖所示梁結構中a點及c點之變形，並概繪其彈性變形曲線。EI為定值。

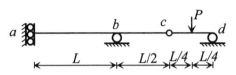

解

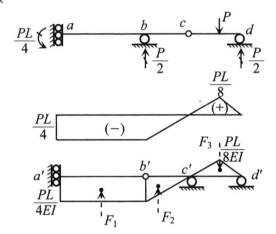

(a)實際梁

(b)M 圖

(c)共軛梁與彈性載重$\dfrac{M}{EI}$

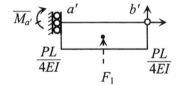

(d)$a'b'$自由體

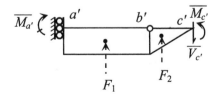

(e)c'點左側自由體（$\overline{V_{c'}}$及$\overline{M_{c'}}$均假設為正方向）

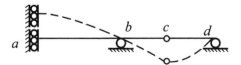

(f)彈性變形曲線
（以虛線表示）

實際梁的支承反力如圖(a)所示，彎矩圖如圖(b)所示。

若在實際梁中為一導向支承（$\Delta \neq 0$ 且 $\theta = 0$），則在共軛梁中所對應的亦為一導向支承（$\overline{M} \neq 0$ 且 $\overline{V} = 0$）。共軛梁及其彈性載重如圖(c)所示，其中

$$F_1 = (\frac{PL}{4EI})(L) = \frac{PL^2}{4EI}$$

$$F_2 = \frac{1}{2}(\frac{PL}{4EI})(\frac{L}{2}) = \frac{PL^2}{16EI}$$

$$F_3 = \frac{1}{2}(\frac{PL}{8EI})(\frac{L}{2}) = \frac{PL^2}{32EI}$$

1. 求 θ_a 及 Δ_a

　　在共軛梁上，由於支承 a' 為一導向支承，不產生剪力，因此

　　$$\overline{V_{a'}} = 0 = \theta_a$$

　　再取共軛梁上 $a'b'$ 段為自由體，如圖(d)所示，由 $\Sigma M_{b'} = 0$；可得出

　　$$\overline{M_{a'}} = -\frac{PL^3}{8EI} = \Delta_a \quad (\uparrow)$$

2. 求 θ_c 及 Δ_c

　　取共軛梁上 c' 點左側部分為自由體，如圖(e)所示，

　　由 $\Sigma F_y = 0$；得 $\overline{V_{CL'}} = \frac{5PL^2}{16EI} = \theta_{CL} \quad (\downarrow)$

　　再由 $\Sigma M_{c'} = 0$；得 $\overline{M_{c'}} = \frac{7PL^3}{48EI} = \Delta_c \quad (\downarrow)$

　　再取整體共軛梁為自由體，如圖(c)所示，

　　由 $\Sigma M_{d'} = 0$；得支承反力 $R_{c'} = -\frac{113PL^2}{192EI} \quad (\downarrow)$

　　最後再取共軛梁上 c' 點為自由體，

　　由 $\Sigma F_y = 0$；得 $\overline{V_{CR'}} = -\frac{53PL^2}{192EI} = \theta_{CR} \quad (\sqrt{})$

3. 彈性變形曲線

　　依據實際梁的變矩圖及約束條件，可繪出彈性變形曲線，如圖(f)所示。

8-4　功

　　能量法（energy method）可用以分析結構之彈性變形，雖然計算過程較為繁複，但對於極複雜的結構問題，往往只有該法可以解決，因此能量法在結構分析上至今仍占有極重要之地位。現將**實功**（real work），**實輔功**（real complementary work），**虛功**（virtual work）及**虛輔功**（virtual complementary work）等原理作一闡述，以作為能量法（如卡氏第二定理、單位虛載重法等等）分析結構彈性變形之理論依據。

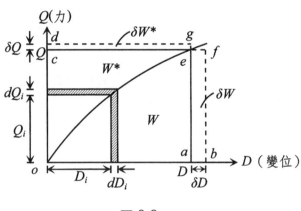

圖 8-8

8-4-1　實　功

　　一靜態的實力（外力）逐漸施加於結構上，由 o 漸增至 Q，而沿作用力方向的變位亦由 o 漸增至 D，此時力與變位之間有著如圖 8-8 中 oe 線所示之關係。此段由實力（外力）Q 所做的功，稱為**外功**（external work），以 W_E 來表示。此時

$$W_E = \int_O^D Q_i dD_i \tag{8.19}$$

（8.19）式表示，當一靜態的實力（外力）逐漸施加於結構上時，其所作的外功即為圖 8-8 中之面積 oae。

上述所指的實力 Q 泛指集中力、均佈力、均變力或力矩；而變位 D 係包含撓度Δ或轉角θ。若結構為線性，則圖 8-8 中之 oe 線將為一直線，此時

$$W_E = \frac{1}{2}QD \tag{8.20}$$

在能量不滅的原則下，理想彈性結構由實力（外力）所作之外功W_E將全部轉變為結構各桿件所貯存之**內功**W_I（internal work）或稱**彈性應變能** U（elastic strain energy），亦即

$$W_E = W_I(=U) \tag{8.21}$$

對於線性彈性結構而言，各種斷面力所對應之彈性應變能可推導如下：

1. 彎矩對應之彈性應變能

取一微小單元，如圖 8-6 所示，其上僅有彎矩效應，此時貯存於該微小單元上之彎曲應變能為

$$dU = \frac{1}{2}Md\theta \tag{8.22}$$

又由（8.7）式與（8.8）式可知

$$\frac{d\theta}{ds} = \frac{M}{EI}$$

$$或\ d\theta = \frac{M}{EI}ds$$

若將上式代入（8.22）式可得

$$dU = \frac{M^2 ds}{2EI} \tag{8.23}$$

由於所取單元為極小，所以 $dx \approx ds$，因此（8.23）式可寫為

$$dU = \frac{M^2 dx}{2EI}$$

故貯存於結構中之總應變能為

$$U = \int_L \frac{M^2 dx}{2EI} \tag{8.24}$$

2.軸向力對應之彈性應變能

二力桿件以軸向效應為主，若設二力桿件之長度為 L；斷面積為 A；軸向力為 N，則此二力桿件之伸縮量為

$$\Delta = \frac{NL}{EA}$$

則貯存於此二力桿件之應變能為

$$U = \frac{1}{2}(N)(\frac{NL}{EA}) = \frac{N^2 L}{2EA} \tag{8.25}$$

若整體結構係由多根二力桿件所組成（如桁架），則總應變能為

$$U = \Sigma \frac{N^2 L}{2EA} \tag{8.26}$$

3.剪力或扭矩所對應之彈性應變能

由同樣方法可推得，由剪力效應所對應之結構總應變能

$$U = K \int_L \frac{V^2 dx}{2GA} \tag{8.27}$$

式中，V 為斷面剪力；G 為剪力模數（shear modulus）；A 為斷面積；K 為與斷面形狀有關之常數（如矩形斷面 $K=1.2$，圓形斷面 $K=\frac{10}{9}$）。

而由扭矩效應所對應之結構總應變能為

$$U = \int_L \frac{T^2 dx}{2GJ} \tag{8.28}$$

式中，T 為斷面扭矩；J 為斷面的極慣性矩（polar moment of inertia）。（8.28）式僅適用於具有圓形斷面之桿件。

（討論）

(1)梁與剛架結構僅考慮彎矩效應，故總應變能如（8.24）式所示。

(2)桁架結構僅考慮軸向效應，故總應變能如（8.26）式所示。

(3)組合結構包含彎矩效應與軸向效應，故總應變能為（8.24）式加上（8.26）式。

(4)扭轉構材僅考慮扭轉矩效應，故總應變能如（8.28）式所示。

8-4-2　實輔功

　　就圖 8-8 而言，實輔功 W^* 可被定義為

$$W^* = \int_O^Q D_i dQ_i \qquad\qquad (8.29)$$

此式相當於圖 8-8 中之面積 oce

依能量不滅原則，得知實輔外功 W_E^* 將等於實輔內功 W_I^*，即

$$W_E^* = W_I^* \qquad\qquad (8.30)$$

若結構為線性，則圖 8-8 中之 oe 線將為一直線，此時

$$W_E^* = W_E$$
$$且 W_I^* = W_I\ (=U)$$

8-4-3　虛　功

　　一平衡力系，在假想的虛變位下，由實力（外力）與虛外變位所作之虛外功 δW_E 將等於由內力與虛內變形（虛內應變）所作之虛內功 δW_I，即

$$\delta W_E = \delta W_I \qquad\qquad (8.31)$$

此即**虛功原理**，其中 δW_E＝實外力×虛外變位；δW_I＝實內力×虛內變形。

　　在圖 8-8 中，若 δD 為**虛變位**（virtual deformation），則由實力與虛變位所作之虛功相當於圖 8-8 中之面積 abef，在這作功過程中，實力 Q 係保持定值，而 δD 為相應的虛變位。

8-4-4　虛輔功

　　在結構承受實力 Q 作用之前，先受一力 δQ 作用，當此結構受（$Q+\delta Q$）聯合作用後所產生之變位與結構僅受實力 Q 作用所產生的變位相同時，則稱 δQ 為一**虛力**（virtual force）。

　　在一平衡力系中，引入一組自相平衡的虛外力及相對應之虛內力，若外變位與內變形（內應變）維持在原有束制條件下之諧合時，則由此虛外力與外變

位所做之虛輔外功 δW_E^* 將等於由虛內力與內變形所做之虛輔內功 δW_I^*，亦即

$$\delta W_E^* = \delta W_I^* \tag{8.32}$$

此即**虛輔功原理**，其中 δW_E^* ＝虛外力×實外變位；δW_I^* ＝虛內力×實內變形。

　　在圖 8-8 中，若 δQ 為虛力，則由虛力與實變位所作之虛輔功相當於圖 8-8 中之面積 $cdeg$，在這作功過程中，變位 D 係保持定值，而 δQ 為虛力。

（討論 1）

　　對於線性結構（此時圖 8-8 中的 oe 線將為一條直線）之實功或實輔功而言，力與變位成正比且都是由零逐漸增加到最終值，因此所對應的力－變位圖形之面積為三角形，故計算式中會出現係數 $\frac{1}{2}$。

（討論 2）

　　實功與實輔功恆為正值；虛功或虛輔功可能為正值，也可能為負值（這要看其他原因所引起的變位與作功的力是否方向一致而定）。

（討論 3）

　　若作用於線性彈性結構上的一組外力包括 Q_1、$Q_2 \cdots Q_n$，而與各力對應的變位分別為 D_1、$D_2 \cdots D_n$，則由這些外力所作的外功為

$$W_E = \frac{1}{2}Q_1 D_1 + \frac{1}{2}Q_2 D_2 + \cdots + \frac{1}{2}Q_n D_n$$
$$= \frac{1}{2}\sum_{i=1}^{n} Q_i D_i$$

由於線性彈性結構沒有能量損耗，所以這些外力無論是同時按同一比例施加，或是先後施加，結構到達最終平衡時的受力情況或變位狀態是完全相同的，因此對於線性彈性結構而言，外力所作的外功 W_E 與外力加載的次序無關。

8-5 應用卡氏第二定理分析靜定結構之彈性變形

一結構（無論是線性或是非線性結構）在承受 Q_1、Q_2……Q_n 等 n 個載重（可為力或力矩）作用時將產生變形，若與此 n 個載重相對應的變位分別記為 D_1、D_2……D_n（可為撓度或轉角），則此結構之實輔內功為

$$W_I^* = \sum_{i=1}^{n} \int D_i dQ_i$$

若其中某一載重 Q_i 有一 dQ_i 的增量，則在其他載重不變的情況下，實輔內功的增量可寫為

$$dW_I^* = \frac{\partial W_I^*}{\partial Q_i} dQ_i$$

此外，實輔內功的增量亦可表為

$$dW_I^* = D_i dQ_i$$

比較上兩式可得

$$\frac{\partial W_I^*}{\partial Q_i} = D_i \qquad i = 1, 2, \cdots\cdots n \tag{8.33}$$

（8.33）式即為 **Crotti-Engesser** 定理，表示實輔內功 W_I^* 可為外力 Q_i 的函數，而 W_I^* 對 Q_i 的一次偏導式，即為與 Q_i 對應的變位 D_i。Crotti-Engesser 定理可適用於線性或非線性結構之變位分析。

若結構為線性結構，則實輔內功 W_I^* 等於總應變能 $U(= W_I)$，此時（8.33）式可寫為

$$\frac{\partial U}{\partial Q_i} = D_i \qquad i = 1, 2, \cdots\cdots n \tag{8.34}$$

（8.34）式為卡氏第二定理，表示結構之總應變能 U 可為外力 Q_i 的函數，而 U 對 Q_i 的一次偏導式，即為與 Q_i 對應的變位 D_i。卡氏第二定理僅可用於線性結構之變位分析。

對於梁與剛架結構而言，總應變能 U 如（8.24）式所示，因此：

(1)所求之變位為撓度△時，卡氏第二定理可寫成

$$\triangle = \int \frac{M\left(\frac{\partial M}{\partial P}\right)}{EI} dx \tag{8.35}$$

式中，△為實際載重造成之撓度

$\qquad$ P 為作用於△位置及方向上之實際載重

$\qquad$ M 為 P 及其他載重所造成構件內之彎矩

(2)所求之變位為轉角θ時，卡氏第二定理可寫成

$$\theta = \int \frac{M\left(\frac{\partial M}{\partial M_\theta}\right)}{EI} dx \tag{8.36}$$

式中，θ 為實際載重造成之轉角

$\qquad$ M_θ 為作用於θ位置及方向上之外力矩

$\qquad$ M 為 M_θ 及其他載重所造成構件內之彎矩。

對於桁架結構而言，總應變能 U 如（8.26）式所示，因此卡氏第二定理可寫成

$$\triangle = \Sigma \frac{N\left(\frac{\partial N}{\partial P}\right)}{EA} l \tag{8.37}$$

式中，△為實際載重造成桁架節點之變位

$\qquad$ P 為作用於△位置及方向上之實際載重

$\qquad$ N 為 P 及其他載重所造成桁架桿件之軸向力

$\qquad$ l 為桁架桿件之長度

（討論 1）

若結構之總應變能 $U(=W_I)$ 可表為變位 $D_1 , D_2 , \cdots\cdots D_n$（$D$ 可為撓度或轉角）的函數，則 U 對某一變位 D_i 的一次偏導式即表相對於 D_i 的力（或力矩），亦即

$$\frac{\partial U}{\partial D_i} = Q_i \qquad i = 1 , 2 , \cdots\cdots n \tag{8.38}$$

（8.38）式即為**卡氏第一定理**（Castigliano's first theorem），適用於線性或非線性結構的分析。

Crotti-Engesser 定理由 W_I^* 導出，而卡氏第一定理由 $U(=W_I)$ 導出，因此 Crotti-

Engesser 定理與卡氏第一定理互為共軛。

(討論 2)

卡氏第二定理僅限用於無溫度變化、無降伏支承之線性彈性結構的變位分析。

實際應用卡氏第二定理求解變位時，應注意以下幾點：

(1)欲求變位（如 Δ 或 θ）處，若無對應之集中力或力矩作用時，則需虛設一集中力或力矩於該處，待完成偏微分後，即令此虛設之集中力或力矩為零，最後再進行積分。

(2)欲求變位處，若對應之集中力或力矩為數值時，則需先將此數值設為未知的文字（如 P 或 M_{θ}），待完成偏微分後，即將原數值代回，最後再進行積分。

(3)欲求變位處所對應之外力若與其他外力相同時，則需將此外力設為不同於其他外力之未知文字，待完成偏微分後，即將原值代回，最後再進行積分。

(4)進行積分時，應將力較少的一端做為積分的原點，以簡化計算量。

(5)對於圓弧型結構，可將極座標觀念應用於卡氏第二定理中。（見例題 8-18）

(6)對於對稱結構（或反對稱結構），由於內力呈對稱（或反對稱）分佈，因此可採用**取全做半之觀念**（即分析一半，而另一半與其對稱或反對稱）來簡化分析過程。

(7)最後解出之變位若為正值，則表示該變位與對應之作用力或力矩係同方向；反之，若為負值，則表示該變位與對應之作用力或力矩係反方向。

(8)對於斜桿件，應注意積分之處理，可由表 8-7 來說明。

表 8-7　斜桿件積分之處理

斜桿件	積分形式
x ... dx ... 4ᵐ ... 3ᵐ	$$\int_0^4 \frac{M\left(\frac{\partial M}{\partial Q}\right)}{EI}\left(\frac{5}{4}dx\right)$$
dx ... x ... 4ᵐ ... 3ᵐ	$$\int_0^3 \frac{M\left(\frac{\partial M}{\partial Q}\right)}{EI}\left(\frac{5}{3}dx\right)$$
dx ... x ... 4ᵐ ... 3ᵐ	$$\int_0^5 \frac{M\left(\frac{\partial M}{\partial Q}\right)}{EI}dx$$

除了應注意積分的形式，亦需注意外力的分解應與積分形式相配合。

例題 8-11

於下圖所示之梁結構，EI 為常數，試以卡氏第二定理，求 b 端之轉角 θ_b。

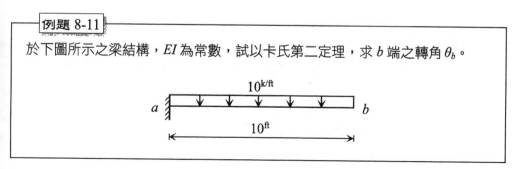

解

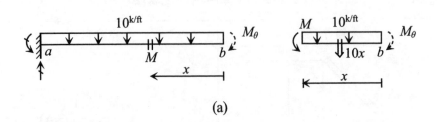

(a)

在 b 點上無對應於 θ_b 之力矩，因此需假設一力矩 $M_\theta(=0^{k-kt})$ 作用於 b 點上，如圖(a)所示。

b 端的力較 a 端少，故以 b 端作為積分的原點。

分段	積分範圍	積分原點	M	$\partial M/\partial M_\theta$
ab	$0'\sim10'$	b	$-M_\theta - 5x^2$	-1

完成偏微分後，可將 $M_\theta=0^{k\text{-}ft}$ 代入上表中，得

$$M = -5x^2$$

$$\frac{\partial M}{\partial M_\theta} = -1$$

由卡氏第二定理：

$$\theta_b = \int \frac{M(\partial M/\partial M_\theta)}{EI}dx$$

$$= \frac{1}{EI}\int_{0'}^{10'}(-5x^2)(-1)dx$$

$$= \frac{5000}{3EI} \quad (\curvearrowright) \quad \text{正表 } \theta_b \text{ 與所假設的 } M_\theta \text{ 同向}$$

例題 8-12

以卡氏第二定理求下圖所示梁中 a 點的轉角 θ_a。（載重之最大強度為 W）

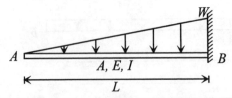

解

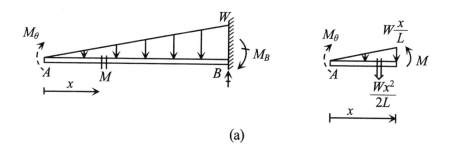

(a)

在 A 點上無對應於 θ_A 之力矩，因此需假設一力矩 $M_\theta(=0)$ 作用於 A 點上，如圖(a)所示。

A 端的力較少，故以 A 點作為積分的原點。

分段	積分範圍	積分原點	M	$\partial M/\partial M_\theta$
ab	$0\sim L$	A	$M_\theta - \dfrac{Wx^3}{6L}$	1

完成偏微分後，將 $M_\theta=0$ 代入上表中，得

$$M = -\frac{Wx^3}{6L}$$

$$\frac{\partial M}{\partial M_\theta} = 1$$

由卡氏第二定理：

$$\theta_A = \int \frac{M\left(\frac{\partial M}{\partial M_\theta}\right)}{EI} dx$$

$$= \frac{1}{EI} \int_0^L \left(-\frac{Wx^3}{6L}\right)(1) dx$$

$$= -\frac{WL^3}{24EI} \quad (\text{↺}) \quad 負表 \theta_A 與所假設的 M_\theta 反向$$

例題 8-13

試求如圖所示梁中 B 點之撓度及 C 點之轉角。E 為常數。

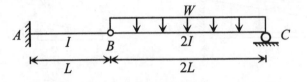

解

(a)

(b)

(c)

(d)

1. 求Δ_B

在 B 點上無對應於 Δ_B 之集中力，因此需假設一集中力$P(=0)$作用於 B 點上，如圖(a)所示。

原結構是為一靜定複合梁，AB 段為基本部分，BC 段為其附屬部分，在分析梁斷面的彎矩 M 時，可將梁結構分成 AB 段及 BC 段兩部分（載重示意圖如圖(b)所示），以簡化計算，其中 AB 段的積分原點為 B 點，而 BC 段的積分原點為 C 點。

分段	積分範圍	積分原點	M	$\partial M/\partial P$
AB	$0 \sim L$	B	$-(WL+P)(x)$	$-x$
BC	$0 \sim 2L$	C	$WLx - \dfrac{Wx^2}{2}$	0

完成偏微分後，將 $P=0$ 代入上表中，再由卡氏第二定理可得

$$\Delta_B = \Sigma \int \frac{M\left(\dfrac{\partial M}{\partial P}\right)}{EI} dx$$

$$= \frac{1}{EI}\int_0^L (-WLx)(-x)dx + \frac{1}{E(2I)}\int_0^{2L}(WLx - \frac{Wx^2}{2})(0)dx$$

$$= \frac{WL^4}{3EI} \quad (\downarrow)$$

2. 求 θ_c

在 C 點上無對應於 θ_c 之力矩，因此需假設一力矩 $M_\theta(=0)$ 作用於 C 點上，如圖(c)所示。此外，在分析時亦可將梁結構分成 AB 段及 BC 段兩部分（載重示意圖如圖(d)所示），而兩段之積分原點均取在 B 點。

分段	積分範圍	積分原點	M	$\partial M/\partial M_\theta$
AB	$0 \sim L$	B	$-\left(WL+\dfrac{M_\theta}{2L}\right)(x)$	$-\dfrac{x}{2L}$
BC	$0 \sim 2L$	C	$\left(WL+\dfrac{M_\theta}{2L}\right)(x) - \dfrac{Wx^2}{2}$	$\dfrac{x}{2L}$

完成偏微分後，將 $M_\theta=0$ 代入上表中，再由卡氏第二定理得

$$\theta_c = \Sigma \int \frac{M\left(\dfrac{\partial M}{\partial M_\theta}\right)}{EI} dx$$

$$= \frac{1}{EI}\int_0^L (-WLx)(-\frac{x}{2L})dx + \frac{1}{E(2I)}\int_0^{2L}(WLx - \frac{Wx^2}{2})(\frac{x}{2L})dx$$

$$= \frac{WL^3}{3EI} \quad (\text{ᄀ})$$

例題 8-14

在下圖所示梁結構中，支承 b 為一線性彈簧支承（即彈性支承），其彈性常數 $k=\frac{48EI}{l^3}$，試利用卡氏第二定理求 c 點的垂直位移 Δ_{cv}。梁的 EI 為定值。

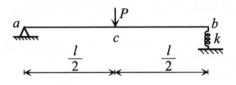

解

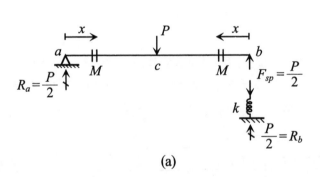

(a)

1. 求支承反力 R_a 及 R_b

   由靜力平衡方程式可求得

   $$R_a = \frac{P}{2} \quad (\uparrow)$$

   $$R_b = \frac{P}{2} \quad (\uparrow)$$

2. 求彈簧內力 F_{sp}（拉力取正，壓力取負）

   由圖(a)可知，彈簧內力為

$$F_{sp} = -\frac{P}{2} \quad (\text{負表壓力})$$

3. 求彈性支承之變形量 Δ_{sp}

$$\Delta_{sp} = \frac{F_{sp}}{k} = \frac{-P/2}{48EI/l^3} = -\frac{Pl^3}{96EI} \quad (\text{負表壓縮})$$

4. 求彈性支承的應變能 U_{sp}

$$U_{sp} = \frac{1}{2}k\Delta_{sp}^2 = \frac{1}{2}\left(\frac{48EI}{l^3}\right)\left(-\frac{Pl^3}{96EI}\right)^2 = \frac{P^2l^3}{384EI}$$

5. 求 ab 梁的應變能 U_{ab}

分段	積分範圍	積原點	M
ac	$0 \sim l/2$	a	$\dfrac{P}{2}x$
cb	$0 \sim l/2$	b	$\dfrac{P}{2}x$

$$\begin{aligned}
U_{ab} &= \Sigma \int \frac{M^2}{2EI}dx \\
&= \frac{1}{2EI}\left(\int_0^{l/2}\left(\frac{P}{2}x\right)^2 dx + \int_0^{l/2}\left(\frac{P}{2}x\right)^2 dx\right) \\
&= \frac{P^2l^3}{96EI}
\end{aligned}$$

6. 求總應變能 U

$$U = U_{ab} + U_{sp} = \frac{5P^2l^3}{384EI}$$

7. 求 Δ_{cv}

由卡氏第二定理得

$$\Delta_{cv} = \frac{\partial U}{\partial P} = \frac{5Pl^3}{192EI} \quad (\downarrow)$$

討論

在彈性支承中，由彈簧內力 F_{sp} 所產的應變能 U_{sp} 為

$$U_{sp} = \frac{1}{2}k\Delta_{sp}^2 = \frac{1}{2}k\left(\frac{F_{sp}}{k}\right)^2 = \frac{F_{sp}^2}{2k}$$

例題 8-15

於下圖所示桁架結構中，每根桿件之 $E = 29 \times 10^3 \text{ksi}$，$A = 0.5 \text{in}^2$，試求 c 點之垂直變位 Δ_{cv}。

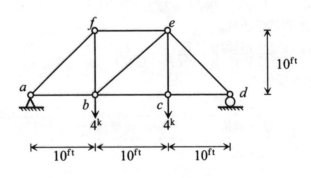

解

令 c 點之垂直集中力 $4^k = P$，並求出各桿件之軸向力 N 及 $\left(\dfrac{\partial N}{\partial P}\right)$，如下表第一項及第二項所示。當偏微分項 $\left(\dfrac{\partial N}{\partial P}\right)$ 完成後，即可將 $P = 4^k$ 代回表中，而可得出 $\Sigma N \left(\dfrac{\partial N}{\partial P}\right) l = 246.50^{\text{k-ft}}$。（$E$、$A$ 值均為定值，可不列入表中）

桿件	N	$\dfrac{\partial N}{\partial P}$	$N(P=4^k)$	l_{ft}	$N\left(\dfrac{\partial N}{\partial P}\right)l$
ab	$0.333P+2.667$	0.333	4	10	13.33
bc	$0.667P+1.333$	0.667	4	10	26.67
cd	$0.667P+1.333$	0.667	4	10	26.67
de	$-0.943P-1.886$	-0.943	-5.66	14.14	75.47
ef	$-0.333P-2.667$	-0.333	-4	10	13.33
fa	$-0.471P-3.772$	-0.471	-5.66	14.14	37.70
fb	$0.333P+2.667$	0.333	4	10	13.33
eb	$-0.471P+1.886$	-0.471	0	14.14	0
ec	P	1	4	10	40
Σ					$246.50^{\text{k-ft}}$

故，$\Delta_{cv} = \dfrac{1}{EA} \Sigma N \left(\dfrac{\partial N}{\partial P} \right) l$

$\qquad = \dfrac{(246.50^{\text{k-ft}})(12^{\text{in/ft}})}{(0.5^{\text{in}^2})(29 \times 10^{3\,\text{k/in}^2})}$

$\qquad = 0.204 \text{ in} \quad (\downarrow)$

例題 8-16

如圖所示之桁架，設其各桿件之斷面積均為 $2.5\,\text{in}^2$，$E = 30\,\text{ksi}$，試求 E 點之垂直與水平變位。

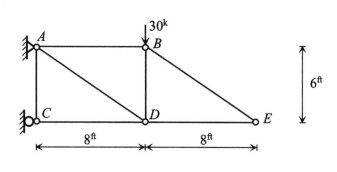

解

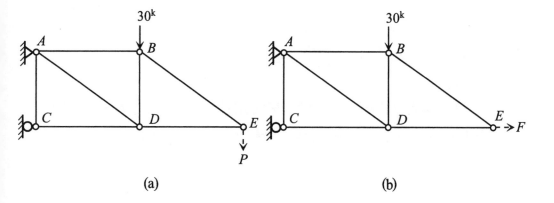

(a)   (b)

1. 求 Δ_{EV}

在 E 點上無對應於 Δ_{EV} 之集中力，因此需假設一垂直集中力 $P(=0)$ 作用於 E 點上，如圖(a)所示，此時各桿件之軸向力 N 及 $\left(\dfrac{\partial N}{\partial P}\right)$ 如表一中第一項及第二項所示。當偏微分項 $\left(\dfrac{\partial N}{\partial P}\right)$ 完成後，即可將 $P=0$ 代回表一中，而可得出

$$\Sigma N\left(\frac{\partial N}{\partial P}\right)l = 22400^{\text{k-in}}$$

表一

桿件	N	$\dfrac{\partial N}{\partial P}$	$N(P=0)$	l	$N\left(\dfrac{\partial N}{\partial P}\right)l$
AB	$\dfrac{4}{3}P$	$\dfrac{4}{3}$	0	8×12	0
AD	$\dfrac{5}{3}P+50$	$\dfrac{5}{3}$	50	10×12	10000
CD	$-\dfrac{8}{3}P-40$	$-\dfrac{8}{3}$	-40	8×12	10240
BE	$\dfrac{5}{3}P$	$\dfrac{5}{3}$	0	10×12	0
DE	$-\dfrac{4}{3}P$	$-\dfrac{4}{3}$	0	8×12	0
AC	0	0	0	6×12	0
BD	$-P-30$	-1	-30	6×12	2160
Σ					$22400^{\text{k-in}}$

故 $\Delta_{EV}=\dfrac{1}{EA}\Sigma N\left(\dfrac{\partial N}{\partial P}\right)l=\dfrac{22400}{EA}=298.67^{\text{in}}$　（↓）

2. 求 Δ_{EH}

在 E 點上無對應於 Δ_{EH} 之集中力，因此需假設一水平集中力 $F(=0)$ 作用在 E 點上，如圖(b)所示。同理，由表二可得 $\Sigma N\left(\dfrac{\partial N}{\partial P}\right)l=-3840^{\text{k-in}}$

表二

桿件	N	$\dfrac{\partial N}{\partial P}$	$N(P=0)$	l	$N\left(\dfrac{\partial N}{\partial P}\right)l$
AB	0	0	0	8×12	0
AD	50	0	50	10×12	0
CD	$P-40$	1	-40	8×12	-3840
BE	0	0	0	10×12	0
DE	P	1	0	8×12	0
AC	0	0	0	6×12	0
BD	-30	0	-30	6×12	0
Σ					$-3840^{\text{k-in}}$

故 $\Delta_{\text{EH}} = \dfrac{1}{EA}\Sigma N\left(\dfrac{\partial N}{\partial P}\right)l = \dfrac{-3840}{EI} = -51.2^{\text{in}}$ （←）

例題 8-17

於下圖所示剛架結構，EI 為常數，試以卡氏第二定理求解 d 點垂直變位 Δ_{dv} 及 e 點水平變位 Δ_{eh}。不計桿件軸向變形。

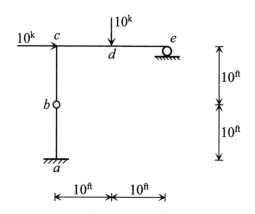

解

當忽略桿件之軸向變形時，$\Delta_{eh} = \Delta_{ch}$，故本題只需求出 Δ_{dv} 及 Δ_{ch} 即可。

令 d 點上之垂直集中力 $10^k = P$，而 c 點上之水平集中力 $10^k = F$（見圖(a)），則可由總應變能對 P 的偏導式得出 Δ_{dv}，由總應變能對 F 的偏導式得出 $\Delta_{ch}(=\Delta_{eh})$。

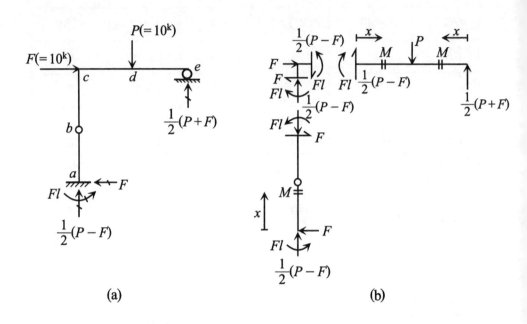

(a)   (b)

圖(b)所示為各桿件之載重及桿端內力。

表一

分段	積分範圍	積分原點	M	$\partial M/\partial P$	$\partial M/\partial F$
ac	$0'-20'$	a	$Fx - Fl$	0	$x - l$
cd	$0'-10'$	c	$Fl + \dfrac{1}{2}(P-F)x$	$\dfrac{x}{2}$	$l - \dfrac{x}{2}$
de	$0'-10'$	e	$\dfrac{1}{2}(P+F)x$	$\dfrac{x}{2}$	$\dfrac{x}{2}$

此時各項偏微分均已完成，可將 $P = 10^k$ 及 $F = 10^k$ 代回表一中，得出表二所示之結果。

表二

分段	積分範圍	積分原點	M	$\partial M / \partial P$	$\partial M / \partial F$
ac	$0' - 20'$	a	$10x - 10l$	0	$x - l$
cd	$0' - 10'$	c	$10l$	$\dfrac{x}{2}$	$l - \dfrac{x}{2}$
de	$0' - 10'$	e	$10x$	$\dfrac{x}{2}$	$\dfrac{x}{2}$

依據表二，現可由卡氏第二定理分別求出 Δ_{dv} 及 $\Delta_{ch}(= \Delta_{eh})$

1. 求 Δ_{dv}（係對 P 進行偏微分）

$$\Delta_{dv} = \Sigma \int_0^l \frac{M\left(\dfrac{\partial M}{\partial P}\right)}{EI} dx$$

$$= \frac{1}{EI}\left(\int_{ac} M\left(\frac{\partial M}{\partial P}\right)dx + \int_{cd} M\left(\frac{\partial M}{\partial P}\right)dx + \int_{\partial d} M\left(\frac{\partial M}{\partial P}\right)dx \right)$$

$$= \frac{1}{EI}\left(\int_{0'}^{20'}(10x - 10l)(0)dx + \int_{0'}^{10'}(10l)(\frac{x}{2})dx + \int_{0'}^{10'}(10x)(\frac{x}{2})dx \right)$$

$$= \frac{12500}{3EI} \quad (\downarrow)$$

2. 求 Δ_{eh}（係對 F 進行偏微分）

$$\Delta_{eh} = \Delta_{ch} = \Sigma \int_0^l \frac{M\left(\dfrac{\partial M}{\partial F}\right)}{EI} dx$$

$$= \frac{1}{EI}\left(\int_{0'}^{20'}(10x - 10l)(x - l)dx + \int_{0'}^{10'}(10l)(l - \frac{x}{2})dx + \int_{0'}^{10'}(10x)(\frac{x}{2})dx \right)$$

$$= \frac{47500}{3EI} \quad (\rightarrow)$$

例題 8-18

於下圖所示圓弧拱結構，EI 為常數，試以卡氏定理求解 b 點垂直變位 Δ_{bv} 及 c 點水平變位 Δ_{ch}。

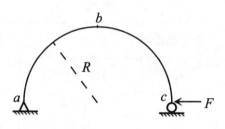

解

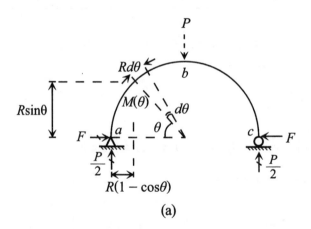

(a)

對稱圓弧拱結構宜採用極座標之觀念及取全做半法來分析。以卡氏定理求解變位時，對稱結構的取全做半法即是計算半邊結構的變位效應，再將所得結果乘以二（因為需計及另一半結構之效應），即為最後之答案。

由於 b 點上無對應於 Δ_{bv} 之集中力，因此需假設一集中力 $P(=0)$ 作用於 b 點上，如圖(a)所示。另外，在 c 點上與 Δ_{ch} 對應之集中力為 F。由圖(a)可得

$$M(\theta) = (\frac{P}{2})(R(1-\cos\theta)) - (F)(R\sin\theta)$$

$$\frac{\partial M(\theta)}{\partial P} = \frac{1}{2}R(1-\cos\theta)$$

$$\frac{\partial M(\theta)}{\partial F} = -R\sin\theta$$

當偏微分完成後，即可將 $P=0$ 代回上三式中，得出

$$M(\theta) = -FR\sin\theta$$

$$\frac{\partial M(\theta)}{\partial P} = \frac{1}{2}R(1-\cos\theta)$$

$$\frac{\partial M(\theta)}{\partial F} = -R\sin\theta$$

1. 求 Δ_{bv}

　　由卡氏第二定理（配合極座標觀念及取全做半法）可得

$$\Delta_{bv} = 2\int_0^{\frac{\pi}{2}} \frac{M(\theta)\left(\dfrac{\partial M(\theta)}{\partial P}\right)}{EI} Rd\theta$$

$$= \frac{2}{EI}\int_0^{\frac{\pi}{2}}\left(-\frac{1}{2}FR^3\sin\theta(1-\cos\theta)\right)d\theta$$

$$= -\frac{FR^3}{2EI} \quad (\uparrow)$$

2. 求 Δ_{ch}

　　同理，由卡氏第二定理可得

$$\Delta_{ch} = 2\int_0^{\frac{\pi}{2}} \frac{M(\theta)\left(\dfrac{\partial M(\theta)}{\partial F}\right)}{EI} Rd\theta$$

$$= \frac{\pi FR^3}{2EI} \quad (\leftarrow)$$

例題 8-19

於下圖所示的組合結構中，bd 為二力桿件，其 $AE = \dfrac{48EI}{l^2}$，若梁內的 EI 值為常數，試用卡氏定理求出 c 點的垂直位移 Δ_{cv}。

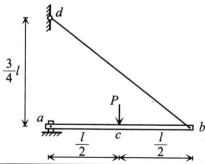

解

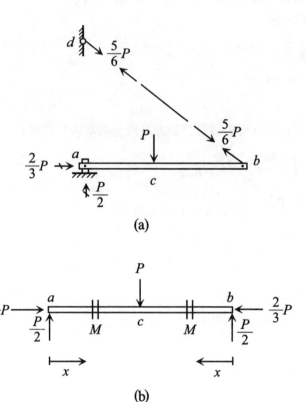

(a)

(b)

　　本題可由卡氏第二定理來求解 Δ_{cv}

1. 求解支承反力 R_{ax}、R_{ay} 及二力桿件 bd 之內力 N_{bd}，由靜力平衡方程式可求得

$$R_{ax}=\frac{2}{3}P \quad (\rightarrow) \quad ; R_{ay}=\frac{P}{2} \quad (\uparrow)$$

　　及 bd 桿件內力 $N_{bd}=\frac{5}{6}P$（正表張力）

　　（各桿件受力情形如圖(a)所示）

2. 求二力桿件 bd 之應變能 U_N

$$U_N=\frac{(N_{bd})^2(l_{bd})}{2EA}=\frac{\left(\frac{5P}{6}\right)^2\left(\frac{5}{4}l\right)}{2\left(\frac{48EI}{l^2}\right)}=0.009\frac{P^2l^3}{EI}$$

3. 求 ab 梁之應變能 U_{ab}

ab梁的受力情形，如圖(b)所示。一般而言，梁結構的應變能僅考慮彎矩效應即可。

分段	積分範圍	積分原點	M
ac	$0\sim l/2$	a	$\dfrac{P}{2}x$
cb	$0\sim l/2$	b	$\dfrac{P}{2}x$

$$U_{ab} = \Sigma \int \frac{M^2}{2EI}dx$$
$$= \frac{1}{2EI}\left(\int_0^{l/2}\left(\frac{Px}{2}\right)^2 dx + \int_0^{l/2}\left(\frac{Px}{2}\right)^2 dx \right)$$
$$= 0.01\frac{P^2 l^3}{EI}$$

4. 求總應變能 U

$$U = U_N + U_{ab} = 0.019\frac{P^2 l^3}{EI}$$

5. 求 Δ_{cv}

由卡氏第二定理可知

$$\Delta_{cv} = \frac{\partial U}{\partial P} = 0.038\frac{Pl^3}{EI} \quad (\downarrow)$$

8-6　應用單位虛載重法分析靜定結構之彈性變形

單位虛載重法（unit dummy load method）是求解靜定結構彈性變形常用的

方法之一。由於單位虛載重法可由虛輔功原理推得，因此本法亦是建立在能量守恆的基本原則上。

8-6-1　基本條件

(1)適用於線性或非線性靜定結構之變位分析。

(2)由載重、溫度變化、製造誤差及支承移動等各種效應（即**廣義載重**）造成結構之變位均可分析。

(3)適合分析各型結構（如梁、剛架、桁架、組合結構、拱等）之變位。

(4)可求解結構上任意位置及任意方向上之變位，但一次僅可求解一個點上之變位。

8-6-2　單位虛載重法之基本公式

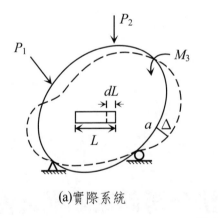

(a)實際系統　　　　　　　　　(b)虛擬系統

圖 8-9

茲考慮如圖 8-9(a)所示之實際系統（即外力均為實際載重之結構系統），在原載重 P_1、P_2 及 M_3 作用下，a 點將產生撓度 Δ，而內部小單元亦產生相對應的內變位 dL。若欲求解 a 點之撓度 Δ，可先假設原有之載重 P_1、P_2 及 M_3 均

被移去，而在 a 點上沿撓度 Δ 方向施加一假想的單位虛載重（即 $\delta Q=1$），形成一虛擬系統（即外力均為虛力之結構系統），如圖 8-9(b)所示，則此單位虛載重將使此虛擬系統內的小單元產生相應之虛內力 δu。（由於假設的虛載重甚小，因此在虛擬系統各部位之變形量亦甚微）

由虛輔功原理知，由單位虛載重與對應的撓度 Δ，所作的虛輔外功應等於系統內部所有小單元所作的虛輔內功，亦即

$$(1)(\underset{\text{虛擬}}{\overset{\text{實際}}{\Delta}}) = \Sigma(\delta u)(dL) \qquad (8.39)$$

式中 1 = 虛擬系統中，作用於 Δ 位置及方向上的單位虛載重

Δ = 實際系統中，由實際載重所造成的撓度

δu = 虛擬系統中，由單位虛載重所造成小單元上對應於 dL 方向之虛內力

dL = 實際系統中，由實際載重所造成小單元上的內變位

（8.39）式即為單位虛載重法之基本公式。

欲求結構上某點之轉角 θ 時，可於該點上施加一假想的單位虛力矩，以形成一虛擬系統，而此單位虛力矩將使此虛擬系統內的小單元產生相應之虛內力 δu_θ。同理，由虛輔功原理可得

$$(1)(\underset{\text{虛擬}}{\overset{\text{實際}}{\theta}}) = \Sigma(\delta u_\theta)(dL) \qquad (8.40)$$

式中 1 = 虛擬系統中，作用於 θ 位置及方向上的單位虛力矩

θ = 實際系統中，由實際載重所造成的轉角（以弧度表示）

δu_θ = 虛擬系統中，由單位虛力矩所造成小單元上對應於 dL 方向之虛內力

dL = 實際系統中，由實際載重所造成小單元上的內變位

若結構系統受載重作用後，支承發生移動或轉動時，虛輔外功須將支承的

移動量 Δ_x、Δ_y 及旋轉角 θ_s 列入考量，此時（8.39）式可改寫為

$$(1)(\Delta) + \Sigma(r_x)(\Delta_x) + \Sigma(r_y)(\Delta_y) + \Sigma(m_s)(\theta_s) = \Sigma(\delta u)(dL) \tag{8.41}$$

式中　1 = 虛擬系統中，作用於 Δ 位置及方向上的單位虛載重

Δ = 實際系統中，由實際載重及支承移動或轉動所造成的撓度

δu = 虛擬系統中，由單位虛載重所造成小單元上對應於 dL 方向之虛內力

r_x、r_y = 虛擬系統中，由單位虛載重所造成支承分別在 X、Y 方向之反力

dL = 實際系統中，由實際載重及支承移動或轉動所造成小單元上的內變位

Δ_x、Δ_y = 實際系統中，支承分別在 X、Y 方向之位移

m_s = 虛擬系統中，由單位虛載重所造成之支承反力矩

θ_s = 實際系統中，支承之旋轉角

同理，在考慮支承發生移動或轉動時，若將虛擬系統中之單位虛載重改為單位虛力矩，則（8.40）式亦可寫為（8.41）式之形式，但需將 Δ 改為 θ；δu 改為 δu_θ。

在（8.41）式中，若 r_x、r_y 或 m_s 與所對應的實際支承移動量 Δ_x、Δ_y 或旋轉角 θ_s 同方向，則取正值；反之則取負值。

引用上面公式來分析結構變位（包含撓度 Δ 或轉角 θ）時，若算出之變位答案為正，則表示變位的真正方向與假設的單位虛載重或單位虛力矩的方向一致；反之，則表示變位的真正方向與假設的單位虛載重或單位虛力矩的方向相反。

（討論 1）

由於桁架結構的組成均為鉸接，因此不含有固定支承，所以在虛擬系統中無支承反力矩 m_s，故對於桁架結構而言，（8.41）式可改寫為

$$(1)(\Delta) + \Sigma(r_x)(\Delta_x) + \Sigma(r_y)(\Delta_y) = \Sigma(\delta u)(dL) \tag{8.42}$$

討論 2

靜定結構若無載重或其他效應（如溫差效應）作用，而僅發生支承移動或轉動時，各桿件只作剛體移動，此時各單元將不產生內力或內變位，因此輔虛內功為零。此時（8.41）式可改寫為

$$(1)(\Delta) + \Sigma(r_x)(\Delta_x) + \Sigma(r_y)(\Delta_y) + \Sigma(m_s)(\theta_s) = 0 \qquad (8.43)$$

8-6-3 單位虛載重法在撓曲結構上之應用

一、撓曲結構僅承受載重效應時之變位分析

撓曲結構（如梁、剛架等）的變形主要是由撓曲效應所造成，因此在分析時可僅考慮彎矩的影響

(a) 實際系統　　　　　　　　　　　(b) 虛擬系統

圖 8-10

在圖 8-10(a)所示的簡支梁中，彈性變形曲線（虛線所示）上任一小單元 dx 處的轉角 $d\theta = \dfrac{M}{EI}dx$，其中 M 為實際載重 W 所引起的梁內彎矩。若欲求實際梁結構在 A 點處的垂直撓度 Δ 時，應在虛擬系統（如圖 8-10(b)所示）中相應的 A 點位置沿 Δ 方向施加一單位虛載重（即 $\delta Q=1$），此時在虛擬系統中由梁內彎矩 m 所造成的虛輔內功為 $md\theta = m\dfrac{M}{EI}dx$，若將梁上所有小單元所作的虛輔內功藉

由積分法總和起來，則（8.39）式可寫為

$$(1)(\Delta) = \int m \frac{M}{EI} dx \qquad (8.44)$$

式中 1＝虛擬系統中，作用於Δ位置及方向上的單位虛載重

Δ＝實際系統中，由實際載重所造成的撓度（分析時可先假設其方向）

m＝虛擬系統中，由單位虛載重所造成構件內之彎矩（單位為長度之單位）

M＝實際系統中，由實際載重所造成構件內之彎矩

E＝材料彈性模數

I＝橫斷面對中立軸之慣性矩

對撓曲結構而言，由於構件上每一斷面中之彎矩值均不相同，因此需採用積分方法來求其總和，此點宜特別注意。

同理，欲求撓曲結構彈性變形曲線上某點之轉角θ時，應在虛擬系統中相應位置處沿θ方向施加一單位虛力矩，並求出虛擬系統中構件內之彎矩m_θ，此時（8.40）式可寫為

$$(1)(\theta) = \int m_\theta \frac{M}{EI} dx \qquad (8.45)$$

式中

1＝虛擬系統中，作用於θ位置及方向上的單位虛力矩

θ＝實際系統中，由實際載重所造成的轉角（分析時可先假設其方向）

m_θ＝虛擬系統中，由單位虛力矩所造成構件內之彎矩（無單位）

M＝實際系統中，由實際載重所造成構件內之彎矩

E＝材料彈性模數

I＝橫斷面對中立軸之慣性矩

（8.44）式及（8.45）式為撓曲結構承受載重效應時之變位基本方程式，另外，對於m、m_θ、M而言，能使桿件產生凹面向上之撓曲變形者為正，反之為負。

討論 1

若結構為線性彈性且同時考慮彎矩（M）、軸向力（N）、剪力（V）及扭矩（T）等效應時，（8.44）式可改寫為

$$(1)(\Delta) = \int m\frac{M}{EI}dx + \int n\frac{N}{EA}dx + K\int v\frac{V}{GA}dx + \int t\frac{T}{GJ}dx \qquad (8.46)$$

式中，m、n、v、t分表虛擬系統中，由單位虛載重所造成構件之虛內力（分表彎矩、軸向力、剪力及扭矩）。$\frac{M}{EI}dx$，$\frac{N}{EA}dx$，$\frac{KV}{GA}dx$，$\frac{T}{GJ}dx$分表實際系統中，由實際載重所造成之變位。

（若無特殊考量，一般平面撓曲結構僅考慮彎矩效應即可）

若同時考慮支承移動或轉動時，（8.46）式可寫為

$$(1)(\Delta) + \Sigma(r_x)(\Delta_x) + \Sigma(r_y)(\Delta_y) + \Sigma(m_s)(\theta_s)$$

$$= \int m\frac{M}{EI}dx + \int n\frac{N}{EA}dx + K\int v\frac{V}{GA}dx + \int t\frac{T}{GJ}dx \qquad (8.47)$$

上式中，當虛反力（r_x, r_y, m_s）與實際之支承移動（Δ_x, Δ_y, θ_s）方向一致時，二者的乘積取正值；方向相反時，二者的乘積取負值。

無論是（8.46）式或是（8.47）式，僅可應用於直線形並符合線性彈性行為之撓曲構件的變位分析。

討論 2

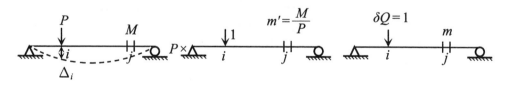

(a) 實際系統　　　　(b) 等值實際系統　　　　(c) 虛擬系統

圖 8-11

在圖 8-11(a)所示的實際簡支梁系統中，設 Δ_i 為欲求的 i 點垂直撓度，而圖 8-11(c)所示為對應的虛擬系統。由於圖 8-11(a)所示的實際系統等值於圖 8-11(b)

所示的實際系統，因此

$$M = Pm'$$

若將上式等號兩邊對 P 進行微分，則可得

$$\frac{\partial M}{\partial P} = m'$$

再比較圖 8-11(b)及圖 8-11(c)可得

$$m' = m$$

最後再由卡氏第二定理得出

$$\Delta_i = \int \frac{M(\frac{\partial M}{\partial P})}{EI} dx = \int \frac{Mm'}{EI} dx = \int \frac{Mm}{EI} dx$$

由上式中的轉換過程可知，對於線性彈性結構而言，應用卡氏第二定理或單位虛載重法進行變位分析時，在本質上並無不同，而僅差別在計算上的安排。

二、撓曲結構僅承受溫差效應時之變位分析

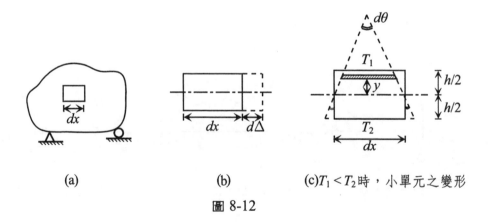

(a)　　　　　　(b)　　　　　(c)$T_1 < T_2$ 時，小單元之變形

圖 8-12

現取圖 8-12(a)所示撓曲結構上任一矩形小單元 dx 為例，來說明撓曲結構受溫差效應時之變位分析。

(1)當矩形小單元上下部分所受溫度呈均勻變化時，此矩形小單元僅沿其軸向

產生均勻的伸長或縮短，如圖 8-12(b)所示，此時矩形小單元之長度變化量為

$$d\Delta = (\alpha)(\Delta T)(dx)$$

式中 α 為結構的熱膨脹係數；ΔT 為溫度變化量

因此（8.39）式可寫為

$$(1)(\Delta) = \int n(\alpha)(\Delta T)dx$$

由於結構沿各桿件長度內的溫度改變為一常數，因此上式可改寫為

$$(1)(\Delta) = \Sigma n(\alpha)(\Delta T)(l) \tag{8.48}$$

式中 l 表示桿件長度

(2)當矩形小單元上下部分所受溫度呈線性變化時，結構之桿件會因彎曲而產生撓曲應變。若溫度 $T_2 > T_1$，則在矩形小單元上將會產生如圖 8-12(c)所示的相對轉角 $d\theta$，由材料力學知

$$d\theta = \frac{\alpha(T_2 - T_1)}{h}dx$$

式中 T_1, T_2 分表矩形小單元頂部及底部所受之溫度

此時在小單元上距中立軸距離為 y 的薄片（如圖 8-12(c)中斜線部分所示），其伸縮量 dL 為

$$dL = yd\theta = y\frac{(\alpha)(T_2 - T_1)}{h}dx \tag{8.49}$$

若此薄片之斷面積為 dA，則在單位虛載重作用下，沿此薄片軸向之虛內力 δu 為

$$\delta u = \frac{my}{I}dA \tag{8.50}$$

式中 $I = \int_A y^2 dA$ 為薄片對中立軸之慣性矩

若將（8.49）式及（8.50）式代入（8.39）式可得

$$(1)(\Delta) = \int m\frac{(\alpha)(T_2 - T_1)}{h}dx \tag{8.51}$$

（8.48）式及（8.51）式為撓曲結構承受溫差效應時之變位基本方程式，其中當實際溫度造成的變形與相應的虛內力方向一致時取正值；反之取負值。

三、撓曲結構含彈性構件時之變位分析

　　以含有直線彈簧支承的撓曲結構為例，在實際系統中，由原載重所產生的彈簧內力若為 F（拉力為正，壓力為負），則彈簧之實際伸縮量 dL 應為

$$dL = \frac{F}{k} \qquad \text{（正表伸長，負表壓縮）} \qquad (8.52)$$

式中 k 為彈簧之常數

　　在虛擬系統中，由單位虛載重所產生的彈簧虛內力若為 f（拉力為正，壓力為負），則在同時考慮結構之載重效應及彈性構件效應時，（8.39）式可寫為

$$(1)(\Delta) = \int m\frac{M}{EI}dx + \Sigma f\frac{F}{k} \qquad (8.53)$$

（討論 1）

　若彈性構件為抗彎彈簧時，則在（8.53）式中，f 表示為虛擬系統中，由單位虛載重所造成抗彎彈簧內的虛力矩；F 則表示為實際系統中作用在抗彎彈簧上之力矩；k 表示為抗彎彈簧之常數。

（討論 2）

　對於含有彈性構件的撓曲結構，若同時考量載重、支承移動或轉動及溫差等效應時，（8.53）式可寫為

$$(1)(\Delta) + \Sigma(r_x)(\Delta_x) + \Sigma(r_y)(\Delta_y) + \Sigma(m_s)(\theta_s)$$
$$= \int m\frac{M}{EI}dx + \int m\frac{(\alpha)(T_2 - T_1)}{h}dx + \Sigma f\frac{F}{k} \qquad (8.54)$$

四、建立撓曲結構虛擬系統時應注意之事項

　　在單位虛載重法中，作用在虛擬系統中的單位虛載重或單位虛力矩，應與欲求的實際變位相對應。由於單位虛載重或單位虛力矩之作用方向在計算過程中係為假設，因此當計算結果為正時，則表實際變位與單位虛載重或單位虛力矩同方向；反之，當計算結果為負時，則表實際變位與單位虛載重或單位虛力矩反方向。

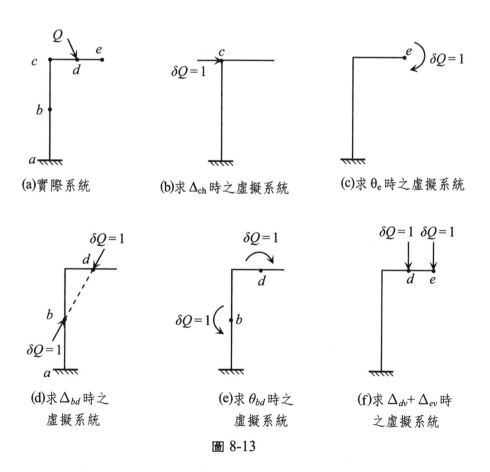

(a)實際系統　　　　　(b)求 Δ_{ch} 時之虛擬系統　　(c)求 θ_e 時之虛擬系統

(d)求 Δ_{bd} 時之　　　(e)求 θ_{bd} 時之　　　(f)求 $\Delta_{dv} + \Delta_{ev}$ 時
　虛擬系統　　　　　　虛擬系統　　　　　　之虛擬系統

圖 8-13

　　現以圖 8-13(a)所示的剛架結構為例，說明如何正確建立各種相應的虛擬系

統：

(1)欲求的實際變位為 Δ_{ch} 時，於虛擬系統中，應在 c 點處沿 Δ_{ch} 方向設置一單位虛載重，如圖 8-13(b)所示。

(2)欲求的實際變位為 θ_e 時，於虛擬系統中，應在 e 點處沿 θ_e 方向設置一單位虛力矩，如圖 8-13(c)所示。

(3)欲求的實際變位為 b、d 兩點間之相對位移 Δ_{bd} 時，於虛擬系統中，應在 b、d 兩點的連線方向上同時施加一對指向相反的單位虛載重，如圖 8-13(d)所示。

(4)欲求的實際變位為 b、d 兩點間之相對轉角 θ_{bd} 時，於虛擬系統中，應在 b、d 兩點同時施加一對指向相反的單位虛力矩，如圖 8-13(e)所示。

(5)欲求的實際變位為 d、e 兩點垂直撓度之和（$\Delta_{dv}+\Delta_{ev}$）時，於虛擬系統中，應在 d、e 兩點同時施加一對方向相同的垂直單位虛載重，如圖 8-13(f)所示。

討論 1

若桿件不考慮軸向變形（即桿件受力後不伸長亦不縮短），則在圖 8-13(a)所示的剛架結構中，由於 $\Delta_{ch}= \Delta_{eh}$，因此求實際變位 Δ_{eh} 時所對應的虛擬系統可如圖 8-14 所示，亦可如圖 8-13(b)所示。

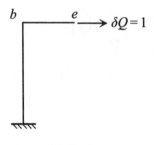

圖 8-14

討論 2

結構上某點的真實變位 Δ，其方向極可能既不在垂直方向也不在水平方向上，因此在分析時需先分別求出該點沿垂直方向的變位分量 Δ_v 及水平方向的變位分量 Δ_h，然後再依下式求出真實變位 Δ：

$$\Delta = \sqrt{\Delta_v^2 + \Delta_h^2} \tag{8.55}$$

8-6-4　積分問題之求解

在單位虛載重法中，計算撓曲結構的變位需涉及到積分，而在積分時必須沿著結構的桿件來定其積分路徑。本節將應用直接積分法與體積積分的觀念來求解 $\int m \dfrac{M}{EI} dx$ 或 $\int m_\theta \dfrac{M}{EI} dx$。

一、直接積分法求解 $\int m \dfrac{M}{EI} dx$ 或 $\int m_\theta \dfrac{M}{EI} dx$

積分路徑是需沿著結構的桿件，並將力少的一端作為積分的原點（可簡化計算）。對於斜桿件的積分，請參看表 8-8。

表 8-8　斜桿件積分之處理

斜桿件	積分形式
	$\displaystyle\int_0^4 m \frac{M}{EI}\left(\frac{5}{4} dx\right)$

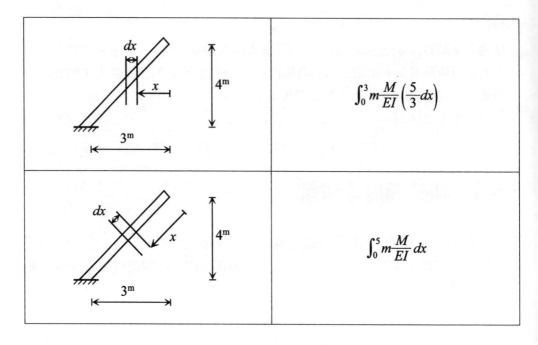

	$\int_0^3 m \dfrac{M}{EI}\left(\dfrac{5}{3}dx\right)$
	$\int_0^5 m \dfrac{M}{EI}dx$

至於圓弧形桿件的積分，可採用極座標之觀念。

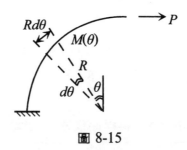

圖 8-15

在圖 8-15 所示的圓弧桿件中，若採用極座標的觀念來積分時，任意斷面θ的彎矩$M(\theta)=PR(1-\cos\theta)$，而$\int m\dfrac{M}{EI}dx$應改為$\int_0^{\frac{\pi}{2}} m(\theta)\dfrac{M(\theta)}{EI}Rd\theta$，其中 $m(\theta)$為虛擬系統中，由單位虛載重所造成圓弧桿件內之彎矩。

例題 8-20

下圖所示之簡支梁，EI 為常數，試求 B 點的垂直撓度 Δ_{BV} 及 C 點的轉角 θ_C。

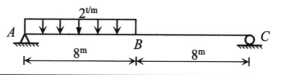

解

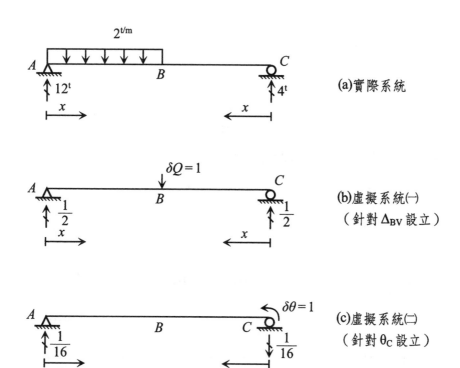

(a)實際系統

(b)虛擬系統(一)
（針對 Δ_{BV} 設立）

(c)虛擬系統(二)
（針對 θ_C 設立）

圖(a)為實際系統。

在求 Δ_{BV} 時，移去原載重並在 B 點處沿 Δ_{BV} 方向（假設向下）作用一單位虛載重（即 $\delta Q=1$），形成虛擬系統(一)，如圖(b)所示。同理，在求 θ_C 時，移去原載重並在 C 點處沿 θ_C 方向（假設逆時針轉動）作用一單位虛力矩（即 $\delta Q=1$），形成虛擬系統(二)，如圖(c)所示。

分段	積分範圍	積分原點	M (由實際系統得)	m for Δ_{BV} (由虛擬系統(一)得)	m_θ for θ_C (由虛擬系統(二)得)
AB	$0^m \sim 8^m$	A	$12x - x^2$	$x/2$	$x/16$
BC	$0^m \sim 8^m$	C	$4x$	$x/2$	$1 - x/16$

1. 求 Δ_{BV}（由實際系統與虛擬系統(一)得出）

$$\Delta_{BV} = \Sigma \int m \frac{M}{EI} dx$$

$$= \frac{1}{EI}\left(\int_{AB} mM dx + \int_{BC} mM dx\right)$$

$$= \frac{1}{EI}\left(\int_0^8 (\frac{x}{2})(12x - x^2)dx + \int_0^8 (\frac{x}{2})(4x)dx\right)$$

$$= \frac{853.33^{t\text{-}m^3}}{EI} \quad (\downarrow)\ \text{正表與假設方向相同}$$

2. 求 θ_c（由實際系統與虛擬系統(二)得出）

$$\theta_c = \Sigma \int m_\theta \frac{M}{EI} dx$$

$$= \frac{1}{EI}\left(\int_{AB} m_\theta M dx + \int_{BC} m_\theta M dx\right)$$

$$= \frac{1}{EI}\left(\int_0^8 (\frac{x}{16})(12x - x^2)dx + \int_0^8 (1 - \frac{x}{16})(4x)dx\right)$$

$$= \frac{149.33^{t\text{-}m^2}}{EI} \quad (\curvearrowright)\ \text{正表與假設方向相同}$$

例題 8-21

於下圖所示梁結構，E 為常數，試求 θ_a。

解

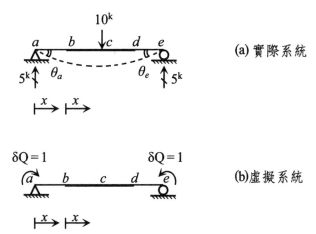

(a) 實際系統

(b) 虛擬系統

由於實際系統（如圖(a)所示）為一對稱結構，因此在求 θ_a 時，可於虛擬系統（如圖(b)所示）中，分別在 a 點及 e 點處沿 θ_a 及 θ_e 方向上施加單位虛力矩，如此一來不論是實際系統或是虛擬系統均為對稱結構。

對於對稱結構，可採用取全做半法（僅分析一半結構，但為計及另一半結構之效應，因此須將結果乘以 2）來進行分析，以簡化計算量。

分段	積分範圍	積分原點	M	m_θ	I
ab	$0'\sim5'$	a	$(5^k)(x)=5x^{k\text{-ft}}$	1	I
bc	$0'\sim5'$	b	$(5^k)(5^{ft}+x)=(25+5x)^{k\text{-ft}}$	1	$2I$

現將取全做半法之解題過程敘述如下：

(1)結構之原變位方程式為

$$(1)(\theta_a)+(1)(\theta_e)=\int_{ab}m_\theta\frac{M}{EI}dx+\int_{bc}m_\theta\frac{M}{E(2I)}dx+\int_{cd}m_\theta\frac{M}{E(2I)}dx+\int_{de}m_\theta\frac{M}{EI}dx$$

(2)由於結構對稱，因此可取一半結構（如 ac 段）來進行分析，又由於 θ_a 之大小等於 θ_e 之大小，故上式可改寫為

$$2(\theta_a) = 2\left(\int_{ab} m_\theta \frac{M}{EI}\,dx + \int_{bc} m_\theta \frac{M}{E(2I)}\,dx\right)$$

亦即 $\theta_a = \int_{ab} m_\theta \frac{M}{EI}\,dx + \int_{bc} m_\theta \frac{M}{E(2I)}\,dx$

(3)將上表之各項結果代入上式中,即可得

$$\theta_a = \int_0^5 (1)\frac{(5x)}{EI}\,dx + \int_0^5 (1)\frac{(25+5x)}{E(2I)}\,dx$$

$$= \frac{156.25}{EI} \qquad (\circlearrowright)$$

例題 8-22

下圖所示的靜定梁,EI為常數,若A,C兩處均具有一彈性構件,其彈性係數分別為 $k_1 = \dfrac{3EI}{l^3}$,$k_2 = \dfrac{4EI}{l^3}$,試分析B點之垂直變位 $\varDelta_{BV}$。

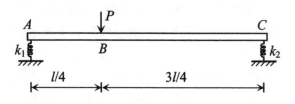

解

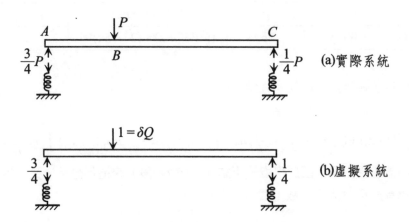

(a)實際系統

(b)虛擬系統

圖(a)為實際系統。

在求 Δ_{BV} 時,移去原載重並在 B 點處沿 Δ_{BV} 方向（假設向下）作用一單位虛載重（即 $\delta Q = 1$）,形成一虛擬系統,如圖(b)所示。

分段	積分範圍	積分原點	M	m	F	f
AB	$0 \sim l/4$	A	$3Px/4$	$3x/4$	—	—
BC	$0 \sim 3l/4$	C	$Px/4$	$x/4$	—	—
k_1	—	—	—	—	$-3P/4$	$-3/4$
k_2	—	—	—	—	$-P/4$	$-1/4$

$$\Delta_{BV} = \Sigma \int m \frac{M}{EI} dx + \Sigma f \frac{F}{k}$$

$$= \int_0^{l/4} \frac{\left(\frac{3x}{4}\right)\left(\frac{3Px}{4}\right)}{EI} dx + \int_0^{3l/4} \frac{\left(\frac{x}{4}\right)\left(\frac{Px}{4}\right)}{EI} dx + \frac{\left(-\frac{3}{4}\right)\left(-\frac{3P}{4}\right)}{\frac{3EI}{l^3}} + \frac{\left(-\frac{1}{4}\right)\left(-\frac{P}{4}\right)}{\frac{4EI}{l^3}}$$

$$= 0.215 \frac{Pl^3}{EI} \quad (\downarrow)$$

二、體積積分法求解 $\int m \frac{M}{EI} dx$ 或 $\int m_\theta \frac{M}{EI} dx$

相較於直接積分法,體積積分法更易於計算 $\int m \frac{M}{EI} dx$ 或 $\int m_\theta \frac{M}{EI} dx$ 值。

(一)計算原理

若以 $\frac{M}{EI}$ 圖為底,以 m 圖（或 m_θ 圖）為高,則可構成一體積,而此體積值 V 可表示為

$$V = (A)(h) \qquad\qquad (8.56)$$

其中 A 表 $\dfrac{M}{EI}$ 圖之面積；h 表 $\dfrac{M}{EI}$ 圖面積形心處所對應之 m 圖（或 m_θ 圖）的座標值。

如今，在此體積上取一以 $\dfrac{M}{EI}$ 值為底，m 值（或 m_θ 值）為其高，dx 為其長的小單元 dv，則

$$dv = (m)\left(\dfrac{M}{EI}\right)(dx)$$

或　　$$dv = (m_\theta)\left(\dfrac{M}{EI}\right)(dx)$$

將此小單元積分，則可得出整個體積之體積值 V，即

$$V = \int dv = \int m\dfrac{M}{EI}dx \qquad\qquad (8.57)$$

或　　$$V = \int m_\theta\dfrac{M}{EI}dx \qquad\qquad (8.58)$$

比較（8.56）式、（8.57）式及（8.58）式可得

$$\int m\dfrac{M}{EI}dx = (A)(h) \qquad\qquad (8.59)$$

或　　$$\int m_\theta\dfrac{M}{EI}dx = (A)(h) \qquad\qquad (8.60)$$

若將（8.59）式代入（8.44）式可得

$$(1)(\Delta) = (A)(h) \qquad\qquad (8.61)$$

（8.61）式表示，欲求撓曲結構之撓度 Δ，可由 $\dfrac{M}{EI}$ 圖之面積乘以 $\dfrac{M}{EI}$ 圖面積形心處所對應之 m 圖的座標值得到。

同理，將（8.60）式代入（8.45）式可得

$$(1)(\theta) = (A)(h) \qquad\qquad (8.62)$$

（8.62）式表示，欲求撓曲結構之轉角 θ，可由 $\dfrac{M}{EI}$ 圖之面積乘以 $\dfrac{M}{EI}$ 圖面積形心處所對應之 m_θ 圖的座標值得到。

(二)應用體積積分法之注意事項

(1) $\dfrac{M}{EI}$ 圖及 m 圖（或 m_θ 圖）一律採外側為正的符號系統，故 $\dfrac{M}{EI}$ 圖及 m

圖有正負之分，因而 A 及 h 亦有正負之分。此外，桿件所取的順序以順時針方向為原則。

(2)當各桿件 EI 值不同時，須將 $\dfrac{M}{EI}$ 轉換成相同的 EI 值。

(3)桿件應是等截面直桿；而兩圖形至少有一個是由直線段所組成。

(4) $\dfrac{M}{EI}$ 圖及 m 圖（或 m_θ 圖）同側時積分值為正，異側時為負。

(5)當 $\dfrac{M}{EI}$ 圖形或對應的 m 圖形（或 m_θ 圖形）有轉折點存在時，應將圖形加以分塊，並使 $\dfrac{M}{EI}$ 圖形中每一塊面積所對應的 m 圖形恆為一段直線，最後再予以疊加。此時（8.61）式及（8.62）式可分別改寫為

$$(1)(\Delta) = \sum_i (A_i)(h_i) \tag{8.63}$$

或　　$$(1)(\theta) = \sum_i (A_i)(h_i) \tag{8.64}$$

　　至於圖形的分塊，可依據彎矩圖的控制點（如集中載重處、均佈或均變載重變化處及集中力矩處）來加以判別，而每塊的圖形應化成表 8-5 的形式，以利面積及形心位置的計算。

　　$\dfrac{M}{EI}$ 圖與 m 圖之運算，在兩者均為直線時有交換性的存在。但 $\dfrac{M}{EI}$ 圖為曲線時，僅可由 $\dfrac{M}{EI}$ 圖來提供面積的計算，而由 m 圖（或 m_θ 圖）來提供 h 值的計算。總而言之，h 值恆由直線圖形上取得。

(6)對於受力複雜的結構，可應用個別彎矩圖的觀念來繪彎矩圖，如此則容易得出彎矩圖之面積及形心位置。

(7)當 $\dfrac{M}{EI}$ 圖形與 m 圖形（或 m_θ 圖形）均為對稱圖形，且二者具有相同對稱軸時，可採用取全做半法來進行計算。

例題 8-23

在下圖所示梁結構中，$E = 200 \times 10^6 \text{kN/m}^2$，$I = 50 \times 10^{-6}\text{m}^4$，試求 Δ_{bv}。

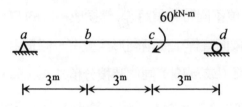

解

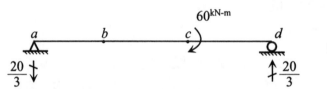

(a)實際系統

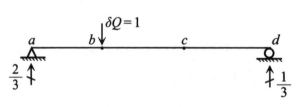

(b)虛擬系統

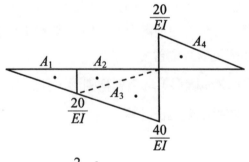

(c)$\dfrac{M}{EI}$圖

（依據實際系統繪出）

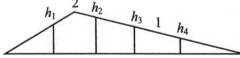

(d)m圖(m)

（依據虛擬系統繪出）

實際系統如圖(a)所示。依據實際系統所繪出之$\dfrac{M}{EI}$圖，如圖(c)所示。

在求Δ_{bv}時，移去原載重並在b點處沿Δ_{bv}方向（假設向下）作用一單位虛載重（即$\delta Q=1$），形成一虛擬系統，如圖(b)所示。依據虛擬系統所繪出的m圖，如圖(d)所示。

由於$\dfrac{M}{EI}$圖形及m圖形均有轉折點存在，故需將ac段上的$\dfrac{M}{EI}$圖面積分割成A_1、

A_2及A_3，如此一來從A_1到A_4每一塊$\dfrac{M}{EI}$圖面積所對應的m圖恆為一直線段。

$$A_1=\left(\frac{1}{2}\right)\left(-\frac{20}{EI}\right)(3)=-\frac{30}{EI}\ ;\ h_1=\left(\frac{2}{3}\right)(2)=\frac{4}{3}$$

$$A_2=\left(\frac{1}{2}\right)\left(-\frac{20}{EI}\right)(3)=-\frac{30}{EI}\ ;\ h_2=\left(\frac{5}{6}\right)(2)=\frac{5}{3}$$

$$A_3=\left(\frac{1}{2}\right)\left(-\frac{40}{EI}\right)(3)=-\frac{60}{EI}\ ;\ h_3=\left(\frac{4}{6}\right)(2)=\frac{4}{3}$$

$$A_4=\left(\frac{1}{2}\right)\left(\frac{20}{EI}\right)(3)=\frac{30}{EI}\ ;\ h_4=\left(\frac{2}{6}\right)(2)=\frac{2}{3}$$

$$\Delta_{bv}=\Sigma(A_i)(h_i)$$

$$=\left(-\frac{30}{EI}\right)\left(\frac{4}{3}\right)+\left(-\frac{30}{EI}\right)\left(\frac{5}{3}\right)+\left(-\frac{60}{EI}\right)\left(\frac{4}{3}\right)+\left(\frac{30}{EI}\right)\left(\frac{2}{3}\right)$$

$$=-\frac{150}{EI}$$

$$=-0.015^{m}\quad（\uparrow）負號表\ \Delta_{bv}之方向與\ \delta Q=1之方向相反$$

討論

EI值可至最後再代入計算。

例題 8-24

於下圖所示之簡支梁，試求B點之垂直撓度，EI值為常數。

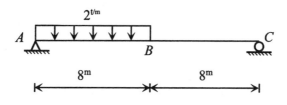

解

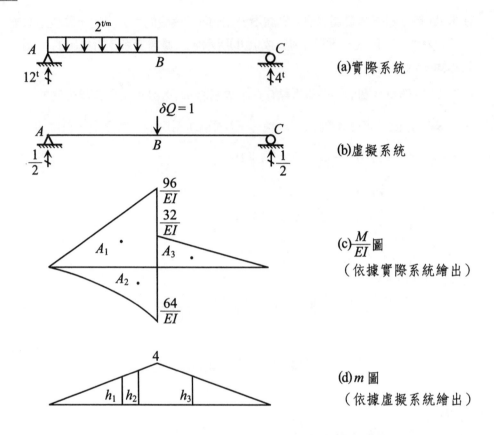

(a)實際系統

(b)虛擬系統

(c)$\dfrac{M}{EI}$圖

（依據實際系統繪出）

(d)m圖

（依據虛擬系統繪出）

實際系統如圖(a)所示。依據實際系統所繪出之$\dfrac{M}{EI}$圖如圖(c)所示。虛擬系統如圖(b)所示。依據虛擬系統所繪出之m圖如圖(d)所示。這裡需加以說明的是，為了容易計算$\dfrac{M}{EI}$圖之面積與形心位置，因此$\dfrac{M}{EI}$圖是採用個別彎矩圖（視B點為固定支承端）的觀念來繪製的，而面積A_1、A_2及A_3所對應的m圖均為一直線段。

$$\Delta_{Bv} = \Sigma (A_i)(h_i)$$
$$= (A_1)(h_1) + (A_2)(h_2) + (A_3)(h_3)$$
$$= \left(\frac{1}{2}\right)\left(\frac{96}{EI}\right)(8)\left(\frac{8}{3}\right) + \left(\frac{1}{3}\right)\left(-\frac{64}{EI}\right)(8)(3) + \left(\frac{1}{2}\right)\left(\frac{32}{EI}\right)(8)\left(\frac{8}{3}\right)$$

$$= \frac{853.3^{\text{t-m}^3}}{EI} \quad (\downarrow)$$

例題 8-25

於下圖所示的梁結構中，$I = 450 \text{ in}^4$，$I' = 900 \text{ in}^4$，$E = 29 \times 10^3$ ksi，試求梁中央 C 點處的撓度 Δ_{cv}。

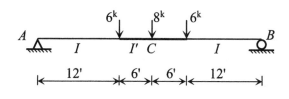

解

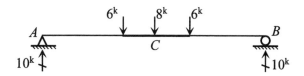

(a)實際系統

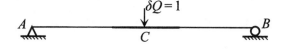

(b)虛擬系統

(c) M 圖(k-ft)（依據實際系統繪出）

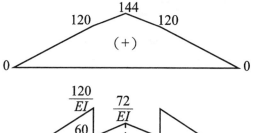

(d) $\dfrac{M}{EI}$ 圖

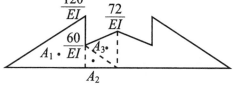

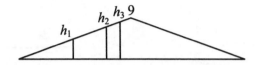

(e) m 圖(ft)（依據
虛擬系統繪出）

首先繪出實際系統（如圖(a)所示）之 M 圖（如圖(c)所示），再將 M 圖除以各區段的 EI 值，得出 $\frac{M}{EI}$ 圖（如圖(d)所示），接著再由虛擬系統（如圖(b)所示）繪出 m 圖（如圖(e)所示）。

由於 $\frac{M}{EI}$ 圖形與 m 圖形均為對稱圖形，因此可採用取全做半法來進行計算。（如今可採取 AC 段來計算，最後再將結果乘以2）

$$\Delta_{cv} = \Sigma(A_i)(h_i)$$
$$= 2 \left[(A_1)(h_1) + (A_2)(h_2) + (A_3)(h_3) \right]$$
$$= 2\left[\left(\frac{1}{2}\right)\left(\frac{120}{EI}\right)(12)(4) + \left(\frac{1}{2}\right)\left(\frac{60}{EI}\right)(6)(7) + \left(\frac{1}{2}\right)\left(\frac{72}{EI}\right)(6)(8) \right]$$
$$= \frac{11736}{EI}$$
$$= 1.55^{in} \quad (\downarrow)$$

例題 8-26

於下圖所示梁結構，EI 為定值，試求(1) a 點之彎矩，(2) c 點之撓度 Δ_{cv}。

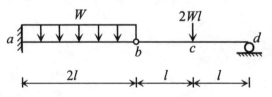

解

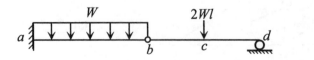

(a)實際系統

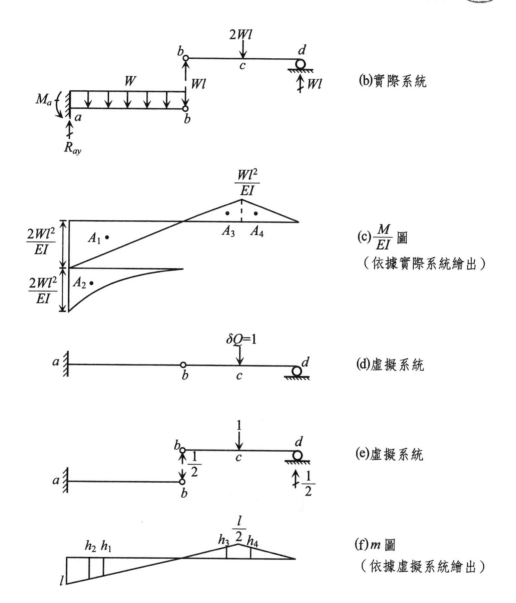

(b)實際系統

(c) $\dfrac{M}{EI}$ 圖

（依據實際系統繪出）

(d)虛擬系統

(e)虛擬系統

(f) m 圖

（依據虛擬系統繪出）

實際系統如圖(a)所示，虛擬系統如圖(d)所示。

原結構為一靜定複合梁，ab 段為基本部分，而 bd 段為其附屬部分，因此不論是實際系統或是虛擬系統均可拆成 ab 段及 bd 段兩個簡易部分來進行分析（見圖(b)及圖(e)）。在繪彎矩圖時，ab 段可依懸臂梁形式繪出，而 bd 段可依簡支

梁形式繪出。

1. 求 M_a

將實際系統拆成圖(b)之形式，在 ab 段中，取 $\Sigma M_a = 0$，得

$$M_a = (Wl)(2l) + (W)(2l)(l) = 4Wl^2 \quad (\curvearrowright)$$

2. 求 Δ_{cv}

將實際系統拆成圖(b)之形式，應用個別彎矩圖之觀念繪出 $\dfrac{M}{EI}$ 圖，如圖(c)所示。再將虛擬系統拆成圖(e)之形式並繪出 m 圖，如圖(f)所示。則

$$\begin{aligned}
\Delta_{cv} &= \Sigma(A_i)(h_i) \\
&= (A_1)(h_1) + (A_2)(h_2) + (A_3)(h_3) + (A_4)(h_4) \\
&= \left(\frac{1}{2}\right)\left(-\frac{2Wl^2}{EI}\right)(2l)\left(-\frac{2}{3}l\right) + \left(\frac{1}{3}\right)\left(-\frac{2Wl^2}{EI}\right)(2l)\left(-\frac{3}{4}l\right) \\
&\quad + \left(\frac{1}{2}\right)\left(\frac{Wl^2}{EI}\right)(l)\left(\frac{l}{3}\right) + \left(\frac{1}{2}\right)\left(\frac{Wl^2}{EI}\right)(l)\left(\frac{l}{3}\right) \\
&= 2.67\frac{Wl^4}{EI} \quad (\downarrow)
\end{aligned}$$

例題 8-27

於下圖所示剛架結構，試求 d 點水平位移 Δ_{dh}。

$E = 30 \times 10^3$ ksi，$I = 1000$ in^4

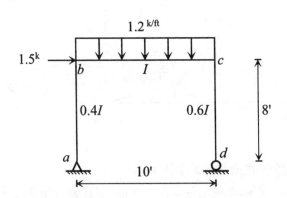

解

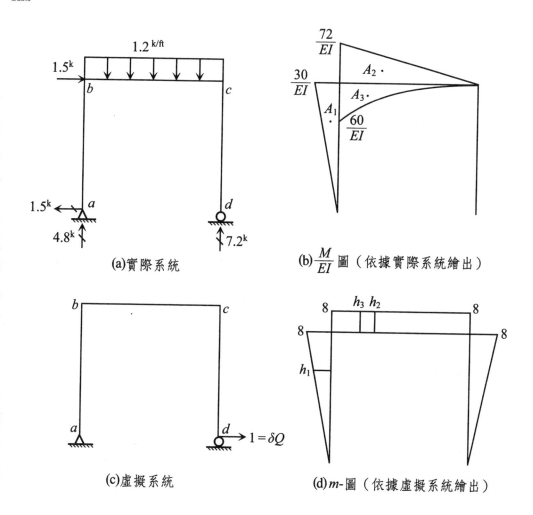

(a)實際系統

(b)$\dfrac{M}{EI}$圖（依據實際系統繪出）

(c)虛擬系統

(d)m-圖（依據虛擬系統繪出）

剛架結構的彎矩圖較為複雜，應用個別彎矩圖的觀念則有助於 $\dfrac{M}{EI}$ 圖面積及形心位置的計算。另外，由於各桿件之 I 值不同，因此 $\dfrac{M}{EI}$ 圖應作適當的修正。實際系統如圖(a)所示，$\dfrac{M}{EI}$ 圖如圖(b)所示，虛擬系統如圖(c)所示，m 圖如圖(d)所示。

$$\Delta_{dh} = \Sigma(A_i)(h_i)$$
$$= (A_1)(h_1) + (A_2)(h_2) + (A_3)(h_3)$$
$$= \frac{1}{EI}\left[\left(\frac{1}{2}\right)(30)(8)(5.33) + \left(\frac{1}{2}\right)(72)(10)(8) + \left(\frac{1}{3}\right)(-60)(10)(8)\right]$$
$$= \frac{1919.6}{EI}$$
$$= \frac{1}{(30\times10^{3\mathrm{k/in^2}})(1000^{\mathrm{in^4}})}\left[(1919.6)(1728)^{\mathrm{k\text{-}in^3}}\right]$$
$$= 0.1106^{\mathrm{in}} \quad (\rightarrow)$$

（討論）

在本題中，bc 桿件之 $\dfrac{M}{EI}$ 圖較為複雜，宜採用個別彎矩圖之觀念來進行分析。現將 bc 桿件取出並視 b 點為固定支承端，如下圖所示，此時桿件上將承受 $1.2^{\mathrm{k/ft}}$ 的均佈載重及由 cd 桿件傳來之垂直力 7.2^{k} 共同作用。經由力的疊加，即可得出 bc 桿件之部分彎矩圖。

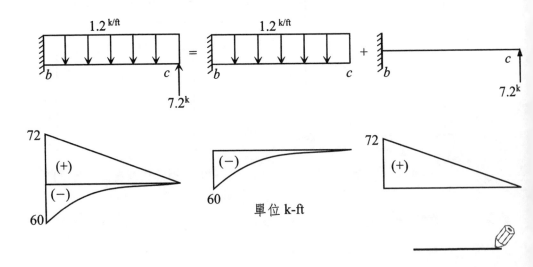

單位 k-ft

例題 8-28

於下圖所示剛架結構中，除 b 點受一水平力 P 作用外，支承 a 向左移動 0.1cm，支承 c 向下移動 0.2cm，試求 Δ_{ch}。

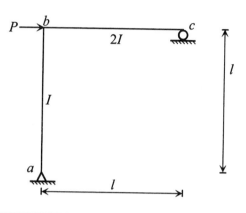

解

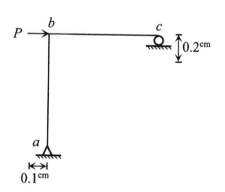

(a)實際系統

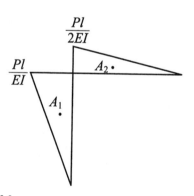

(b) $\dfrac{M}{EI}$ 圖（由實際系統外力 P 得出）

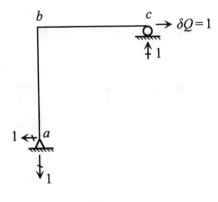

(c)虛擬系統　　　　　　　　　　　　　　　(d)m圖（依據虛擬系統得出）

靜定結構支承移動時，可視為剛體位移，將不產生桿件內力，因此$\dfrac{M}{EI}$圖（如圖(b)所示）係由實際系統（如圖(a)所示）之外力P所造成。m圖（如圖(d)所示）係依據虛擬系統（如圖(c)所示）得出。虛擬系統僅於c點處沿Δ_{ch}方向（假設向右）施加一單位虛載重，而與支承移動效應無關。

不計軸向力、剪力及扭矩效應時，（8.47）式可寫為：

$$(1)(\Delta_{ch}) + \Sigma(r_x)(\Delta_x) + \Sigma(r_y)(\Delta_y) + \Sigma(m_s)(\theta_s) = \int m\frac{M}{EI}dx$$
$$= \Sigma(A_i)(h_i)$$

亦即

$$(1)(\Delta_{ch}) + (1)(0.1^{cm}) + (1)(0^{cm}) - (1)(0.2^{cm}) + (0)(0)$$
$$= \left(\frac{1}{2}\right)\left(\frac{Pl}{EI}\right)(l)\left(\frac{2}{3}l\right) + \left(\frac{1}{2}\right)\left(\frac{Pl}{2EI}\right)(l)\left(\frac{2}{3}l\right)$$

由上式可解得

$$\Delta_{ch} = \frac{Pl^3}{2EI} + 0.1^{cm} \quad (\rightarrow)$$

討論

支承虛反力與支承移動同方向，則乘積取正，反之取負。

例題 8-29

請問：「有應力就有應變，有應變就有應力」這句話正確嗎？請說明並舉例。

解

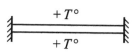
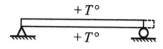

不正確。

如圖(a)所示的靜不定結構，兩端均為固定支承端，若溫度增加 $T°$ 時，桿件因支承約束而不產生應變，但桿件內會產生壓應力。

如圖(b)所示的靜定梁結構，若溫度增加 $T°$ 時，梁會因膨脹而伸長，但梁內不產生任何應力。

例題 8-30

在體積積分法中，試舉一例說明不同區段的 $\dfrac{M}{EI}$ 圖須分塊處理再疊加。

解

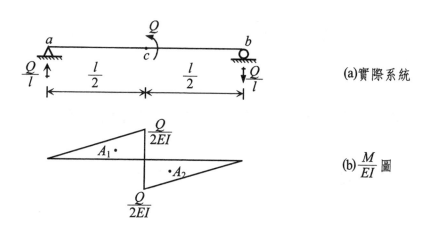

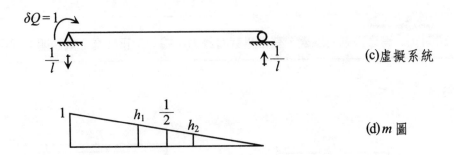

(c)虛擬系統

(d) m 圖

現以求解圖(a)所示簡支梁 a 端處的轉角 θ_a 為例來說明題意。若 $\dfrac{M}{EI}$ 圖不分塊,則

$$\theta_a = (A)(h)$$
$$= \left[\left(\frac{1}{2}\right)\left(\frac{Q}{2EI}\right)\left(\frac{l}{2}\right) + \left(\frac{1}{2}\right)\left(-\frac{Q}{2EI}\right)\left(\frac{l}{2}\right)\right]\left(\frac{1}{2}\right)$$
$$= 0$$

上式顯然錯誤(因 θ_a 不可能為零)。因此 $\dfrac{M}{EI}$ 圖有轉折點存在時, $\dfrac{M}{EI}$ 圖形應分塊處理再疊加,亦即

$$\theta_a = (A_1)(h_1) + (A_2)(h_2)$$
$$= \left(\frac{1}{2}\right)\left(\frac{Q}{2EI}\right)\left(\frac{l}{2}\right)\left(\frac{2}{3}\right) + \left(\frac{1}{2}\right)\left(-\frac{Q}{2EI}\right)\left(\frac{l}{2}\right)\left(\frac{1}{3}\right)$$
$$= \frac{Ql}{24EI} \quad (\curvearrowright)$$

8-6-5 單位虛載重法在桁架結構上之應用

一、桁架結構僅承受載重效應時之變位分析

由於桁架結構各桿件僅考慮軸向力(N)的影響,因此桿件由實際載重所引起的伸縮量為 $\dfrac{Nl}{EA}$,故(8.39)可表示為

(1)$(\Delta) = \Sigma n \dfrac{Nl}{EA}$　　　　　　　　　　　　　　　　　　（8.65）

式中 1＝虛擬系統中，作用於 Δ 位置及方向上的單位虛載重

Δ＝實際系統中，由實際載重所造成桁架節點之位移（分析時可先假設其方向）

n＝虛擬系統中，由單位虛載重所造成桁架各桿件的軸向力（無單位）

N＝實際系統中，由實際載重所造成桁架各桿件的軸向力

E＝材料彈性模數

A＝桿件斷面積

l＝桿件長度

（8.65）式為桁架結構承受載重效應時之變位基本方程式，其中 n 及 N 規定張力為正，壓力為負。

二、桁架結構僅承受溫差效應時之變位分析

桁架結構承受溫差效應時，由於沿桿件長度內的溫度改變為一常數，因此變位基本方程式可由（8.48）式來表示，即

(1)$(\Delta) = \Sigma n(\alpha)(\Delta T)(l)$　　　　　　　　　　　　　　（8.48）

式中 1＝虛擬系統中，作用於 Δ 位置及方向上的單位虛載重

Δ＝實際系統中，由溫差效應所造成桁架節點之位移（分析時可先假設其方向）

n＝虛擬系統中，由單位虛載重所造成桁架各桿件之軸向力（無單位）

α＝桿件的熱膨脹係數

ΔT＝溫度變化量，溫度增加則 ΔT 為正，反之為負

l＝桿件長度

三、桁架結構僅承受製造誤差或拱勢反撓（fabrication errors or camber）效應時之變位分析

　　桁架桿件在製造時可能發生長度誤差，因而會造成桁架節點變位。另外，桁架橋有時會建造成拱勢反撓之情形，亦即使下弦桿略為向上彎曲以平衡橋梁因承受靜載重而造成弦桿向下之變形。

　　由這些情況所造成桁架節點的位移，可藉由以下的變位基本方程式來分析

(1)$(\Delta) = \Sigma n(\Delta l)$ 　　　　　　　　　　　　　　　　　　　　　　（8.66）

式中 1 = 虛擬系統中，作用於 Δ 位置及方向上的單位虛載重

　　　Δ = 實際系統中，由製造誤差或拱勢反撓所造成之桁架節點位移（分析時可先假設其方向）

　　　n = 虛擬系統中，由單位虛載重所造成桁架各桿件的軸向力（無單位）

　　　Δl = 由製造誤差或拱勢反撓所造成桁架桿件之長度差值。若桿件增長則 Δl 取正，反之取負。

討論 1

　　由溫差效應或製造誤差效應或拱勢反撓效應造成桁架節點位移時，由公式中的對應關係可看出，在虛擬系統中，僅需算出實際受到這些效應影響之桿件的內力即可，無須將虛擬系統中所有桿件的內力都求出。

討論 2

　　對於含有彈性支承的桁架結構，若同時考量載重、支承移動或轉動、溫差及製造誤差或拱勢反撓效應時，變位基本方程式為

(1)$(\Delta) + \Sigma(r_x)(\Delta_x) + \Sigma(r_y)(\Delta_y)$

$$= \Sigma n \frac{Nl}{EA} + \Sigma n(\alpha)(\Delta T)(l) + \Sigma n(\Delta l) + \Sigma f \frac{F}{k}$$ 　　　　　　（8.67）

四、建立桁架結構虛擬系統時應注意之事項

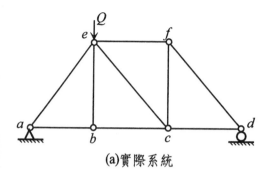

(a)實際系統

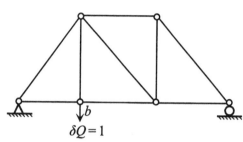

(b)求 Δ_{bv} 時之虛擬系統

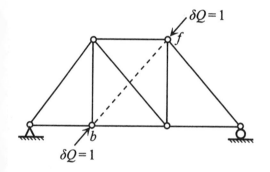

(c)求 Δ_{bf} 時之虛擬系統

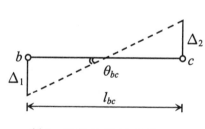

(d) bc 桿件的旋轉角 θ_{bc}

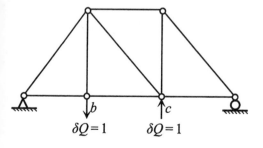

(e)求 θ_{bc} 時之虛擬系統

圖 8-16

　　現以圖 8-16(a)所示的桁架結構為例,說明如何正確建立各種相應的虛擬系統:

(1)欲求的實際變位為 Δ_{bv} 時,於虛擬系統中,應在 b 節點處沿 Δ_{bv} 方向設置一單位虛載重,如圖 8-16(b)所示。

(2)欲求的實際變位為 b、f 兩點間之相對位移 Δ_{bf} 時,於虛擬系統中,應在 b、f 兩點的連線方向上施加一對指向相反的單位虛載重,如圖 8-16(c)所示。

(3)欲求的實際變位為 bc 桿件之旋轉角 θ_{bc}(如圖 8-16(d)所示)時,於虛擬系統中,應在 b、c 兩點施加一對指向相反的單位虛載重,如圖 8-16(e)所示。

　　另外,由圖 8-16(d)可知:

$$\theta_{bc} = \frac{\Delta_1 + \Delta_2}{l_{bc}}$$

　　亦即　　$(\Delta_1 + \Delta_2) = (\theta_{bc})(l_{bc})$

又由虛輔功原理知

$$(1)(\Delta_1) + (1)(\Delta_2) = \Sigma n \frac{Nl}{EA}$$

比較上兩式,得 bc 桿件之旋轉角 θ_{bc} 為

$$\theta_{bc} = \frac{\Sigma n \dfrac{Nl}{EA}}{l_{bc}} \tag{8.68}$$

討論

　　欲求桁架上某節點的真實變位 Δ 時,應先分別求出該節點沿垂直方向的變位分量 Δ_v 及水平方向的變位分量 Δ_h,最後再依下式求出真實變位 Δ:

$$\Delta = \sqrt{\Delta_v^2 + \Delta_h^2} \tag{8.69}$$

例題 8-31

試以單位虛載重法求下圖所示桁架 b 點之總變位量 Δ_b，並求 b 點之位移向量與水平軸之夾角 θ。對每根桿件設 $E = 30,000\,kips/in^2$，$L(ft)/A(in^2) = 1$。

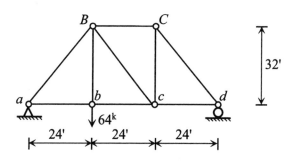

解

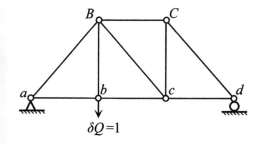

(a)虛擬系統(一)
（針對 Δ_{bv} 設立，各桿件
之軸向力以 n_v 表示）

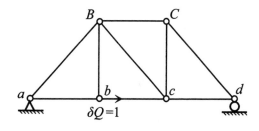

(b)虛擬系統(二)
（針對 Δ_{bh} 設立，各桿件
之軸向力以 n_h 表示）

<table>
<tr><th colspan="4" style="text-align:center">表(一)（針對 Δ_{bv} 設立）</th></tr>
<tr><th>桿件</th><th>n_v</th><th>N</th><th>$n_v N$</th></tr>
<tr><td>ab</td><td>1/2</td><td>32</td><td>16</td></tr>
<tr><td>bc</td><td>1/2</td><td>32</td><td>16</td></tr>
<tr><td>cd</td><td>1/4</td><td>16</td><td>4</td></tr>
<tr><td>BC</td><td>−1/4</td><td>−16</td><td>4</td></tr>
<tr><td>aB</td><td>−5/6</td><td>−160/3</td><td>400/9</td></tr>
<tr><td>bB</td><td>1</td><td>64</td><td>64</td></tr>
<tr><td>cB</td><td>−5/12</td><td>−80/3</td><td>100/9</td></tr>
<tr><td>cC</td><td>1/3</td><td>64/3</td><td>64/9</td></tr>
<tr><td>dC</td><td>−5/12</td><td>−80/3</td><td>100/9</td></tr>
<tr><td>Σ</td><td></td><td></td><td>177.77</td></tr>
</table>

<table>
<tr><th colspan="4" style="text-align:center">表(二)（針對 Δ_{bh} 設立）</th></tr>
<tr><th>桿件</th><th>n_h</th><th>N</th><th>$n_h N$</th></tr>
<tr><td>ab</td><td>1</td><td>32</td><td>32</td></tr>
<tr><td>bc</td><td>0</td><td>32</td><td>0</td></tr>
<tr><td>cd</td><td>0</td><td>16</td><td>0</td></tr>
<tr><td>BC</td><td>0</td><td>−16</td><td>0</td></tr>
<tr><td>aB</td><td>0</td><td>−160/3</td><td>0</td></tr>
<tr><td>bB</td><td>0</td><td>64</td><td>0</td></tr>
<tr><td>cB</td><td>0</td><td>−80/3</td><td>0</td></tr>
<tr><td>cC</td><td>0</td><td>64/3</td><td>0</td></tr>
<tr><td>dC</td><td>0</td><td>−40</td><td>0</td></tr>
<tr><td>Σ</td><td></td><td></td><td>32</td></tr>
</table>

原結構即為實際系統，各桿件之軸向力以 N 表示。

1. 求 Δ_b

　　在求 b 點之總變位量 Δ_b 時，需先分別求出 b 點沿垂直方向之變位分量 Δ_{bv}（對應虛擬系統(一)，如圖(a)所示，各桿件之軸向力以 n_v 表示）及水平方向之變位分量 Δ_{bh}（對應虛擬系統(二)，如圖(b)所示，各桿件之軸向力以 n_h 表示），最後再依下式求出 Δ_b

$$\Delta_b = \sqrt{\Delta_{bv}^2 + \Delta_{bh}^2}$$

表(一)係針對求 Δ_{bv} 而設立，由（8.65）式知

$$\begin{aligned}\Delta_{bv} &= \Sigma n_v \frac{Nl}{EA} \\ &= \frac{l}{EA}(\Sigma n_v N) \\ &= \frac{(1)(12)}{30,000}(177.77) \\ &= 0.071^{in} \quad (\downarrow)\end{aligned}$$

表(二)係針對求 Δ_{bh} 而設立，由（8.65）式知

$$\begin{aligned}\Delta_{bh} &= \Sigma n_h \frac{Nl}{EA} \\ &= \frac{l}{EA}(\Sigma n_h N)\end{aligned}$$

$$= \frac{(1)(12)}{30,000}(32)$$

$$= 0.0128^{in} \quad (\rightarrow)$$

因此，b點之總變位量 Δ_b 為

$$\Delta_b = \sqrt{(0.071)^2 + (0.0128)^2}$$

$$= 0.072^{in}$$

2. 求 θ

$$\tan\theta = \frac{\Delta_{bv}}{\Delta_{bh}} = \frac{0.071}{0.0128} = 5.5$$

即 $\theta = 80°$

例題 8-32

如下圖所示桁架結構，$\dfrac{l}{EA} =$ 常數，試求：

(1)若①、②桿溫度各升高為 20℃，$\alpha = 10^{-5}$ cm/cm/℃，求 Δ_{bv}。

(2)若③桿較預定長度短 0.2^{cm}，求組合後之 Δ_{bv}。

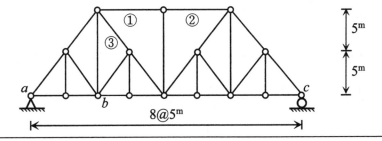

解

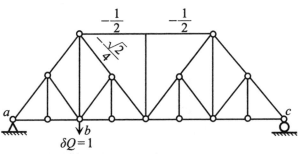

(a)虛擬系統（各桿件軸向力以 n 表示）

問題(1)、(2)所求均為 Δ_{bv}，因此可共設一虛擬系統，如圖(a)所示。在虛擬系統中，僅需求出受溫度影響之桿件（第①桿和第②桿）及長度有製造誤差之桿件（第③桿）的內力即可

1. 由（8.48）式，得

$$\Delta_{bv} = \Sigma n(\alpha)(\Delta T)(l)$$

$$= \left(-\frac{1}{2}\right)(10^{-5}\,{}^{cm/cm/℃})(20℃)(1000^{cm})$$

$$+ \left(-\frac{1}{2}\right)(10^{-5}\,{}^{cm/cm/℃})(20℃)(1000^{cm})$$

$$= -0.2^{cm} \quad (\uparrow)$$

2. 由（8.66）式，得

$$\Delta_{bv} = \Sigma n(\Delta l)$$

$$= \left(-\frac{\sqrt{2}}{4}\right)(-0.2^{cm})$$

$$= 0.0707^{cm} \quad (\downarrow)$$

例題 8-33

如下圖所示桁架，B、C 兩點分別受力 40^k 及 30^k，桿件 AD 受熱增加 $60℃$，設 $E = 29 \times 10^3 ksi$，熱膨脹係數 $\alpha = 0.6 \times 10^{-5}/℃$，試求 C 點的垂直變位 Δ_{cv}。

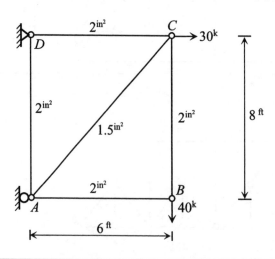

解

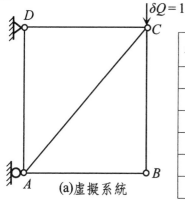

(a)虛擬系統

表(一)

桿件	n	$N_{(k)}$	$l_{(ft)}$	$A_{(in^2)}$	$n\dfrac{Nl}{A}$ (k-ft/in²)
AB	0	0	6	2	0
AD	1	40	8	2	160
AC	−5/4	−50	10	1.5	416.67
BC	0	40	8	2	0
DC	3/4	60	6	2	135
Σ					711.67

原結構即為實際系統，各桿件軸向力以 N 表示。移去所有載重，於 C 點處沿 Δ_{cv} 方向（假設向下）作用一單位虛載重，形成一虛擬系統（如圖(a)所示），各桿件軸向力以 n 表示。

$$\Delta_{cv} = \Sigma n\frac{Nl}{EA} + \Sigma n(\alpha)(\Delta T)(l)$$
$$= \frac{1}{E}\left(\Sigma n\frac{Nl}{A}\right) + (n_{AD})(\alpha)(\Delta T)(l_{AD})$$
$$= \frac{1}{29 \times 10^3}(711.67 \times 12'') + (1)(0.6 \times 10^{-5})(60)(8 \times 12'')$$
$$= 0.33^{in} \quad (\downarrow)$$

例題 8-34

下圖所示之桁架結構，支承 a 向左移動 0.2in，且向下移動 0.3in。試求 Δ_{ch}。

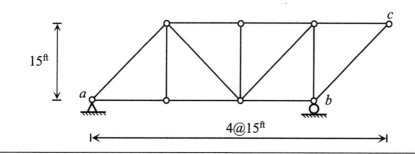

解

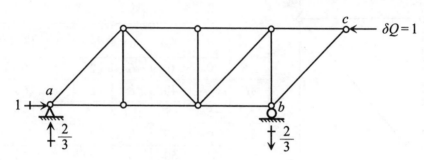

(a)虛擬系統

原結構即為實際系統。現於 c 點處沿 Δ_{ch} 方向（假設向左）作用一單位虛載重，形成一虛擬系統，如圖(a)所示。

當靜定結構僅有支承移動而無其他效應（如載重、溫差等）作用時，其變位屬於剛體變位，無內力產生，因此（8.67）式可寫為

$$(1)(\Delta) + \Sigma(r_x)(\Delta_x) + \Sigma(r_y)(\Delta_y) = 0$$

由上式可知，於虛擬系統中僅需求出支承反力 $r_{ax} = 1$，$r_{ay} = \dfrac{2}{3}$，$r_{by} = \dfrac{2}{3}$ 即可。因此由

$$(1)(\Delta_{ch}) + (1)(-0.2'') + \left(\frac{2}{3}\right)(-0.3'') + \left(\frac{2}{3}\right)(0'') = 0$$

解得 $\Delta_{ch} = 0.4''$　　（←）

討論

實際支承移動量與虛擬系統中的支承反力同方向則取正值，反之則取負值。

例題 8-35

於下圖桁架結構中，各桿件 $\dfrac{l}{EA} = 0.0015\text{in/k}$，彈簧彈力係數 $k = 300\text{ k/in}$，試求 Δ_{mv} 及 θ_{cd}。

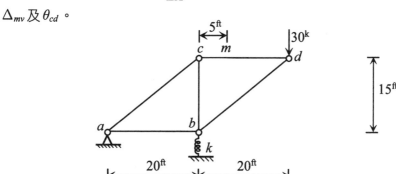

解

原結構即為實際系統，各桿件之軸向力以 N 表示。由於支承反力 $R_b = 60^{\text{k}}$（↑），因此彈簧內力 $F = -60^{\text{k}}$（負表壓力）。

1. 求 Δ_{mv}

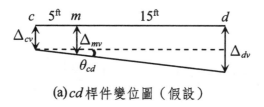

(a) cd 桿件變位圖（假設）

由於 m 點不是桁架節點，因此 Δ_{mv} 需藉由 cd 桿件變位圖（如圖(a)所示）來進行分析，即

$$\Delta_{mv} = \Delta_{cv} + \frac{1}{4}(\Delta_{dv} - \Delta_{cv})$$
$$= \frac{3}{4}\Delta_{cv} + \frac{1}{4}\Delta_{dv} \qquad\qquad (1)$$

換句話說，先求出 Δ_{cv} 及 Δ_{dv} 後，由(1)式即可求出 Δ_{mv}。

(1) 求 Δ_{cv}

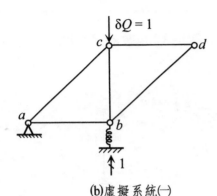

(b)虛擬系統(一)

（針對 Δ_{cv} 設立，各桿件軸向力以 n_c 表示）

表(一)

桿件	n_c	N	n_cN
ab	0	−40	0
ac	0	50	0
bc	−1	−30	30
bd	0	−50	0
cd	0	40	0
Σ			30

針對 Δ_{cv} 作虛擬系統(一)，如圖(b)所示，各桿件軸向力以 n_c 表示，此時彈簧內力 $f_c = -1$ （負表壓力）

$$\Delta_{cv} = \Sigma n_c \frac{Nl}{EA} + \Sigma f_c \frac{F}{k}$$

$$= (30^k)(0.0015^{in/k}) + (-1)\frac{(-60^k)}{300^{k/in}}$$

$$= 0.245^{in} \quad (\downarrow)$$

(2)求 Δ_{dv}

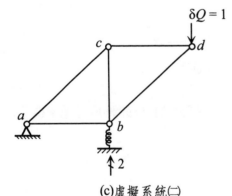

(c)虛擬系統(二)

（針對 Δ_{dv} 設立，各桿件軸向力以 n_d 表示）

表(二)

桿件	n_d	N	n_dN
ab	$-\dfrac{4}{3}$	−40	160/3
ac	$\dfrac{5}{3}$	50	250/3
bc	−1	−30	30
bd	$-\dfrac{5}{3}$	−50	250/3
cd	$\dfrac{4}{3}$	40	160/3
Σ			910/3

針對 Δ_{cv} 作虛擬系統(二)，如圖(c)所示，各桿件軸向力以 n_d 表示，此時彈簧內力 $f_d = -2$ （負表壓力）

$$\Delta_{dv} = \Sigma n_d \frac{Nl}{EA} + \Sigma f_d \frac{F}{k}$$

$$= \left(\frac{910^k}{3}\right)(0.0015^{in/k}) + (-2)\frac{(-60^k)}{300^{k/in}}$$

$$= 0.855^{in} \quad (\downarrow)$$

(3) 求 Δ_{mv}

由(1)式知

$$\Delta_{mv} = \frac{3}{4}\Delta_{cv} + \frac{1}{4}\Delta_{dv} = \frac{3}{4}(0.245^{in}) + \frac{1}{4}(0.855^{in}) = 0.398^{in} \quad (\downarrow)$$

2. 求 θ_{cd}

由圖(a)可知

$$\theta_{cd} = \frac{\Delta_{dv} - \Delta_{cv}}{l_{cd}} = \frac{(0.855^{in} - 0.245^{in})}{20^{ft}(12^{in})} = 0.00254^{rad} \quad (\circlearrowright)$$

例題 8-36

在何種條件下，增加桿件剛度反而可能增大結構位移量？請舉一例說明。

解

當各桿件之剛度（如 EI，EA…）不按同一比例增加時，位移就有可能增大。現舉例說明如下

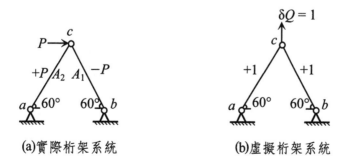

(a)實際桁架系統　　　　　(b)虛擬桁架系統

圖(a)所示為一實際桁架結構，其中 $A_1 = 4A_2$，$l_{ac} = l_{bc} = l$，E 為定值，如欲求 Δ_{cv} 時，可作一虛擬系統，如圖(b)所示，此時

$$\Delta_{cv} = \Sigma n \frac{Nl}{EA}$$

$$= (1)\frac{(P)(l)}{EA_2} + (1)\frac{(-P)(l)}{EA_1}$$

$$= \frac{Pl}{EA_2} - \frac{Pl}{4EA_2}$$

$$= \frac{3}{4} \frac{Pl}{EA_2} \quad (\uparrow)$$

若 A_1 增到 $2A_1$，A_2 不增加，則

$$\Delta_{cv} = (1)\frac{(P)(l)}{EA_2} + (1)\frac{(-P)(l)}{E(2A_1)}$$

$$= \frac{7Pa}{8EA_2} \quad (\uparrow)$$

由以上的分析可知，當 A_1 增到 $2A_1$，A_2 不增加（即 bc 桿件之剛度 EA_1 增加一倍，而 ac 桿件之剛度 EA_2 不增加）時，Δ_{cv} 反而增大。這説明了桁架結構各桿件之剛度（即 EA 值）若不按同一比例增加時，位移就有增大之可能。

8-6-6　單位虛載重法在組合結構上之應用

　　組合結構係由撓曲結構與二力桿件組合而成，在僅承受載重效應時，變位基本方程式為

$$(1)(\Delta) = \int m \frac{M}{EI} dx + \Sigma n \frac{Nl}{EA} \tag{8.70}$$

　　若有其他效應（如溫差、支承移動或轉動、製造誤差及彈性構件等）作用在組合結構上時，可比照前面各節將（8.70）式予以修正。

例題 8-37

下圖所示之組合結構中，梁的 EI 值為常數，二力桿件的 $\dfrac{Al^2}{I}=2$，其中 l 及 E 內的長度單位以公尺計，I 及 A 內的長度單位以公分計，試求 c 點的水平位移 Δ_{ch}。

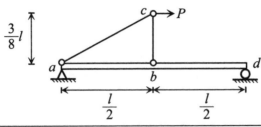

解

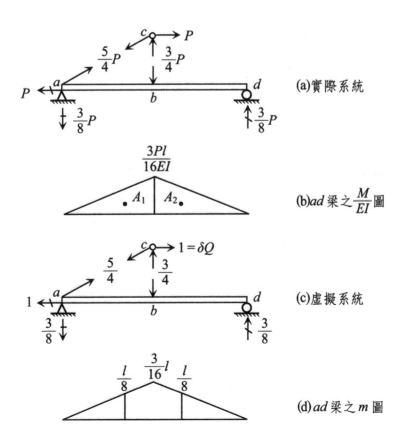

(a)實際系統

(b)ad 梁之 $\dfrac{M}{EI}$ 圖

(c)虛擬系統

(d)ad 梁之 m 圖

實際系統的受力情形如圖(a)所示，其中 ad 梁之彎矩以 M 表示，而 $\dfrac{M}{EI}$ 圖如圖(b) 所示，二力桿件之軸向力以 N 表示。虛擬系統的受力情形如圖(c)所示，其中 ad 梁之彎矩以 m 表示，而 m 圖如圖(d)所示，二力桿件之軸向力以 n 表示。

對二力桿件 ac 及 bc，可列表分析如下：

桿件	n	N	nNl
ac	$+\dfrac{5}{4}$	$+\dfrac{5}{4}P$	$\dfrac{125}{128}Pl$
bc	$-\dfrac{3}{4}$	$-\dfrac{3}{4}P$	$\dfrac{27}{128}Pl$
Σ			$\dfrac{152}{128}Pl$

$$
\begin{aligned}
(\Delta_{ch}) &= \int_a^b m\frac{M}{EI}dx + \int_b^d m\frac{M}{EI}dx + \Sigma n\frac{Nl}{EA} \\
&= \left[\frac{1}{2}\left(\frac{3Pl}{16EI}\right)\left(\frac{l}{2}\right)\left(\frac{l}{8}\right) + \frac{1}{2}\left(\frac{3Pl}{16EI}\right)\left(\frac{l}{2}\right)\left(\frac{l}{8}\right)\right] + \frac{1}{EA}\left(\frac{152}{128}Pl\right) \\
&= +\frac{155Pl^3}{256EI} \quad (\rightarrow)
\end{aligned}
$$

例題 8-38

下圖所示為梁 abc 與桁架 cde 組合而成的平面結構，桿件 de 製成後發現短了 4in，試求接合後梁中點 b 之垂直變位 Δ_{bv}。$E = 29{,}000$ kips/in^2，桁架桿件面積 $A = 1$ in^2，梁之 $I = 1200$ in^4。

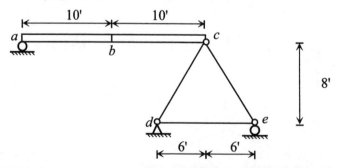

解

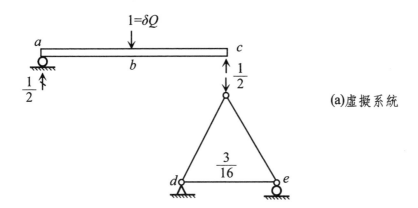

(a)虛擬系統

在原結構中，桁架 cde 為基本部分，而梁 abc 為其附屬部分。

虛擬系統的受力情形如圖(a)所示，二力桿件 de 之軸向力 $n_{de} = \dfrac{3}{16}$（在虛擬系統中，僅需算出長度有製造誤差之桿件的內力即可）

由公式（8.66）得

$$\Delta_{bv} = \Sigma n(\Delta l)$$

$$= (n_{de})(\Delta l_{de}) \qquad \Delta l_{de}：伸長為正，縮短為負$$

$$= \left(\frac{3}{16}\right)(-4'')$$

$$= -\frac{3}{4}^{in} \quad (\uparrow)負表 \Delta_{bv} 之方向與單位虛載重之方向相反$$

8-7　互易原理

結構分析中常用之互易原理包括有**馬克斯威爾法則**（Maxwell's law）與**貝帝法則**（Betti's law），現分別說明如下：

8-7-1　馬克斯威爾法則

　　馬克斯威爾法則之全名應為「馬克斯威爾變位互易原理」，於 1864 年由 James C. Maxwell 所提出，此原理在結構分析中是十分重要的，由於此原理僅可適用於線性彈性結構，因此被分析的結構應符合以下兩個基本條件：

(1)材料之特性必須符合虎克定律（Hook's law）

(2)應力—應變之關係必須在彈性範圍內

　　現將馬克斯威爾法則說明如下：

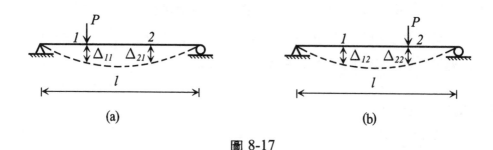

圖 8-17

　　圖 8-17(a)所示為一簡支梁，當 1 點處受垂直力 P 作用時，假設 1 點處之垂直位移為 Δ_{11}，而 2 點處之垂直位移為 Δ_{21}。圖 8-17(b)所示為同一根簡支梁，但垂直力 P 係作用於 2 點，此時 1 點處之垂直位移假設為 Δ_{12}，而 2 點處之垂直位移假設為 Δ_{22}。

　　藉由單位虛載重法可得出

$$\Delta_{21} = \int_0^l m_2 \frac{M_1}{EI} dx \tag{8-71}$$

式中，M_1 為垂直力 P 作用於 1 點時，簡支梁內之彎矩；m_2 為單位虛載重作用於 2 點時，簡支梁內之彎矩。

同理，

$$\Delta_{12} = \int_0^l m_1 \frac{M_2}{EI} dx \tag{8-72}$$

式中，M_2 為垂直力 P 作用於 2 點時，簡支梁內之彎矩；m_1 為單位虛載重作用於 1 點時，簡支梁內之彎矩。

由以上之關係可看出

$$M_1 = Pm_1$$

$$M_2 = Pm_2$$

因此

$$
\begin{aligned}
\Delta_{21} &= \int_0^l m_2 \frac{M_1}{EI} dx \\
&= \int_0^l m_2 \frac{(Pm_1)}{EI} dx \\
&= \int_0^l m_1 \frac{(Pm_2)}{EI} dx \\
&= \int_0^l m_1 \frac{M_2}{EI} dx \\
&= \Delta_{12}
\end{aligned}
$$

由上式可確知

$$\Delta_{21} = \Delta_{12} \tag{8-73}$$

（8-73）式即為馬克斯威爾法則的基本公式。

在圖 8-17 中，若令垂直力 $P = 1$，則（8-73）式可寫為

$$\delta_{21} = \delta_{12} \tag{8-74}$$

式中，δ_{21} 表單位集中力作用於 1 點時，於 2 點處所產生的位移；δ_{12} 表單位集中力沿 δ_{21} 方向作用於 2 點時，沿 1 點處原單位集中力作用方向上的位移。

實際上，結構之變位包含撓度（即線位移）及轉角（即角位移），因此馬克斯威爾法則可推廣應用如下：

(1)單位力矩作用於 1 點時，於 2 點處的轉角應與單位力矩作用於 2 點時，於 1 點處之轉角相等。

(2)單位集中力作用於 1 點時，於 2 點處的轉角應與單位力矩作用於 2 點時，於 1 點處沿單位集中力方向上之撓度數值相等。

由以上的推廣應用可知，（8-74）式可更廣泛的寫成柔度係數的形式，即

$$f_{21} = f_{12} \tag{8-75}$$

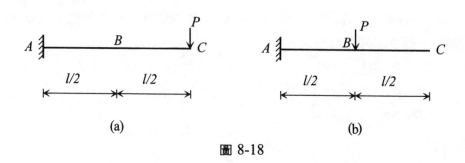

圖 8-18

現以圖 8-18 來說明馬克斯威爾法則之實際應用。圖 8-18(a)及 8-18(b)所示為相同的懸臂梁（梁長為 l，EI 為常數），當載重 P 垂直作用於 C 點時，可算得 B 點的垂直位移為

$$\Delta_{BC} = \frac{5Pl^3}{48EI} \quad (\downarrow)$$

而當載重 P 垂直作用於 B 點時，可算得 C 點的垂直位移為

$$\Delta_{CB} = \frac{5Pl^3}{48EI} \quad (\downarrow)$$

故知 $\Delta_{BC} = \Delta_{CB}$

8-7-2 貝帝法則

貝帝法則又稱功互易原理，乃是馬克斯威爾法則之延伸，因此基本假設條件與馬克斯威爾法則相同。現將貝帝法則說明如下：

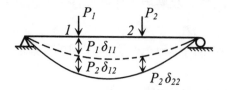

(a)先施加第一組外力 P_1，然
　後再施加第二組外力 P_2

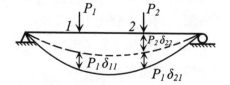

(b)先施加第二組外力 P_2，然
　後再施加第一組外力 P_1

圖 8-19

　　貝帝法則係由功的原理來導出，並同時考量外載重之先後作用順序。圖 8-19(a)所示為先施加第一組外力 P_1，造成簡支梁產生彈性變形 $P_1\delta_{11}$（如虛線所示）後，再施加第二組外力 P_2，造成簡支梁產生更進一步的變位 $P_2\delta_{12}$ 與 $P_2\delta_{22}$。此系統所作之總功 W_1 是由下面兩種受力情形所造成：

(1)第一組外力 P_1 所作之功 $W_1^* = \dfrac{1}{2}P_1\,(P_1\delta_{11})$

(2)第一組外力 P_1 保持不動，繼續施加第二組外力 P_2，由 P_1 及 P_2 所作之功

$$W_1^{**} = P_1\,(P_2\delta_{12}) + \frac{1}{2}P_2\,(P_2\delta_{22})$$

因此

$$W_1 = W_1^* + W_1^{**}$$
$$= \frac{1}{2}P_1\,(P_1\delta_{11}) + P_1\,(P_2\delta_{12}) + \frac{1}{2}P_2\,(P_2\delta_{22}) \tag{8-76}$$

（8-76）式所表示的總功，實際上係指圖 8-20 中所示的兩塊三角形面積與一塊矩形面積之總和。

　　圖 8-19 (b)所示簡支梁之受力情形恰與圖 8-19 (a)相反，亦即先施加第二組外力 P_2，造成簡支梁產生彈性變形 $P_2\delta_{22}$（如虛線所示）後，再施加第一組外力 P_1，造成簡支梁產生更進一步的變位 $P_1\delta_{11}$ 與 $P_1\delta_{21}$。

　　同理可得出此系統所作之總功 W_2 為：

$$W_2 = \frac{1}{2}P_2\,(P_2\delta_{22}) + P_2\,(P_1\delta_{21}) + \frac{1}{2}P_1\,(P_1\delta_{11}) \tag{8-77}$$

　　對於線性彈性結構而言，力的作用順序不影響所作之功，因此由 $W_1 = W_2$，可得出

$$P_1\,(P_2\delta_{12}) = P_2\,(P_1\delta_{21}) \tag{8-78}$$

上式亦可寫成

$$W_{12} = W_{21} \tag{8-79}$$

（8-78）式或（8-79）式即為貝帝法則，表示**第一組外力 P_1 對第二組變位 $P_2\delta_{12}$ 所作之功 W_{12} 應等於第二組外力 P_2 對第一組變位 $P_1\delta_{21}$ 所作之功 W_{21}**。

　　於（8-78）式中，若消去 P_1P_2，即為馬克斯威爾法則：$\delta_{12} = \delta_{21}$。

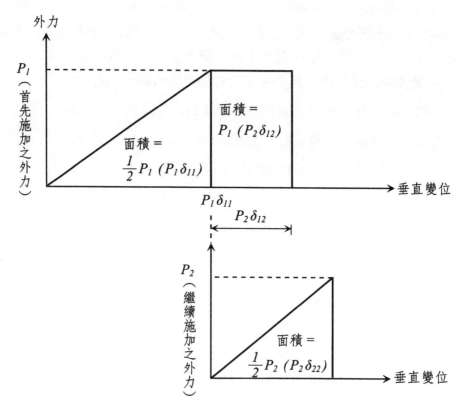

圖 8-20　簡支梁受階段性外力時所作之功

　　由以上的觀點，馬克斯威爾法則亦可解釋為：第一組單位力在第二組單位力方向所引起的變位應等於第二組單位力在第一組單位力方向所引起的變位。

　　由上述說明可看出，馬克斯威爾法則僅是貝帝法則的一個特例，而貝帝法則涵蓋之物理意義較廣，已論及功與能量。

例題 8-39

圖(a)～(c)為相同情形的梁（僅支承不同），試利用互易原理，證明圖(c)中 D 點的反力為

$$R_D = \frac{(\delta_{B1})(\delta_{C2}) - (\delta_{B2})(\delta_{C1})}{(\delta_{B1})(\delta_{D2}) - (\delta_{B2})(\delta_{D1})} P$$

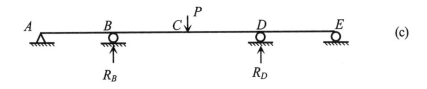

解

利用貝帝法則，由圖(a)及圖(c)可得

$$(P)(O) = -(R_B)(\delta_{B1}) + (P)(\delta_{C1}) - (R_D)(\delta_{D1})$$

即　$R_B = \dfrac{1}{\delta_{B1}}[(P)(\delta_{C1}) - (R_D)(\delta_{D1})]$　　　　　　　　(1)

再由圖(b)及圖(c)得

$$(P)(O) = -(R_B)(\delta_{B2}) + (P)(\delta_{C2}) - (R_D)(\delta_{D1})$$

即　$R_B = \dfrac{1}{\delta_{B2}}[(P)(\delta_{C2}) - (R_D)(\delta_{D2})]$　　　　　　　　(2)

令(1)式＝(2)式，得

$$R_D = \frac{(\delta_{B1})(\delta_{C2}) - (\delta_{B2})(\delta_{C1})}{(\delta_{B1})(\delta_{D2}) - (\delta_{B2})(\delta_{D1})} P$$

國家圖書館出版品預行編目資料

結構學／苟昌煥著. －－二版.－－臺北市：
五南圖書出版股份有限公司, 2015.10
　　冊；　公分
　　ISBN 978-957-11-8252-0（上冊：平裝）
　　1.結構工程
441.21　　　　　　　　　104015269

5G16

結構學(上)
Structures I

作　　者 ― 苟昌煥(443.1)

發 行 人 ― 楊榮川

總 經 理 ― 楊士清

總 編 輯 ― 楊秀麗

副總編輯 ― 王正華

責任編輯 ― 張維文

封面設計 ― 簡愷立

出 版 者 ― 五南圖書出版股份有限公司

地　　址：106台北市大安區和平東路二段339號4樓

電　　話：(02)2705-5066　　傳　　真：(02)2706-6100

網　　址：https://www.wunan.com.tw

電子郵件：wunan@wunan.com.tw

劃撥帳號：01068953

戶　　名：五南圖書出版股份有限公司

法律顧問　林勝安律師

出版日期　2005年 4 月初版一刷
　　　　　2015年10月二版一刷
　　　　　2023年 2 月二版三刷

定　　價　新臺幣580元

經典永恆・名著常在

五十週年的獻禮——經典名著文庫

五南，五十年了，半個世紀，人生旅程的一大半，走過來了。
思索著，邁向百年的未來歷程，能為知識界、文化學術界作些什麼？
在速食文化的生態下，有什麼值得讓人雋永品味的？

歷代經典・當今名著，經過時間的洗禮，千錘百鍊，流傳至今，光芒耀人；
不僅使我們能領悟前人的智慧，同時也增深加廣我們思考的深度與視野。
我們決心投入巨資，有計畫的系統梳選，成立「經典名著文庫」，
希望收入古今中外思想性的、充滿睿智與獨見的經典、名著。
這是一項理想性的、永續性的巨大出版工程。
不在意讀者的眾寡，只考慮它的學術價值，力求完整展現先哲思想的軌跡；
為知識界開啟一片智慧之窗，營造一座百花綻放的世界文明公園，
任君遨遊、取菁吸蜜、嘉惠學子！